宁波地质灾害气象风险预警方法与实践

陈有利　崔飞君　主编

气象出版社
China Meteorological Press

内容简介

本书介绍了宁波市地质灾害气象概率预报(警)系统(LAPS)和基于斜坡单元的联合概率预警法的运行情况,结合当地近30个实例,反映了各交叉学科的研究成果,可供基层气象、国土部门从事地质气象灾害监测、预报预警服务工作的业务和科技工作者参考。

图书在版编目(CIP)数据

宁波地质灾害气象风险预警方法与实践 / 陈有利,崔飞君主编. -- 北京:气象出版社,2016.7

ISBN 978-7-5029-6365-1

Ⅰ.①宁… Ⅱ.①陈… ②崔… Ⅲ.①地质灾害-气象预报-研究-宁波市 Ⅳ.①P694②P457

中国版本图书馆 CIP 数据核字(2016)第 149783 号

Níngbō Dìzhì Zāihài Qìxiàng Fēngxiǎn Yùjǐng Fāngfǎ Yǔ Shíjiàn

宁波地质灾害气象风险预警方法与实践

陈有利　崔飞君　主编

出版发行:气象出版社

地　　址:北京市海淀区中关村南大街46号　　**邮政编码**:100081

电　　话:010-68407112(总编室)　010-68409198(发行部)

网　　址:http://www.qxcbs.com　　**E-mail**:qxcbs@cma.gov.cn

责任编辑:杨泽彬　　**终　　审**:邵俊年

责任校对:王丽梅　　**责任技编**:赵相宁

封面设计:博雅思企划

印　　刷:北京中科印刷有限公司

开　　本:710 mm×1000 mm　1/16　　**印　　张**:14

字　　数:300千字

版　　次:2016年7月第1版　　**印　　次**:2016年7月第1次印刷

定　　价:98.00元

主编：陈有利　崔飞君
参编：薛群威　朱龙彪
郭建民　胡　波
陈从夷　张弘怀
林德怀　郭宇光

序一

地质灾害直接威胁着人民生命财产的安全，做好地质灾害的气象风险预报预警，对维护社会安定和经济社会可持续发展具有十分重大的战略意义。研究已表明，突发性地质灾害与气象条件关系非常密切，强降水特别是暴雨以上强降水是地质灾害最主要的自然诱发因素。

宁波地处华东沿海，属北亚热带湿润季风气候，降水具有明显的“双峰”特征，主要集中在4—7月的“春雨连梅雨”季节及8—9月的“台汛”期，具有雨量集中、降水强度大、持续时间长等特点。暴雨大暴雨主要由台风、梅雨锋、强对流三类天气系统产生，降水分布呈明显的西南多东北少，山区多平原地带少的特征。主要的暴雨区域有三个：余姚南部和鄞州西部的四明山地区、宁海西北部和奉化西南部交界的望海岗及周边地区、象山港两岸地区，暴雨多发区域多与地质灾害易发区重叠，每年4—10月又是宁波地质灾害最主要的发生时段，具有与强降水过程同期的特点。人类对自然现象进行的科学预测预报中，大气降水的预测预报无疑是比较成功的，这为进行降雨诱发的地质灾害的预测预报提供有益前提，实践“由天预报地”哲学。因此，从气象学与地质学等交叉学科的结合出发，研究由气象因子诱发的地质灾害发生的特点和规律，可为提前监测预警、综合防范管理、最大限度地减少地质灾害损失提供科学依据。

宁波市国土资源局长期关心与支持气象事业，在地质灾害气象预报预警工作上有着密切的愉快合作。《宁波地质灾害气象风险预警方法与实践》由业务一线的气象和国土部门的业务技术人员撰写，资料翔实，既有基础的原理，又有丰富的实例，反映了各交叉学科的研究成果，融入了他们的工作经验和科研成果，可供基层气象、国土部门从事地质气象灾害监测、预报服务工作的业务和科技工作者参考。

宁波市气象局  *

2016 年 5 月 5 日

---

* 周福，宁波市气象局局长。

序二

地质灾害是危及山区群众生命财产安全的主要自然灾害之一，也是我市重点防范的自然灾害。地质灾害防治工作是一项“生命保护工程”，是国土资源系统重要职责。地质灾害气象风险预警作为地质灾害防治工作中监测预警体系建设的重要组成部分，做好这项工作对保障人民群众生命财产安全、维护社会和谐稳定、促进社会经济有序健康发展具有十分重要的现状意义和长远的战略意义。地质灾害的防治基本原则是预防为主，预防地质灾害的基础是查明地质灾害易发区、危险区、隐患点及地质灾害的发生原因，而岩土等地质环境条件与降水等气象条件是两个引发地质灾害的重要因素，因此，加强地质环境条件与气象条件的调查研究及二者的联合分析是预警预报地质灾害的必要基础。

宁波市地处长江以南、东海之滨，是典型的丘陵山区，地质环境条件较为复杂，加上社会经济发展较快、山区人为活动较为强烈，每年汛期特别是台风暴雨与持续梅雨期间极易引发地质灾害。如何有针对性地及时、准确地预报地质灾害的发生地点与时间，这对于以降水引发地质灾害为主的宁波地区尤为重要。地质灾害防治的关键是预警预报，难点也在预警预报。长期以来，由于人类对地球的认识尚在不断探索之中，受科技手段和调查精度影响，地质灾害与地震类似，预警预报的精度亟待提高。近年来，宁波市在地质灾害防治实践中，逐步由群测群防的人防为主向群测群防为基础、科技防灾为支撑转变，取得了明显的防治成效。

《宁波地质灾害气象风险预警方法与实践》从宁波地质环境和大气降水入手，以气象在地质灾害防治的实践为基础，是十多年来宁波市国土资源局与市气象局长期良好合作成果的结晶。专著内容以扎实的专业功底、丰富的实践经验、良好的协作成果为基础，内容丰富，理论与实践结合紧密，反映了宁波市地质灾害气象风险预警的主要工作成果，为宁波市不断提升地质灾害预警预报的准确度进行了有益探索和深入分析，可供基层从事地质灾害防治、监测、气象风险预警工作者参考。

宁波市国土资源局  *

2016 年 5 月 9 日

---

* 樊献鹏，宁波市国土资源局副局长。

前 言

地质灾害是指因自然或人为活动引发的危害人民生命和财产安全的崩塌、滑坡、泥石流、地面塌陷、地裂缝、地面沉降等与地质作用有关的灾害，其中崩塌、滑坡、泥石流和地面塌陷具有突发性质，是突发性地质灾害。影响地质灾害的众多因素中，天气因素特别是强降水对地质灾害发生最为密切，短期强降水及连续阴雨是诱发地质灾害的主要因素。

宁波市地质灾害气象概率预报(警)系统(LAPS)于2003年开始研制，依托宁波市科技局课题《宁波市引发突发性地质灾害的主要气象条件研究及预报预警》，2004年研制完成，并于2004年4月汛期正式投入业务试用，此后，在每年的汛期4月15日—10月15日进行逐日业务应用，至2013年十年间运行稳定。该系统是一个基于ANN(人工神经网络)模型并与GIS高度结合，为国内较早能够对乡(镇)范围地质灾害发生概率进行实时预报预警的系统，其建模基本思想是把降雨以外的因子(如自然地理、地质环境、地质灾害分布特征、人类活动等因素)看作相对稳定，把降雨当作一种诱发因子来考虑，进而通过ANN模型与GIS的紧密结合来实现对区域群发性滑坡地质灾害概率进行预报预警的思路。

随着系统运行和资料的积累，同时，随着社会信息及相关技术的快速发展，2013年，经宁波市国土资源局、宁波市气象局等单位的努力，在总结地质灾害气象概率预报(警)系统(LAPS)基础上，全面升级为基于斜坡单元的联合概率预警法，新的预警系统充分考虑地理信息系统、地质灾害预警区域及快速服务系统，以及为政府服务的图像输出系统。主要包括以下几个方面：对宁波市地质灾害气象概率预报(警)系统进行改正，对模式的参数进行部分调整。增加了本市地质灾害隐患点数据，提高地理信息系统精度，实现由区域预报到点预报的过渡，以斜坡单元为基本研究对象，空间上极大提高了预报区精准命中地质灾害“靶区”的能力，时间上提高了预报预警方法对任意预报时长的适应能力。系统对地质灾害预警点统计进行改正，对地质灾害预报预警输出产品进行优化，同时增加了手机接收功能。至今，新系统也已进行了两年多的实践应用，效果良好。

本书共分九章，包括宁波地质环境和地质灾害、宁波降水和地质灾害、引发地质灾害主要降水类型分析、地质灾害气象风险区划、地质灾害气象风险预警实践、地质灾害气象概率预报(警)系统(LAPS)方法、基于斜坡单元的联合概率预警法、地质灾害气象风险预警在应急管理中的应用、地质灾害气象风险预警总结与展望等。它立足当地，是基层一线技术人员十二年实践结晶，期望它的实践和总结对地质灾害气象风险预警预报工作，特别是基层对该项工作的科学开展起到“抛砖引玉”的作用。

本书由陈有利、崔飞君主编，薛群威、朱龙彪、郭建民、胡波、陈从夷、张弘怀、林德怀、郭宇光参编，由陈有利统稿。在撰写本书的过程中，得到了气象、国土部门领导和很多同志的指导和帮助，宁波市气象局局长周福、宁波市国土资源局副局长樊献鹏为本书作序，且提出许多建设性意见和建议，并进行通篇修改。浙江省国土资源厅李长江教授、麻土华正研级高级工程师一直关心、指导本项工作，并在关键技术上给予极有价值的无私奉献，黄征处长，俞建强处长、叶卫东处长、单平副处长、郑铣鑫研究员、涂小萍正研级高级工程师、钱燕珍正研级高级工程师、俞科爱高级工程师、朱晓曦高级工程师、徐迪峰高级工程师、何彩芬高级工程师、丁烨毅高级工程师、董杏燕高级工程师、顾思南高级工程师、俞光明高级工程师等在前期做了大量工作，宁波市气象台和宁波市地质环境监测站及宁波市国土资源局信息中心的业务技术人员在汛期每天做系统运行，在此，谨对参与研究和帮助的各位领导、专家和同事表示衷心感谢！

地质灾害气象风险预警预报以及强降水精细预报至今仍是世界性难

题，地质灾害的发生机理也还有待进一步探索、研究，随着当今科学技术的迅猛发展，相信地质灾害气象风险预警预报工作水平也会随之提高。由于我们水平有限，书中定有不妥之处，敬请批评指正。

编 者

2016 年 5 月

目 录

第 1 章

宁波地质环境和地质灾害

宁波陆域面积 9672 km^2,地貌区属浙东低山丘陵区,西部为四明山区,南部为天台山脉的余脉,西南部为天台山支脉四明山脉,层峦叠嶂,山峰林立,其余脉分成数支向东北延伸,直至北部的杭州湾。

1.1 地质环境

1.1.1 地形地貌

宁波地势总特征——西南高,东北低。西部属四明山东麓山区,东南系天台山北东之余脉,形成北部平原区、东南丘陵区和西部低山区之格局。区域最高峰为天台山的菩提峰,海拔 996 m(黄海高程,下同)。山溪性河流蜿蜒于低山丘陵区,构成了构造剥蚀侵蚀地貌区及侵蚀堆积地貌区。

东北部滨海平原,地势平坦,河网密布,标高 2.5～3.0 m,沿江两岸地区为2.0 m左右。属海湾河湖型堆积地貌形态。

海岸线曲折而悠长,达 1588 km,港湾众多,甬江口以北,岸线平直,为泥滩,水下地形相对平坦,属堆积海岸;甬江以南,岸线曲折,多为深水航道,水下地形坡度较陡,地形比较复杂,以侵蚀海岸为主。

1.1.2 地层

1.1.2.1 前第四纪地层

宁波区内出露的前第四纪地层主要有中元古界陈蔡群变质岩、中生界火山岩及沉积岩、新生界的沉积岩及基性火山熔岩。

中元古界陈蔡群地层仅于丽水—余姚断裂带内的余姚、慈溪零星分布,出露面积甚小。中生界在宁波出露的地层主要有侏罗系下统、上统火山岩及白垩系下统沉积岩夹火山岩。侏罗系下统枫坪组仅零星出露于镇海、慈溪的昌化—普陀大断裂北侧;侏罗系上统在区内广泛分布。白垩系下统分布于呈不规则短轴圆形展布的陆相沉积盆地内；白垩系上统金华组分布于宁波平原底部。新生界第三系在宁波市出露有古—渐新统长河组及上新统嵊县组。长河组分布于慈溪市长河凹陷及杭州湾底部；嵊县组在宁波市内呈零星分布，主要出露于乍浦—四明山及强蛟—桑洲两个条带。宁波市前第四纪地层如表 1.1 所示。

表 1.1 宁波市前第四纪地层简表

地层时代				地层代号	岩性特征简述
界	系	统	组		
新生界		上新统	嵊县组	N_2sh	黑色玄武岩，夹砂砾石、硅藻土
		古新—渐新统	长河组	EC	湖盆相沉积岩，局部夹玄武岩、膏岩
中生界	白垩系	上统	金华组	K_2j	砖红色、紫红色、杂灰绿色粉砂岩、泥岩、砂砾岩
		下统	方岩组	K_1f	紫红色砾岩为主
			朝川组	K_1c	紫红色沉积岩与火山岩互层
			馆头组	K_1g	杂色沉积岩为主，夹少量基性、中基性熔岩及火山碎屑岩
	侏罗系	上统	祝村组	J_3z	火山碎屑岩夹沉积岩
			九里坪组	J_3j	酸性熔岩为主，夹少量火山碎屑岩，偶夹沉积岩
			茶湾组	J_3c	以沉积岩为主，夹火山碎屑岩
			西山头组	J_3x	酸性—中酸性火山碎屑岩夹少量沉积岩
			高坞组	J_3g	酸性火山碎屑岩，局部偶夹沉积岩，岩性单一
			大爽组	J_3d	火山碎屑岩夹酸性熔岩、沉积岩
		下统	枫坪组	J_1f	石英砾岩、砂砾岩、泥质粉砂岩
元古界	陈蔡群		徐岸组	Pt_2ta	石榴矽线黑云斜长变粒岩为主，夹石墨片岩、斜长角闪岩
			下吴宅组	Pt_2xw	以斜长角闪岩、角闪斜长度粒岩和浅粒岩为主，夹矽线石榴黑云母片石和含石墨墨云斜长变粒岩

（浙江省工程勘察院，2009）

1.1.2.2 第四纪地层

区内第四纪地层广泛发育，主要分布于宁波平原、姚慈平原、大碶平原、丹城平原、咸祥平原及沟谷和坡麓地带，其分布、成因及厚度受地貌和新构造运动控制。山麓沟谷区成因、岩性相对单一，厚度薄，一般小于 20 m，呈裙带状分布（表 1.2）；平原区第四系厚度由山前向滨海逐渐递增，山前地带一般 30～50 m，平原中部 80～100 m，到滨海一带可达到 120 m 以上（表 1.3）。地下水开采及地表工程经济活动易造成中上部黏土层固结、压缩，引起地面沉降。

表 1.2　宁波市山麓沟谷区第四纪地层简表

地层时代	时代代号	成因代号	岩性特征	分布地点
全新统	Q_4	al	灰、灰黄色砾石，卵石、砂，松散。	鄞江、奉化剡江、县江、东江以及鄞州梅溪、宁海白溪等较大沟谷中
上更新统	Q_3	pl-al dl-pl	灰黄、棕黄色含砾亚黏土，含黏性土砂砾石，较密实。	广泛分布于山麓沟谷地带，组成洪积扇、坡积裙
中更新统	Q_2	dl-pl	棕黄、棕红色含黏性土砂砾石，含碎砾石亚黏土，密实，砾半风化，具网纹构造。	奉化尚桥局部山麓

（浙江省工程勘察院，2009）

表 1.3　宁波市平原区第四纪地层简表

地质时代		成因类型	代号	岩性描述
统	组			
全新统	上组	海积、冲湖积	mQ43 al-lQ42	黄褐色粉质黏土，软塑—可塑，厚层状
	中组	冲海积、海积	al-mQ42 mQ42	灰色粉细砂淤泥质粉质黏土、淤泥质黏土，流塑，局部为粉砂、粉土
	下组	冲海积	al-mQ41	灰、灰绿色粉砂、粉土，饱和，稍密—中密，厚层状，局部夹淤泥质粉质土、粉质黏土薄层
		海积	mQ41	灰色粉质黏土、淤泥质粉质黏土，流塑—软塑，具鳞片状构造
上更新统	上组	冲湖积	al-lQ32	灰绿、灰黄、褐黄色粉质黏土、黏土，可塑，厚层状构造，夹铁锰质结核
		海积	mQ32	灰色粉质粉土、黏土，软塑—可塑
		冲湖积	al-lQ32	褐黄、灰绿色黏性土，可塑—硬塑
	下组	冲海积 冲积	alQ32 al-mQ32	灰、灰黄色粉土，砂砾石，中密，厚层状，局部黏性土含量较高
		冲湖积	al-lQ31	灰绿色，黄绿色，可塑—硬塑，厚层状
		冲积 冲洪积	alQ31 al-plQ31	灰色、灰黄色粉砂，砾石、卵石、砂砾石，中密～密实，厚层状。局部地段夹灰色粉质黏土软弱夹层
中更新统	上组	冲湖积	al-lQ22	灰绿色、灰黄色粉质黏土，可塑—硬塑，厚层状
		冲积	alQ22	褐黄色砂砾石，中密—密实，厚层状
	下组	冲洪积	al-plQ21	黄褐色粉质黏土含碎砾石，含黏性土碎砾石，土质不均，局部为卵砾石，硬塑，中密—密实，厚层状

（浙江省工程勘察院，2009）

1.1.3 地质构造

宁波市隶属于华南褶皱系浙东南褶皱带，中生代火山岩大面积覆盖，构造以断裂为主，褶皱不明显(图 1.1)。由于受丽水—余姚、温州—镇海、平阳—普陀、鹤溪—奉化、长兴—奉化、孝丰—三门湾、昌化—普陀等深大断裂的影响，本区广泛发育北北东向、北东向、北西向断裂，其中以北北东向断裂最为发育。

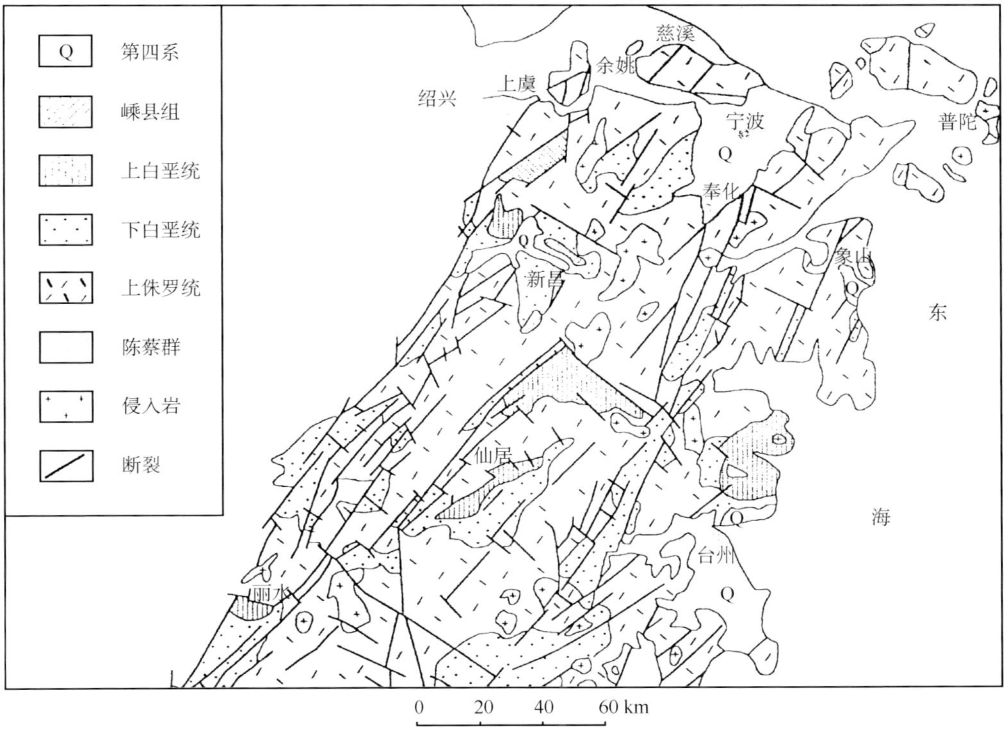

图 1.1 宁波市构造纲要图

(浙江省工程勘察院，2009)

宁波市地震活动相对较弱，除历史上发生的最大一次地震(1523 年，镇海 5.5 级)破坏烈度达到Ⅵ度外，其余近期本市外围所发生的地震对宁波影响烈度均在Ⅲ～Ⅴ度，本市位于地震烈度Ⅳ度区内。宁波地震断裂主要有庆元—宁波北东向断裂和温州—镇海北北东向断裂，近百年来浙江省较大地震基本上都发生在庆元—宁波北东向断裂带上。

根据中国地震动参数区划图的划分，北仑白峰—新路岙—五乡—庄桥—保国寺—九龙湖一线以北地震动参数值为 0.10 g，相当于地震基本烈度Ⅶ度区，区域地壳属基本稳定类型；其余地区均为 0.05 g，相当于地震基本烈度Ⅵ度区，区域地壳属稳定类型。

1.1.4 水文地质条件

1.1.4.1 地下水类型

按地下水埋藏条件及赋水特征，本区可分为松散岩类孔隙水、红层孔隙裂隙水、玄武岩孔洞裂隙水和基岩裂隙水四种类型。

河谷孔隙潜水：含水层呈带状分布在白溪、县江、鄞江、剡溪、东江等山间河谷中，由全新统冲积、冲洪积砂砾石层组成，松散，厚度 4～13 m。潜水水位埋深 0.3～3.0 m，单井涌水量多在 1000～5000 m^3/d，固形物小于 0.1 g/l，水化学类型为 HCO_3^- Ca・Na 型水。

平原区孔隙承压水：平原区孔隙承压水广泛分布于宁波、姚慈和大碶平原及象山港—三门湾地区，分Ⅰ、Ⅱ两个含水岩组。第Ⅰ含水层由上更新统冲积砂砾石及砾砂、粉细砂组成。顶板埋深 5～45 m 不等，平均厚度 8～20 m，古河道中心单井涌水量 1000～2000 m^3/d，水质以咸水为主，固形物 1.0～3.5 g/l。宁波平原淡水体分布面积最大约 31.2 km^2，固形物为 0.46～1.0 g/l，水化学类型：咸水以 Cl^- Na 型为主，淡水为 HCO_3・Cl^- Ca・Mg 型，水温 19.5～20.5℃。

第Ⅱ含水层由中更新统砂砾石、砾砂组成。顶板埋深 22～108 m，平均厚度 6～18 m。单井涌水量横向变化大，古河道中心单井涌水量大于 1000 m^3/d。水质以微咸水、咸水为主。在宁波平原城区一带分布面积约 158 km^2 淡水体，在大碶平原新碶和亚浦、姚慈平原的长河及宁海青珠农场等地分布小面积淡水透镜体。固形物咸水区为 1.0～10.44 g/l，淡水为 0.48～0.95 g/l，水化学类型由淡水体中心向边缘咸水变化为：HCO_3^- Na・Ca→Cl・HCO_3^- Na・Ca・Mg→Cl^- Na 型，水温 20.5～21.5℃，是本区主要开采层。供水意义大，可以作为宁波市应急供水水源地。

玄武岩孔洞裂隙水：玄武岩孔洞裂隙水主要零星分布于宁海县桑州、岔路、桥头胡及余姚市大岚等地区，由于柱状节理发育，富水性略好，常见泉水流量为 0.1～1.0 l/s，固形物小于 0.2 g/l，水化学类型主要为 HCO_3^- Ca・Na 型水。

红层孔隙裂隙水：就其地下水赋存空间特征，可分为构造孔隙裂隙水和风化溶蚀孔隙裂隙水。

构造孔隙裂隙水：主要分布于宁波盆地西部及宁海黄坛等部分丘陵山区，含水岩组由下白垩统砾岩、粉砂岩夹火山碎屑岩组成。常见泉流量小于 0.1 l/s，固形物小于 1.0 g/l，为 HCO_3^- Na 型水。

风化溶蚀孔隙裂隙水：由上白垩统泥岩、粉细砂岩组成，埋藏于盆地第四系覆盖层之下。由于含大量可溶盐，在风化淋滤作用下，形成蜂窝状孔洞及破碎溶蚀带，地下水较丰富，单井涌水量 100～1000 m^3/d，固形物 1.0～8.0 g/l，为 SO_4・Cl^- Ca・Na 型水。

基岩裂隙水：主要赋存在上侏罗统火山岩、燕山晚期酸性—中酸性侵入岩中，广泛分布于全市的丘陵山区。泉流量一般小于 0.1 l/s。于断裂带两侧，裂隙相对发育，富水性较好。

1.1.4.2 地下水补给、径流、排汇条件

低山丘陵基岩裂隙水：基岩裂隙水受侵蚀与剥蚀，基岩裸露，受大气降雨补给，大部分沿地表就地排汇，常以下降泉的形式补给地表水，部分沿构造裂隙向深部渗透形成地下径流。

河谷孔隙潜水：含水层裸露地表，接受大气降水补给，与地表水常表现为“互补”关系。在山前由潜水转为承压水时，因水力坡度减少，大部分以泉的形式排泄地表，部分补给承压水，在开发程度高的河谷区，人工开采是其主要排泄方式。

滨海平原区孔隙承压水：深部孔隙承压水，上覆有 40～50 m 厚的黏性土层，不能接受降水补给，在山前与孔隙潜水相连的浅埋区可接受潜水补给。平原中下部承压水缺乏现代水补给，就淡水透镜体而言，属于不可再生的消耗型水源，在开采条件下，水位不断下降，形成区域性水位降落漏斗，人工开采是主要排泄方式。

埋藏于平原区底部第四纪地层之下的基岩裂隙水，平原周边与山区基岩相连，接受山区大气降水及河谷潜水补给后，径流缓慢，人工开采是主要排泄方式。

1.1.5 岩土体工程地质特征

根据岩土体结构、力学性质进行岩土体工程地质类型划分，将区内大面积出露的主要岩土体分为以下工程地质岩组。

根据岩石建造、岩体结构、岩石强度及岩体组合特征，宁波境内工程地质岩组划分详见表 1.4。

1.1.5.1 岩质工程地质岩组

坚硬块状火山碎屑岩岩组（Hi、Ht、Hs）：区内分布广，出露面积大，该岩组主要由侏罗系上统大爽组、高坞组、西山头组、九里坪组、祝村组地层组成。岩性为流纹质晶屑玻屑熔结凝灰岩、熔结凝灰岩夹流纹质玻屑凝灰岩等组成，岩石坚硬，干抗压强度为 210～250 MPa，块状构造，稳定性好。凝灰岩尤其是凝灰质碎屑岩，易风化，影响岩体稳定性。

坚硬—较坚硬厚层—中厚层状火山碎屑岩及碎屑沉积岩岩组（Sc）：该岩组主要由下侏罗统茶湾组及下白垩统朝川组地层组成。岩性主要为红色粉砂岩、细砂岩夹砂砾岩、凝灰质砂岩及沉凝岩夹硅质岩、泥岩等组成。强度变化较大，以中厚层状为主，层状结构明显，岩体整体性和均匀性较差，熔岩类不易风化。沉凝灰岩，碎屑沉积岩易风化，抗风化性质不一，其工程地质性质具有沉积岩和火山碎屑岩两种特征。

坚硬厚层状碎屑沉积岩岩组（Sf、SRc、SRf）：该岩组主要由白垩系下统馆头组和方岩组及下侏罗统枫坪组地层组成。岩性为流纹斑岩、凝灰质岩屑砂岩及砂砾岩组成。岩石坚硬、致密，干抗压强度 80～200 MPa，呈块状—厚层状结构，节理裂隙较发

育，其中软弱夹层影响边坡稳定性。

表 1.4 宁波市工程地质岩组划分表

序号	岩组类型	岩组代号	主要地层
1	以花岗岩为主的酸性岩岩组	Qg	侵入岩类
2	以流纹岩为主的酸性岩岩组	Rr	上侏罗统地层
3	以玄武岩为主的基性岩岩组	Rb	第三系地层
4	以熔结凝灰岩为主的岩组	Hi	上侏罗统地层
5	以晶、玻屑凝灰岩为主的岩组	Ht	上侏罗统地层
6	以凝灰质碎屑岩为主的岩组	Hs	上侏罗统地层
7	以砂岩、砂砾岩为主的粗碎屑岩组	Sc	上侏罗统、下白垩统地层
8	以粉砂岩、泥岩为主的细碎屑岩岩组	Sf	下白垩统地层
9	以红色砂岩、砂砾岩为主的粗碎屑岩组	SRc	下白垩统地层
10	以红色粉砂岩、泥岩为主的细碎屑岩岩组	SRf	上白垩统地层
11	以砂类土为主的松散岩组	ST	冲积、冲洪积地层
12	以黏性土为主的松散岩组	NT	冲湖积、海积地层
13	以砾石类土为主的松散岩组	LT	冲积地层

（浙江省工程勘察院，2009）

块状坚硬玄武岩岩组（Rb）：玄武岩致密块状构造，隐晶质结构，新鲜岩石致密坚硬，但一般节理发育，气孔较多，岩石易风化；且常夹有硅藻土，岩体稳定性差。

坚硬块状侵入岩和潜火山岩岩组（Qg、Rr）：区内分区较广，主要由燕山晚期侵入岩组成。岩性主要为钾长花岗岩、二长花岗岩、混合花岗岩及流纹斑岩、霏细斑岩等组成。岩石坚硬致密，呈块状结构，较均质完整，岩石干抗压强度 150～180 MPa，岩体稳定性良好。

但花岗岩富含斜长石和暗色矿物，抗风化能力较低，一般风化层厚度 10 m 左右，最大可达 30 m，风化后力学强度低，形成较厚的残积层，易发生滑坡、崩塌等地质灾害。

1.1.5.2 土质工程地质岩组

砂砾石及黏性土混碎石岩组（ST、LT）：沟谷地区冲积、冲洪积砂砾石，松散，允许承载力较高。坡麓地区坡洪积和残坡积含碎（砾）石黏性土及黏性土混碎石、碎（砾）石浅部为松散—稍密，下部为中密—密实状；黏性土可塑—硬塑。上部地层允许承载力 150～200 kPa，下部 250～350 kPa，但不均一。在地形不利的斜坡地带或由因工程活动，易诱发土质滑坡。

淤泥及淤泥质黏土岩组（NT）：平原区全新统海积、湖沼积及冲海积淤泥、淤泥质黏土多为灰褐、灰色，呈软塑—流塑状，物理力学性质差，具有高含水量、大孔隙比、高压缩、低强度、渗透性差、固结历时长等特点。天然含水量一般 30%～40%，最大可达 46.6%，孔隙比一般大于 1.0，最大可达 1.32。压缩系数为 0.120 cm^2/kg。层顶埋深 1～5 m，厚度 5～50 m。在工程活动中易产生软土地基不均匀沉降及路堤和边坡失稳，不合理开采地下水时易引起地面沉降。

1.2 突发地质灾害及隐患现状

1.2.1 突发性地质灾害基本特征

地质灾害是指因自然和人为活动引发的危害人民生命和财产安全的崩塌、滑坡、泥石流、地面塌陷、地裂缝、地面沉降等与地质作用有关的灾害。其中崩塌、滑坡、泥石流和地面塌陷具有突发性性质，是突发性地质灾害。

截至2014年底，宁波市共有突发性地质灾害(隐患)点302处(崩塌123处，滑坡125处，泥石流54处)，其中，威胁常住人口隐患点有196处，受威胁常住人口1596户，威胁人数4952人，威胁财产约1.8亿元。地质灾害点主要分布在宁波市南部至西北部的低山丘陵区，其中，余姚市76处，约占地质灾害(隐患)点总数的25%；慈溪市45处，约占总数的15%；奉化市63处，约占总数的21%；宁海县47处，约占总数的16%；象山县和鄞州区分别为22处和25处，分别占总数的7%和8%；镇海、北仑、江北、东钱湖和大榭各区地质灾害点均在10处以下，合计24处，占全市地质灾害(隐患)点总数8%。表1.5为宁波市2014年地质灾害隐患点分布，图1.2为2014年地质灾害类型统计饼状图。

表1.5 2014年宁波市突发性地质灾害(隐患)点统计表

县(市、区)	地质灾害点总数(处)	地质灾害类型			威胁常住人口隐患点(处)	威胁户数(户)	威胁人数(人)	威胁财产(万元)
		滑坡	崩塌	泥石流				
余姚市	76	32	12	32	68	373	1160	3704
慈溪市	45	2	40	3	20	92	338	886
奉化市	63	34	24	5	46	447	1302	1709
宁海县	47	29	8	10	34	531	2586	6702
象山县	22	11	11	0	10	97	367	2120
鄞州区	25	13	9	3	12	56	148	910
江北区	3	0	3	0	0	0	0	0
镇海区	8	2	5	1	2	10	74	249
北仑区	3	0	3	0	2	2	80	2160
东钱湖旅游度假区	6	0	6	0	1	9	38	230
大榭开发区	4	2	2	0	1	1	3	20
合计	302	125	123	54	196	1618	6096	18690

(宁波市国土资源局，2014)

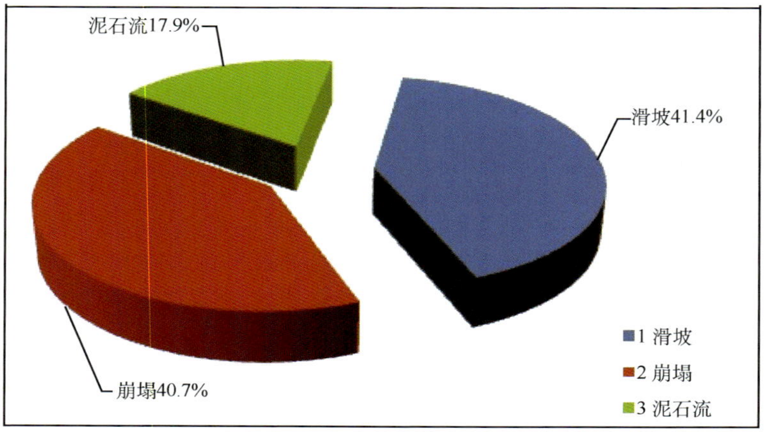

图 1.2　2014 年地质灾害类型统计饼状图

（宁波市国土资源局，2014）

根据中国地质环境监测院地质灾害灾情及危害程度分级标准，宁波市地质灾害危害程度主要为轻灾—中灾，其中中灾地质灾害点约占 30%、轻灾约占 64%、重灾约占全市 6%。受地质灾害危害较严重的乡镇主要有宁海县桑洲镇、双峰乡、岔路镇、城关镇、深甽镇、越溪乡，余姚市鹿亭乡、梁弄镇，北仑区大碶镇等。

1.2.2　突发性地质灾害分布特征

宁波市境内多山区，占全市陆地面积的 51.6%，丘陵山区岩石较为破碎，地质灾害主要分布于山区、丘陵，占全市地质灾害总数的 97%；另外还有平原区海岸和河岸滑坡，占全市地质灾害总数的 3%。（图 1.3 为宁波市地质环境现状图，图 1.4 为宁波市地质灾害隐患点分布图）

从时间分布特征来看，根据有记录数据统计，宁波市地质灾害最早出现于 1961 年，大部分集中于 20 世纪 90 年代中后期及 21 世纪初。

从一个水文年来看，全市已发生的地质灾害点中，63% 发生在 4—9 月的梅雨季和台汛期。2013 年 10 月，第 23 号台风“菲特”给宁波带来特大暴雨，也给各地造成许多地质灾害灾情险情。“菲特”台风过后，宁波市国土资源局协调落实地勘单位及专家赶赴受灾较重县（市）区排查地质灾害隐患，共组织 28 个应急排险小分队，其中向重灾区余姚派遣 16 支队伍 80 余位专业技术人员。经勘查统计，全市发现 351 处地质灾害隐患点，以泥石流、崩塌和滑坡为主。余姚是此次地质灾害险情最多的区域，新出现隐患点上百处。经初步分析，余姚市山区有多个村庄存在同一行政村或自然村多次发生地质灾害的现象（表 1.6—1.10），这说明地质环境条件较差的村庄在台风暴雨作用下，较易发生地质灾害，这些村庄可以认定为地质灾害“易发村”。在前期排查的基础上，水文、地质专家在对隐患点进行核查、鉴定，最终确定其危害程度和治理方案。余姚陆埠是此次地质灾害险情最多的区域，新出现隐患点上百处。

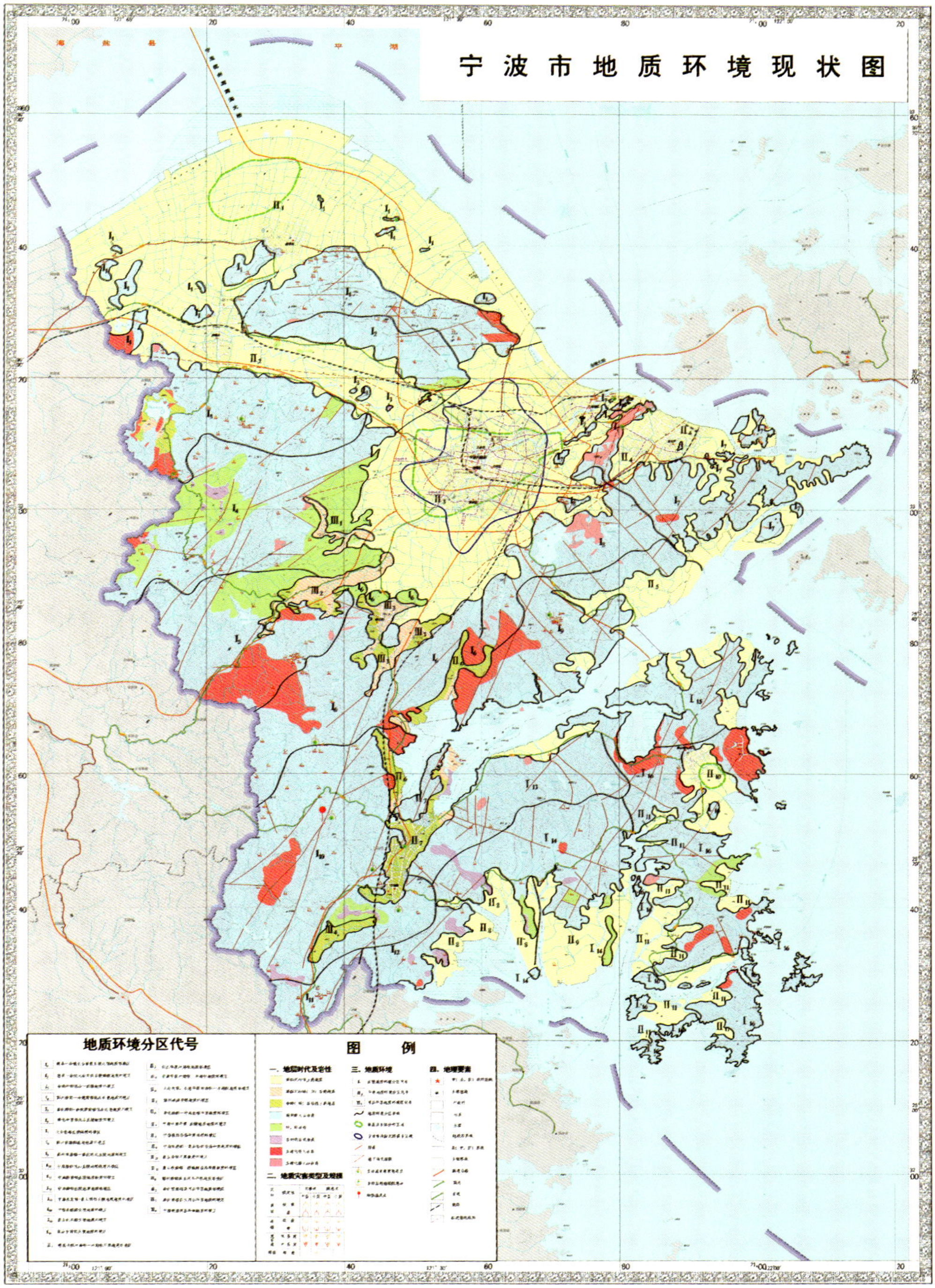

图 1.3　宁波市地质环境现状图

（宁波市地质环境监测站，2013）

图 1.4　宁波市地质灾害隐患点分布图

（宁波市地质环境监测站，2014）

表1.6 余姚市同一村地质灾害多次发生情况统计表

序号	乡镇街道	行政村	自然村	点号	类型	发生时间	依据
1		雁湖村	外庵根	YY084	泥石流	2007年10月8日	2015年核查 2014年详查
2		雁湖村	外庵根	YY179	坡面泥石流	2013年10月7日	2014年详查
3		雁湖村	后张岙	YY180	泥石流	2013年10月7日	2014年详查
4		雁湖村	后山	YY181	坡面泥石流	2013年10月7日	2014年详查
5		雁湖村	姚家	YY050	滑坡	1989年	2014年详查 2003年规划
6		雁湖村	外庵根	YY179	坡面泥石流	2013年10月7日	2015年核查
7		雁湖村	后张岙	YY180	坡面泥石流	2013年10月7日	2015年核查
8		雁湖村	后山	YY181	坡面泥石流	2013年10月7日	2015年核查
9	梨洲街道	陈洪村	流水潭	YY112	滑坡	2008年9月	2015年核查 2014年详查
10		陈洪村	游场	YY156	滑坡	2013年10月7日	2015年核查 2014年详查
11		陈洪村	游场	YY157	滑坡	2013年10月7日	2015年核查 2014年详查
12		陈洪村	游场	YY174	滑坡	2013年10月8日	2015年核查 2014年详查
13		陈洪村	游场	YY175	滑坡	2013年10月7日	2015年核查 2014年详查
14		陈洪村	川水	YY173	滑坡	2013年10月8日	2015年核查 2014年详查
15		陈洪村		YY049	泥石流	1962年	2003年规划
16		燕窝村	大岭岗	YY158	滑坡	2013年10月7日	2015年核查 2014年详查
17		燕窝村	高爿	YY159	滑坡	2013年10月7日	2015年核查 2014年详查
18		燕窝村	紫龙庙	YY160	滑坡	2013年10月7日	2015年核查 2014年详查
19		燕窝村	紫龙庙	YY161	滑坡	2013年10月7日	2015年核查 2014年详查
20		燕窝村	紫龙庙	YY162	滑坡	2013年10月7日	2015年核查 2014年详查
21	梨洲街道	燕窝村	洪家祥	YY163	滑坡	2013年10月7日	2015年核查 2014年详查
22		燕窝村	毛山	YY164	滑坡	2013年10月7日	2015年核查 2014年详查
23		燕窝村		YY048	滑坡	1995年9月5日	2014年详查 2003年规划
24		金冠村	金岙	YY170	坡面泥石流	2013年10月7日	2015年核查 2014年详查
25		金冠村		YY089	泥石流	2013年10月	2015年核查 2014年详查
26		金冠村	金岙	YY168	泥石流	2013年10月7日	2015年核查 2014年详查

续表

序号	乡镇街道	行政村	自然村	点号	类型	发生时间	依据
27	梨洲街道	金冠村	外冠佩	YY090	泥石流	不明	2015年核查 2014年详查
28		金冠村	里冠佩	YY169	泥石流	2013年10月7日	2015年核查 2014年详查
29		新墨村		YY182	坡面泥石流	2013年10月7日	2015年核查
30		章雅山村	楼家基	YY165	滑坡	2013年10月7日	2015年核查 2014年详查
31		章雅山村	中村	YY166	滑坡	2013年10月7日	2015年核查 2014年详查
32		章雅山村	中村	YY145	滑坡	2012年2月	2015年核查 2014年详查
33		章雅山村	中村	YY146	滑坡	2012年8月	2015年核查 2014年详查
34		章雅山村	大石潭	YY147	滑坡	2012年8月8日	2015年核查 2014年详查
35		章雅山村	上务岗村	YY148	崩塌	2012年8月	2015年核查 2014年详查
36		章雅山村	上务岗村	YY167	滑坡	2013年10月7日	2014年详查
37		章雅山村		YY070	滑坡	2005年9月11日	2015年详查
38		长田村	下章	YY171	滑坡	2013年10月7日	2015年核查 2014年详查
39		长田村	高头岗	YY172	崩塌	2013年10月	2015年核查 2014年详查
40	梨洲街道	茭湖村	岗后	YY177	崩塌	2013年10月7日	2015年核查 2014年详查
41		茭湖村	岗后	YY046	滑坡	2000年9月13日	2014年详查 2003年规划
42		茭湖村	岭头	YY176	崩塌	2013年10月7日	2015年核查 2014年详查
43		茭湖村	半山	YY074	滑坡	2005年9月11日	2014年详查
44		茭湖村	狮子岩顶	YY075	滑坡	2005年9月11日	2014年详查
45		上王岗村	上南王	YY149	滑坡	2012年8月8日	2015年核查 2014年详查
46		上王岗村	下南黄	YY178	滑坡	2013年10月7日	2015年核查 2014年详查
47		上王岗村	下南黄	YY047	滑坡	不明	2014年详查
48		上王岗村		YY047	滑坡	2002年8月	2014年详查 2003年规划
49		上王岗村	上王	YY072	滑坡	2005年9月11日	2014年详查
50		上王岗村	王义品	YY108	滑坡	1990年	2014年详查
51							
52		三溪村	八仙塘	YY183	泥石流	不明	2015年核查

（据宁波市地质环境监测站2015年调查汇总）

表 1.7 余姚市同一村地质灾害多次发生情况统计表

序号	乡镇街道	行政村	自然村	点号	类型	发生时间	依据
1	梁弄镇	东溪村	金岭下东	YY022	泥石流	不明	2015年核查 2014年详查
2		东溪村	金岭下大赤坑	YY093	泥石流	不明	2015年核查 2014年详查
3		东溪村	斤岭下	YY143	滑坡	2012年8月8日	2014年详查
4		岭头村	万家岙前马地	YY018	滑坡	2000年9月18日	2014年详查 2003年规划
5		岭头村	万家岙前山	YY078	滑坡	2009年9月	2014年详查 2003年规划
6		岭头村	万家岙后园	YY107	滑坡	2009年8月10日	2015年核查 2014年详查
7		岭头村	大岭顶	YY082	滑坡	2006年2月	2014年详查 2003年规划
8		东溪村	金岭下	YY143	滑坡	2012年8月8日	2015年核查 2014年详查
9		让贤村	钱库岭虎野山	YY014	滑坡	2000年9月14日	2014年详查 2003年规划
10		让贤村	钱库岭北大后山	YY015	滑坡	2000年9月14日	2014年详查 2003年规划
11		让贤村	钱库岭南大后山	YY016	滑坡	2000年9月18日	2014年详查 2003年规划
12		让贤村	钱库岭义岙山	YY017	滑坡	2000年9月14日	2014年详查 2003年规划

（据宁波市地质环境监测站2015年调查汇总）

表 1.8　余姚市同一村地质灾害多次发生情况统计表

序号	乡镇街道	行政村	自然村	点号	类型	发生时间	依据
1	陆埠镇	兰山村	梅岭下	YY91	泥石流	不明	2015 年核查 2014 年详查
2		兰山村	黄泥直	YY92	泥石流	2013 年 10 月 7 日	2015 年核查 2014 年详查
3		裘岙村		YY103	崩塌	不明	2015 年核查 2014 年详查
4		杜徐岙村	罗张	YY121	崩塌	2010 年 6 月 6 日	2015 年核查 2014 年详查
5		杜徐岙村	杜徐	YY122	不稳定斜坡	不明	2014 年详查
6		杜徐岙村	杜徐	新增 8	不稳定斜坡	不明	2014 年详查
7		杜徐岙村	沙田	YY192	泥石流	2013 年 10 月 7 日	2015 年核查 2014 年详查
8		杜徐岙村		新增 7	崩塌	2013 年 10 月 7 日	2015 年核查 2014 年详查
9		杜徐岙村		YY042	崩塌	1992 年	2003 年规划
10		杜徐岙村		YY043	崩塌	2001 年 6 月	2003 年规划
11		杜徐岙村		YY044	崩塌	1992 年	2003 年规划
12		蒋岙村		YY154	滑坡	2013 年 10 月 7 日	2015 年核查 2014 年详查
13		蒋岙村		YY041	滑坡	1995 年	2014 年详查 2003 年规划
14		石门村		YY126	崩塌	2013 年 10 月 7 日	2015 年核查 2014 年详查
15	陆埠镇	石门村	鲁岙	YY127	崩塌	不明	2014 年详查
16		石门村	靛厂	YY189	滑坡	2013 年 10 月 7 日	2015 年核查 2014 年详查
17		石门村		YY190	坡面泥石流	2013 年 10 月 7 日	2015 年核查 2014 年详查
18		石门村	夹山深岙	YY191	泥石流	2013 年 10 月 7 日	2015 年核查 2014 年详查
19		石门村		YY051	泥石流	1962 年	2003 年规划
20		石门村		YY077	崩塌	不明	2014 年详查
21		石门村	下鲁	新增 5	不稳定斜坡	2012 年 8 月	2014 年详查
22		余鲍陈村	汪家	YY193	泥石流	2013 年 10 月 7 日	2015 年核查 2014 年详查
23		袁马村		YY128	崩塌	不明	2014 年详查
24		袁马村	杨家岭	YY132	崩塌	不明	2014 年详查
25		袁马村	陈巴岭	YY133	崩塌	不明	2014 年详查
26		袁马村	陈巴岭	YY137	崩塌	不明	2014 年详查
27		袁马村	沿山	YY136	崩塌	不明	2014 年详查
28		袁马村		YY129	不稳定斜坡	不明	2014 年详查
29		袁马村		YY130	不稳定斜坡	不明	2014 年详查
30		袁马村	构树下	YY131	不稳定斜坡	不明	2014 年详查
31		袁马村	上方	YY134	不稳定斜坡	不明	2014 年详查
32		袁马村	上方	YY135	不稳定斜坡	不明	2014 年详查

（据宁波市地质环境监测站 2015 年调查汇总）

表 1.9 余姚市同一村地质灾害多次发生情况统计表

序号	乡镇街道	行政村	自然村	点号	类型	发生时间	依据
1	四明山镇	溪山村	滴水岩	YY096	泥石流	2013 年 10 月 7 日	2015 年核查 2014 年详查
2		溪山村		YY002	滑坡	2002 年 8 月	2003 年规划 2014 年详查
3		溪山村		YY003	崩塌	2002 年 7 月 4 日	2003 年规划
4		梨洲村	岩下山北	YY097	泥石流	不明	2015 年核查 2014 年详查
5		梨洲村	岩下山南	YY098	泥石流	不明	2015 年核查 2014 年详查
6		梨洲村		YY009	滑坡	1988 年 8 月 30 日	2014 年详查 2003 年规划
7		茶培村	南溪	YY099	泥石流	不明	2015 年核查 2014 年详查
8		茶培村	平头	YY111	滑坡	2009 年 8 月 10 日	2015 年核查 2014 年详查
9		大山村		YY001	崩塌	2002 年	2003 年规划 2014 年详查
10		大山村		YY005	滑坡	1987 年	2014 年详查 2003 年规划
11		杨湖村		YY007	滑坡	1987 年	2014 年详查 2003 年规划
12		杨湖村		YY008	滑坡	2001 年 8 月	2014 年详查 2003 年规划
13	四明山镇	棠溪村			不稳定斜坡		2014 年详查
14		棠溪村			不稳定斜坡		2014 年详查
15		棠溪村		YY06	滑坡	1987 年 8 月	2014 年详查 2003 年规划
16	大岚镇	新岚村	甘竹	YY069	滑坡	2005 年 9 月 11 日	2015 年核查 2014 年详查
17		新岚村	夹山	YY151	滑坡	2013 年 10 月 8 日	2015 年核查 2014 年详查
8	大隐镇	芝林村		YY155	滑坡	2013 年 10 月 7 日	2015 年核查
9	牟山镇	湖山村	姜山方丈碑址	YY150	滑坡	2012 年 5 月 18 日	2015 年核查 2014 年详查
20	丈亭镇	半岙村	郑家潭	YY058	泥石流	1977 年 8 月 2 日	2014 年详查 2003 年规划
21		半岙村		YY059	泥石流	1977 年 8 月 21 日	2003 年规划

续表

序号	乡镇街道	行政村	自然村	点号	类型	发生时间	依据
22	河姆渡镇	河姆渡村	陶家	YY056	泥石流	1999 年 7 月 8 日	2015 年核查 2014 年详查 2003 年规划
23		河姆渡村	徐家	YY057	泥石流	1999 年 7 月 8 日	2003 年规划

（据宁波市地质环境监测站 2015 年调查汇总）

表 1.10　余姚市同一村地质灾害多次发生情况统计表

序号	乡镇街道	行政村	自然村	点号	类型	发生时间	依据
1	鹿亭乡	龙溪村	王石坑	YY094	泥石流	不明	2015 年核查 2014 年详查
2		龙溪村	大年	YY023	滑坡	1999 年	2014 年详查 2003 年规划
3		晓云村		YY024	滑坡	1988 年 7 月 30 日	2014 年详查 2003 年规划
4		晓云村		YY025	泥石流	1988 年 7 月 30 日	2003 年规划
5		晓云村	上村	YY144	坡面泥石流	不明	2014 年详查
6		晓云村	新村	新增 5	不稳定斜坡	不明	2014 年详查
7		高山村	里大山北	YY026	滑坡	1976 年	2014 年详查 2003 年规划
8		高山村	外大山北	YY027	滑坡	1978 年	2014 年详查 2003 年规划
9		高山村	里大山南东	YY028	滑坡	1978 年	2014 年详查 2003 年规划
10		高山村	里大山南	YY029	滑坡	1978 年	2014 年详查 2003 年规划
11		高岩村		YY030	滑坡	1986 年	2014 年详查 2003 年规划
12		高岩村		YY031	滑坡	1986 年	2014 年详查 2003 年规划
13		高岩村	深坑西	YY032	滑坡	1986 年	2014 年详查 2003 年规划

续表

序号	乡镇街道	行政村	自然村	点号	类型	发生时间	依据
14	鹿亭乡	高岩村		YY033	泥石流	1988年7月30日	2003年规划
15		石潭村	马家坪	YY034	滑坡	2002年8月	2014年详查 2003年规划
16		石潭村	马家坪	YY035	滑坡	2002年8月	2014年详查 2003年规划
17		石潭村	茶山	YY036	滑坡	2002年8月	2014年详查 2003年规划
18		中村		YY095	泥石流	不明	2015年核查 2014年详查
19	阳明街道	畈周村	何高岙	YY185	坡面泥石流	2013年10月7日	2015年核查 2014年详查
20		畈周村	何高岙	YY186	坡面泥石流	2013年10月7日	2015年核查 2014年详查
21		畈周村	何高岙	YY187	坡面泥石流	2013年10月7日	2015年核查 2014年详查
22		畈周村	丰山	YY188	坡面泥石流	2013年10月7日	2015年核查 2014年详查

（据宁波市地质环境监测站2015年调查汇总）

1.3 地质灾害发生与地质环境的关系

地质灾害是在特定地质环境条件、特定外在因素作用下形成和发生的地质事件。地质灾害的发生是地质环境因素的内在条件和相关的外在因素共同作用的结果。地质环境因素主要有：地形条件、地层岩性、边坡岩体结构、断裂构造、地下水特征等，外界因素主要是地表水活动、地表植被、气象条件、人类活动等。地质灾害的形成、发生、发展与地形地貌、地层岩性、地质构造、岩石破碎程度、第四系土层厚度、土体物理力学性质等方面密切相关，且在一定程度上取决于大气降水、人类工程建设活动等自然和人为引发因素的作用。现据有关文献，对宁波地区地质灾害发生与地质环境的关系，按地质灾害危险程度划分为重度危险、中度危险、轻度危险和基本不危险四个等级。重度危险、中度危险相当于高、中易发，轻度危险、基本不危险相当于低易发、不易发。每个地质环境要素危险程度的划分是以其他要素处于轻度危险、基本不危险情况下考虑的，当多个地质环境要素处于不同危险程度时，以危险程度最高等级为当地岩土体的危险程度等级。

1.3.1 地形条件与地质灾害危险程度的关系

地形条件是岩土体引发地质灾害的主要地质环境条件之一，可分为坡度和坡高两个子要素。坡度＞50°为地质灾害重度危险，35°～50°为中度危险，15°～35°为轻度危险。岩体坡高的危险程度与岩体的完整性、软硬程度、结构类型、抗压强度等有关，按边坡高度可分为超高边坡（≥100 m）、高边坡（50～100 m）、中高边坡（30～50 m）、中边坡（10～30 m）、低边坡（＜10 m），一般超高边坡、高边坡为重度危险，中高边坡、中边坡为中度危险，低边坡为轻度危险；土体坡高的危险程度与土体的致密性、抗剪强度、固结度等有关，一般＞15 m 为重度危险，10～15 m 为中度危险，3～10 m为轻度危险。对于岩土体边坡特别是人工开挖的边坡总是存在发生地质灾害的风险，是地质灾害气象风险预警的重点对象。

从宁波市地形地貌分析，滑坡和崩塌地质灾害大多发育于沟谷、平原边缘及海岸地区，地形坡度一般 25°～50°，以 30°～45°居多。一般在上部陡—中部缓—下部陡的折线山坡和陡坡地带极易发生地质灾害，在这种折线部位风化层和第四系残坡积土层一般较厚，一旦发生滑坡，滑体土方量相对较大，且分别对滑坡前缘和后缘有推阻和牵引作用，容易形成更大范围的滑坡，造成的危害也相对较大。如北仑区大碶镇杨岙村滑坡及鄞州区樟水镇栗树坪滑坡等均为较典型的折线鞍部位置出现的滑坡（图 1.5）。

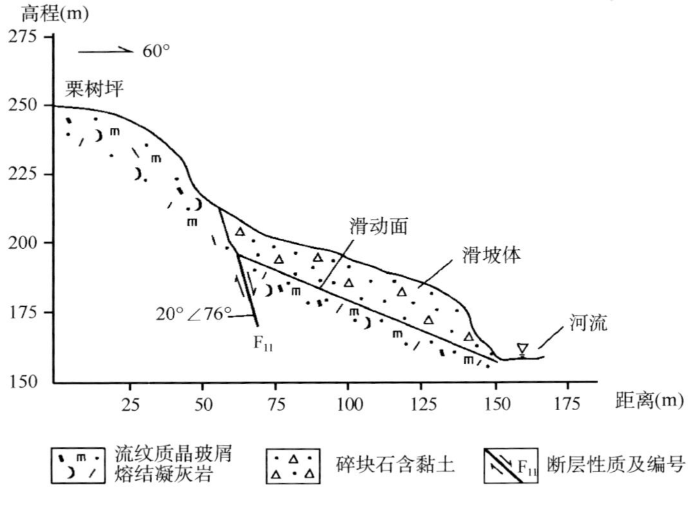

图 1.5 鄞州区章水镇栗树坪滑坡剖面示意图

（宁波市气象台 等，2007）

对于山坡上部具有马蹄形——环状地形，且有一定的汇水面积，大气降水和地表水易于渗入，暴雨季节土体含水量急剧增大，可促进土体的蠕动和变形，是地质灾害的多发地段。若山坡前缘有良好的临空面，山坡稳定性差，极易产生边坡失稳。

1.3.2 地层岩性与地质灾害危险程度的关系

地层岩性是岩土体引发地质灾害的基础地质环境条件之一，可分为岩体和土体两个子要素。断层破碎岩体为重度危险，软弱岩体为中度危险，中等坚硬岩体为轻度危险，坚硬岩体为基本不危险；松散土体一般均为重度危险。宁波山区的玄武岩、侵入岩类、粉砂岩、泥岩、凝灰质碎屑岩等为重度危险、中度危险区；熔结凝灰岩、晶屑玻屑凝灰岩、流纹岩、砂砾岩等为轻度危险、基本不危险区。

从地层岩性分析，宁波市地质灾害大多为土质型滑坡，第四系残坡积层厚度较大和玄武岩台地区存在的软弱夹层控制着地质灾害的发生和发展。由于岩性的不同导致地层透水性的差异，透水性能好的地层与透水性能差的地层之间存在一条天然的分界线。

第四系残坡积层厚度大的地区，黏性土层被雨水浸湿后，其物理力学性质变差，一般为饱和，软塑—可塑，中—高压缩性。如发生在宁海县城关镇城南北山村黄泥山滑坡为一典型的土质滑坡，滑坡主滑面为沿着强风化基岩中的泥化夹层，其产状为 310°∠12°，与下伏粉砂质泥岩（K_1g）产状基本吻合，为顺层滑坡。第四系坡积层厚 6～10 m，可细分为三个亚层，黏土层为砖红色，湿—饱和，可塑，厚层状，黏塑性好，遇水易软化，渗透性差，物理力学性质差，具有高含水量（54.5%～66.5%）、高孔隙比（1.436～1.862）和高塑性界限（I_P 为 31.4%～38.7%）的特征，一旦地表水、降水渗入后，土体抗剪强度降低，在坡积层和全—强风化与基岩接触带，形成一破坏优势面，随着坡体主滑段失稳，上部坡体也随之沿着滑面牵引下滑，并在滑坡前缘出现鼓丘，鼓起高度为 0.47 m（图 1.6）。

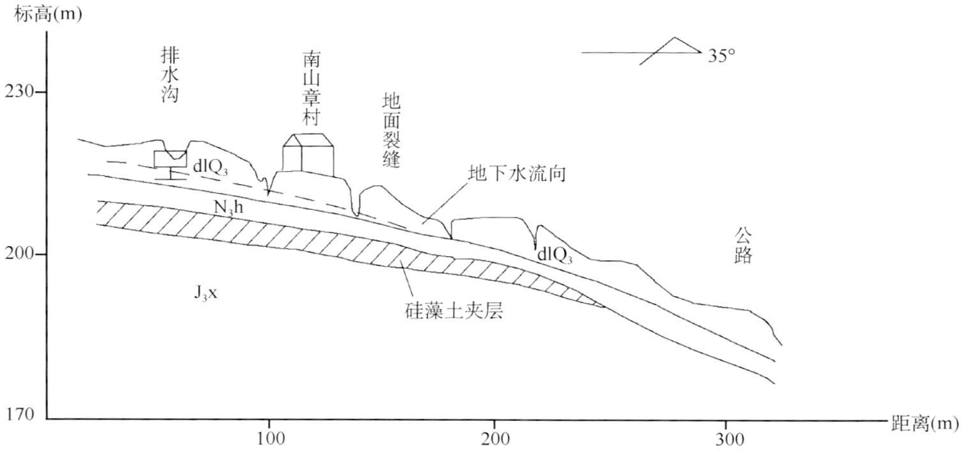

图 1.6 黄泥山滑坡特征示意图
（宁波市气象台 等，2007）

玄武岩分布地区，垂直节理裂隙发育，地下水径流活跃，且广泛发育 2～3 层硅藻土夹层，其顶板埋深和厚度变化较大，顶板埋深 0.5～12.8 m，厚度 0.25～4.0 m。化学分析表明，宁海县硅藻土化学成分主要由 SiO_2、Al_2O_3 和 Fe_2O_3 组成，其含量分别为 55.38%～73.94%、14.23%～27.47%、1.97%～5.90%，其中 Al_2O_3 含量越高，对滑面影响越大。硅藻土黏土矿物成分主要为蒙脱石，由于蒙脱石的存在，使硅藻土具有一定的亲水性和遇水膨胀性能。因此，硅藻土不仅起到隔水作用，使玄武岩上部地下水相对富集，地下水呈线状出露成泉；而且，土层本身具有聚水强、软化性大和抗剪强度低等特点，吸水后容易软化，是导致上覆岩体或土体或土体失稳，产生滑动的主要控制面。一般硅藻土呈可塑状，其内聚力 c 为 12 kPa，内摩擦或土体失稳，产生滑动的主要控。一般硅藻土呈可塑状，其内聚力 c 为 12 kPa，内摩擦角 φ 为 24°，天然含水量 w 为 20.4%；而吸水后的硅藻土呈流塑状，内聚力为 0，内摩擦角 φ 为 20°，天然含水量 w 为 45.2%，其物理力学性质发生了质的变化。如桑洲镇南山章村—上林村一带地面分布大量裂缝，裂缝走向 305°～350°，长度 80～620 m，宽度 0.1～0.5 m，深度 2.0～5.0 m，垂直落差 0.1～0.5 m，滑坡体主滑面与第三系硅藻土有关（图 1.7），造成大量农田开裂、民房破坏。

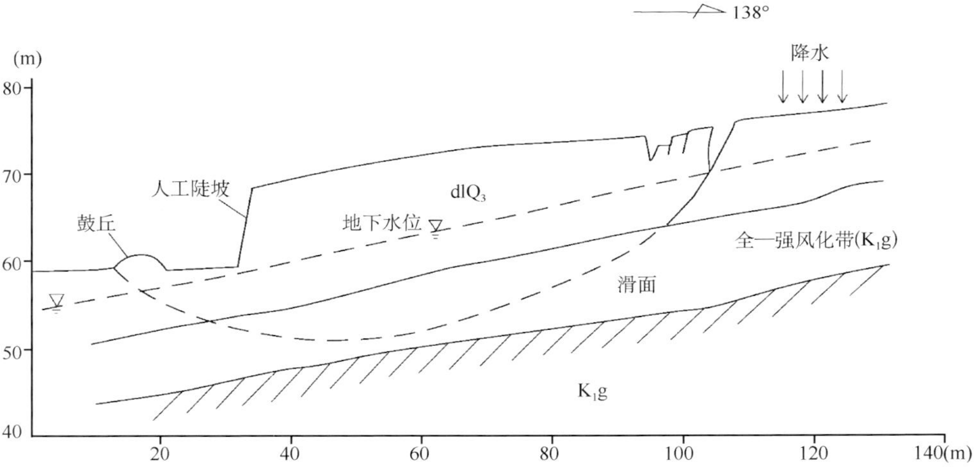

图 1.7　宁海县桑洲南山章地区滑坡示意图

（宁波市气象台 等，2007）

1.3.3　边坡岩体结构与地质灾害危险程度的关系

边坡岩体结构是岩体引发地质灾害极为重要的地质环境条件之一，可分为结构类型、软弱地层、软弱面控制程度三个子要素。岩体边坡的结构类型属陡顺倾坡、中顺倾坡、陡反倾坡时为重度危险，属中反倾坡、缓顺倾坡时为中度危险，属近水平、斜交坡时为轻度危险，属横向坡时为基本不危险；软弱地层属基座时为重度危险，属夹层时为中度危险；软弱面控制程度属强时为重度危险，属一般时为中度危险；无软弱地层时为轻度危险、基本不危险。

从地质构造上分析，对地质灾害的影响主要通过三个方面来实现，一是改变岩体结构，降低岩体强度，破坏岩、土体稳定性，有利于岩、土体风化；二是形成有利于地质灾害发生、发展的地形地貌条件；三是有利于降水、地表水入渗，增强地下水径流强度及其活动性。如鄞州区樟水镇白鲞洞村南公路崩塌等都与断裂构造及节理裂隙密切相关(图 1.8)。

鄞州区樟水镇白鲞洞村地区出露地层上部，以含角砾流纹质晶屑玻屑凝灰岩夹砾岩为主，下部为紫红色粉砂岩、泥岩夹砂砾岩，其产状为 40°∠15°。主要发育有 300°∠80°与 240°∠40°两组节理，次一级节理产状为 85°∠83°，节理面平直，延伸稳定，密度 2～3 条/m。公路开挖形成高约 30 m 的陡坡，产生一定的临空面，造成沿节理面岩石崩塌、掉块的现象。

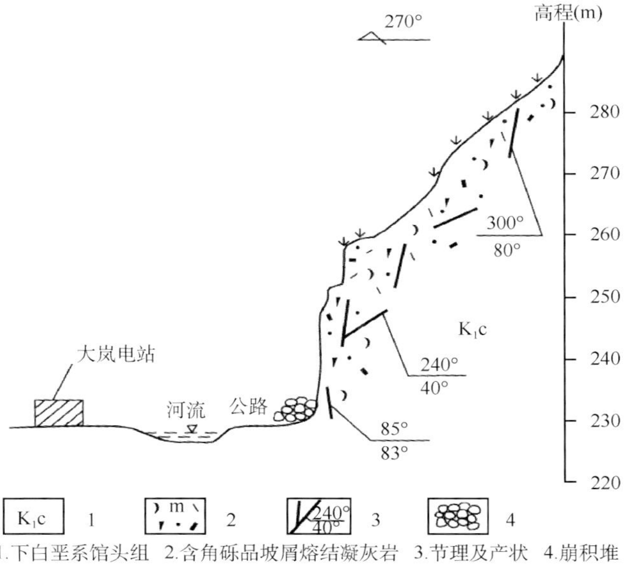

图 1.8 鄞州区章水镇白鲞洞村南崩塌剖面图

(宁波市气象台 等,2007)

1.3.4 断裂构造与地质灾害危险程度的关系

断裂构造是岩土体引发地质灾害的重要地质环境条件之一，主要影响岩体的破碎程度、活动性等，可分为断裂平均位移速率和断裂长度两个子因子。断裂平均位移速率 1～100 mm/a 时为重度危险，0.1～1 mm/a 时为中度危险，0.01～0.1 mm/a 时为轻度危险、基本不危险；断裂长度＞100 km 时为重度危险，20～100 km 时为中度危险，＜20 km 时为轻度危险、基本不危险。

1.3.5 地形变形情况与地质灾害危险程度的关系

地形变形情况是岩土体引发地质灾害极为重要的地质环境条件之一，可分为斜坡后缘情况、斜坡前缘情况、变形类型、后缘累积变形量四个子因子。斜坡后缘情况有多条深大的拉张裂缝时为重度危险，1～2 条拉张裂缝时为中度危险，断续细小拉张裂缝时为轻度危险；斜坡前缘情况有很明显的"隆起"为重度危险，轻微的"隆起"为中度危险，无明显的"隆起"为轻度危险；变形类型属加速或快匀速为重度危险，属稳定慢匀速为中度危险，属减速为轻度危险；后缘累积变形量＞20 cm 为重度危险，5～20 cm 为中度危险，＜5 cm 为轻度危险；无变形迹象为基本不危险。

1.3.6 地表水作用与地质灾害危险程度的关系

地表水作用也是岩土体引发地质灾害的地质环境条件之一，可分为河流地质条件、地表水体两个子因子。河流地质条件属常年冲刷时为重度危险，属冲刷堆积交替时为中度危险，属轻度冲刷时为轻度危险，属无冲刷或以堆积为主时为基本不危险；岩土体位于洪水位以下时为中度危险，位于洪水位以上时为轻度危险。

1.4 人类工程建设活动对地质灾害的影响

宁波市地质灾害的致灾因素主要为不利的地质、地貌环境，灾害性气象水文条件、不规范的人类工程建设活动三方面：①不利的地质、地貌环境包括软弱的岩性（破碎的岩石、软弱夹层、物理力学性质差的软土、易振动液化的粉砂）、发育的断裂构造（包括断裂、节理、裂隙等）、山高谷深、流水侵蚀强烈、自然坡度陡等；②灾害性气象水文条件主要是强降雨、河水的暴涨暴落、河海岸的流水冲刷等；③不规范的人类工程建设活动有：筑路、建房、露天采挖矿石（沙、土）时的高陡切坡，河、海岸超量堆载、建筑等。

地质、地貌环境属于原生环境，在漫长的地质年代中形成。在人类社会中它的变化是缓慢的、微小的。突发性地质灾害的影响因素主要为自然因素（强降雨）及不规范的人类工程建设活动。

人类工程建设活动对地质灾害的发生和发展起着重要的控制和诱发作用。人类工程建设活动包括水库建造、公路路基开挖、坡脚切坡建房、林木采伐、林地开发利用、低丘缓坡开发、农业耕作、建塘蓄水、筑渠引水、毛笋挖掘、建筑材料开采等。调查结果表明：宁波市切坡建房和公路修造是引发地质灾害的主要人为因素，由切坡建房和公路建造诱发的地质灾害约占全市地质灾害的 50%。

1.4.1 切坡

切坡建房、公路建造等人为切坡，形成新的临空面，使山坡因坡脚大量卸荷而失去原有的应力平衡；且改变地下水水动力条件，增大地下水水力坡度，促进降水渗透和地下水径流，降低土体力学强度，造成斜坡失稳。

宁海县西店镇岭口村荷花芯山第四系残坡积层为亚砂土、黏性土混碎石，厚度大，透水性好，山坡较陡，雨季地表坡面径流强度大。奉化—宁海公路路基的开挖，一是破坏了山坡植被及土体天然的应力平衡，更重要的是简易路面成了降雨、地表水排泄及入渗的通道，造成大量降水、地表水渗入地下，加快地下水径流，增大荷重，软化土体，润滑第四系松散土层与基岩间的滑动面，造成大规模滑坡。

宁海县城关镇城南北山村黄泥山地形坡度平缓，山丘低矮，山坡植被发育，山坡不存在耕作和挖掘活动。除了黄泥山第四系土层物理力学性质较差、台风暴雨影响外，斜坡下方各种人类工程活动是引发黄泥山滑坡的重要因素之一。五山林场、正业文具厂、益力工具厂、宁辉灯具厂、精益电器厂等多家单位在坡脚下切坡建房、办厂，特别是五山林场木材加工厂挖掘建成约 700 m^2 的平台，斜坡坡脚形成长约 130 m、高 5～7 m 的陡坎，使斜坡因大量的人为卸荷而失去原有的应力平衡，给黄泥山滑坡埋下了严重的隐患。

1.4.2 建材开采

矿山露天开采后遗留高陡边坡及悬石，且矿山停采后，生态环境未能得到有效恢复，产生地质灾害隐患。如江北区洪塘采石场崩塌、镇海区蟹浦下岚村崩塌、宁海县桑洲镇陈家岙石岭山滑坡。

宁海县桑洲镇陈家岙村石岭山地区山坡倾向 290°，坡度 35°～60°。岩性为凝灰岩，节理裂隙十分发育，两组主要节理产状分别为 290°∠45°、310°∠80°，浅部基岩破碎，节理倾向与坡向基本一致。1987 年在此建立采石场，1998 年 7 月 26 日采石场坡顶出现裂缝，由于存在一定的安全隐患，采石场于 1998 年关闭。目前，该裂缝走向 270°，长度约 20 m，宽度 0.5 m，垂向落差 0.2～0.4 m，大量岩土体存在下滑的隐患。

1.4.3 筑塘蓄水

为了农业灌溉，许多地区修筑众多大小山塘。由于塘底和坝基防渗处理程度低，有的根本不处理，造成池塘地表水体常水头渗入地下或越流补给地下水，暴雨期间，山塘水位上涨，显著加大入渗作用，诱发地质灾害的发生和发展。

宁海县岔路镇外柴村坐落于东西走向的玄武岩斜坡上，斜坡坡度 15°～20°，斜坡倾向南。外柴村在村南坡下方修建了多个山塘，作为灌溉水源。外柴村地区发育 1～3 层硅藻土层，浅层硅藻土层埋深仅为 0.3～1.5 m，池塘地表水渗入，软化、弱化硅藻土层，引起斜坡土体向坡下方位移，造成村内房屋多处开裂，且房屋、地面裂缝存在增大趋势。

1.4.4 低丘缓坡开发

由于垦殖和梯田围造，自然斜坡被改造成台阶状。台坎多呈直立状，最高可达 5 m。暴雨使梯田沿主流方向自上而下连片坍塌。这种坍塌范围虽小，但在宁海县桑洲镇南山章、六峰、下章、江家等一带分布较广。

1.5 地质灾害易发区

地质灾害易发区是指具备发生地质灾害的地质环境条件，容易或者可能发生地质灾害的区域。地质灾害易发区划分主要考虑地形地貌、地层岩性、地质构造、气候植被、地质灾害发育状况及人类工程活动等因素。地质灾害发育状况取决于现状地质灾害强度与潜在地质灾害强度。地质灾害易发区按易发程度可划分为高、中、低及不易发区四个等级。地质灾害易发程度由综合危险性指数法计算，地质灾害综合危险性指数(Z_W)采用如下公式确定：

$$Z_W = Z_L \cdot A_L + Z_g \cdot A_g$$

其中：$Z_L = a^2 + b^2 + c^2$

$$Z_g = D \cdot A_D + X \cdot A_X + Q \cdot A_Q + R \cdot A_R$$

式中：Z_L、Z_g 分别为现状和潜在地质灾害强度指数值；

A_L、A_g 分别为现状和潜在地质灾害强度指数权值，分别取 0.4、0.6；

a、b、c 分别表示现状地质灾害点、面积和体积密度系数；

D 为地质条件；

X 为地形地貌；

Q 为气候植被；

R 为人类活动；

A_D、A_X、A_Q、A_R 分别为地质条件、地形地貌、气候植被、人类活动的权重。

通过对地质灾害现状、地质环境条件、人类工程建设活动等因素，进行综合叠加分析，将宁波市突发性地质灾害易发程度划分为四个区，即高易发区、中易发区、低易发区和不易发区(图 1.9 为宁波市地质灾害分布与易发区)。

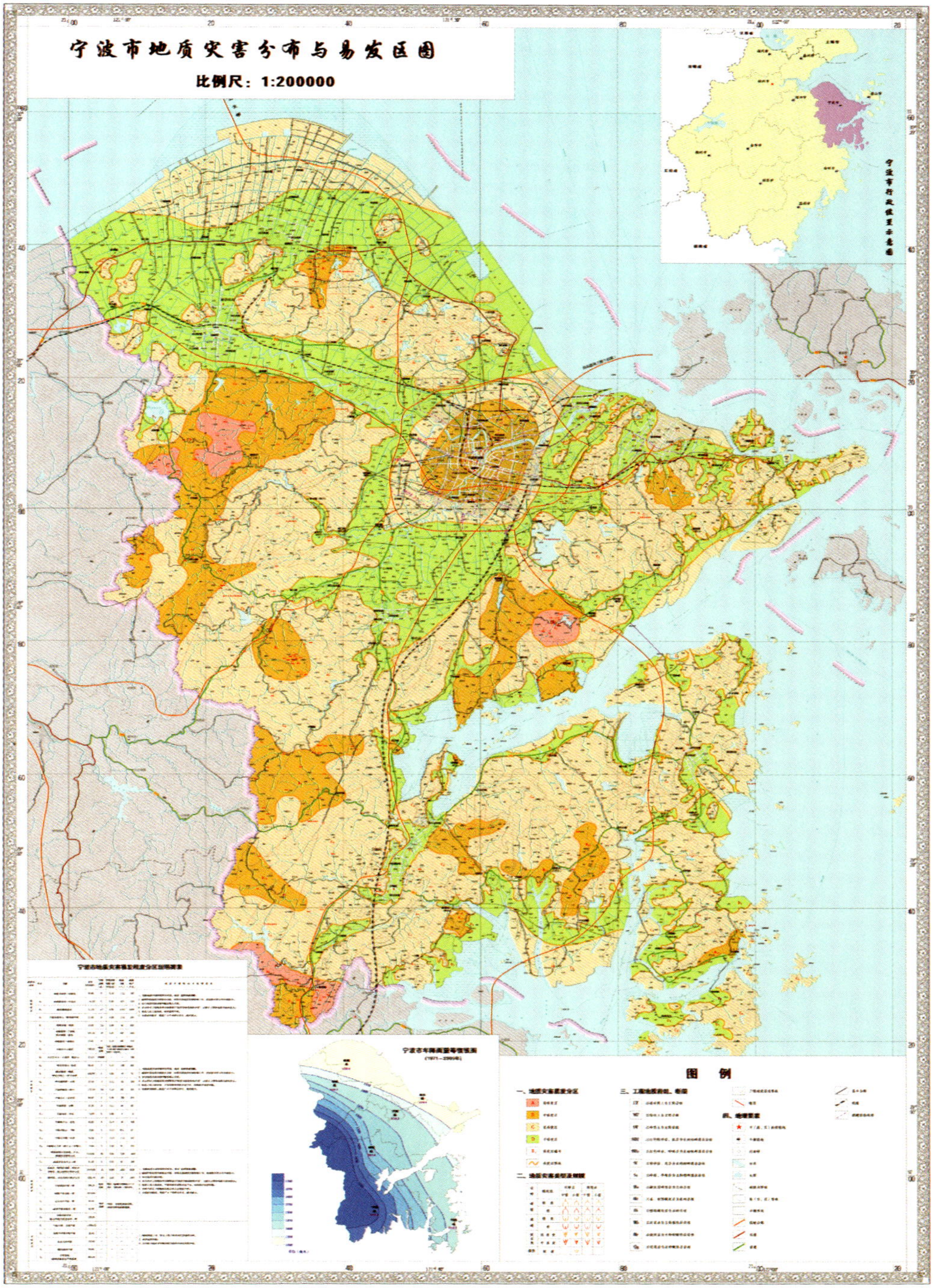

图 1.9 宁波市地质灾害分布与易发区

（宁波市人民政府，2009）

1.5.1 高易发区(A)

宁波市地质灾害高易发区主要分布在宁海县岔路镇西山—桑州镇黄罗洋、余姚市大岚镇丁家畈—洪山乡杜徐岙和四明山镇西部、奉化市溪口镇长龙头和大堰镇董李及慈溪市美人山等地区，总面积为306.47 km²，约占全市总面积的3.3%。区内地质灾害点均处于不稳定状态，潜在威胁1760人，地质灾害危害程度为轻灾—重灾，地质灾害综合危险指数为6.6～7.2。

1.5.2 中易发区(B)

中易发区主要分布于余姚市四明山镇东部和梁辉水库地区、宁海县深甽—双峰—城关—长街、慈溪市匡堰—镇海区蟹浦、北仑区大榭—白峰海岸地区、北仑区新路岙水库—鄞州区天童寺、鄞州区三溪浦水库西南和横山水库—梅湖水库地区、奉化市大堰和溪口岩头地区、象山县泗洲头—新桥和西沪港周边地区、江北区保国寺等地区，总面积为1231.18 km²，约占全市总面积的13.1%。区内地质灾害点大多处于不稳定状态，危害程度主要为轻灾—中灾，地质灾害综合危险性指数为4.0～5.6。

1.5.3 低易发区(C)

低易发区主要分布在慈溪市横河—镇海区九龙湖、鄞州区横街—奉化市莼湖—北仑区郭巨、宁海县黄坛—象山县茅洋—石浦等地区，总面积4418.0 km²，约占全市总面积的47.2%，区内地质灾害点一般为小灾—中灾，地质灾害综合危险性指数为2.2～3.8。

1.5.4 不易发区(D)

不易发区主要分布宁波市的东部及北部地区，总面积为3409.35 km²。区内地形坡度小于40°，出露地层主要为第四系松散堆积物以及上侏罗统西山头组熔结凝灰岩和茶湾组碎屑沉积岩，构造不发育，岩石致密、坚硬、比较完整，破坏性人为工程经济活动较少，地质灾害综合危险性指数小于2.0。

第 2 章

宁波降水和地质灾害

宁波地处华东沿海，位于浙江中东部，东经 120°55′～122°16′，北纬 28°51′～30°33′，属北亚热带湿润季风气候。濒临东海，倚山靠海，为季风频繁活动地带，特定的地理位置和特殊的地形特征，导致宁波多受大陆气团和海洋环流的共同影响，形成了天气复杂多变、灾害天气种类多且发生频繁的气候特点，整体而言水量丰沛，台风、暴雨及强对流等灾害性天气较多。

2.1 年降水量分布

宁波的年平均降水量受地形影响较大，时空分布不均。根据近 10 年中尺度气象监测资料统计，全市各地年平均降水量普遍在 1300～2000 mm，年平均降水日数在 150～180 d，年平均降水量大体表现为西南多东北少、山区多平原地带少的特征（图 2.1），三个大降水中心分别位于余姚四明山区、宁海西部山区和象山西北部与宁海接壤处，这种分布形态与宁波的地形图分布（图 2.1 等值线为年降水量，填色为海拔高度）非常一致。研究表明，宁波的年降水量与海拔高度之间存在很好的正相关关系，四明山区和天台山余脉沿象山港两岸降水量较大，海拔 200 m 以上地区的年降水量基本在 2000 mm 以上；最大降水量出现在象山林港，平均年降水量达到 2917.8 mm，象山黄泥桥次之，为 2730.2 mm；最小降水量出现在奉化剡源和江东新河路，均不足 1100 mm，奉化石门和奉化袭村也仅有 1225 mm 左右，最大与最小降水量相差 1800 mm 以上。

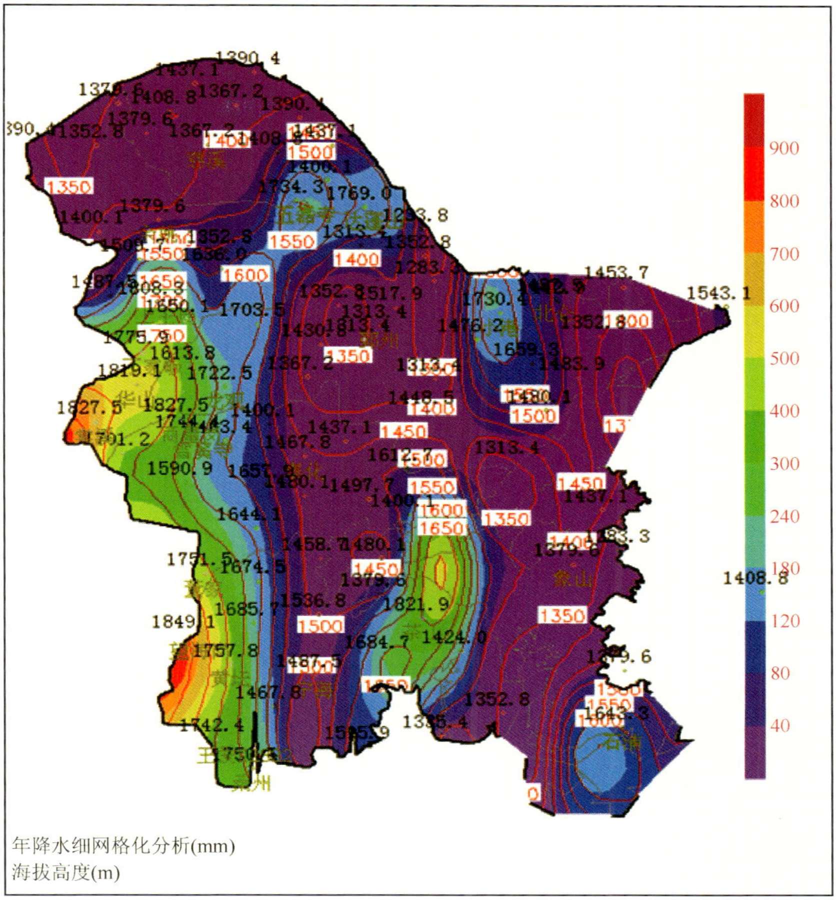

图 2.1 宁波市海拔高度和年平均降水量(mm)分布图
(宁波市气象台,2014)

2.2 月季降水量分布

1 月和 2 月的降水分布形态非常相似,都呈北多南少的特征,原因与 1—2 月宁波主要受到冷空气影响有关。宁波市冬季降水往往与冷空气相伴,较弱的冷空气影响位置常常偏北。降水量分布,北部地区 1 月降水都在 70 mm 以上,大值区主要集中在余姚四明山区和北仑地区,2 月降水大部超过 100 mm,大值区集中在慈溪、余姚地区;而南部地区 1 月降水普遍不足 70 mm,2 月降水在 100 mm 以下,且越往南越少(图 2.2、图 2.3)。

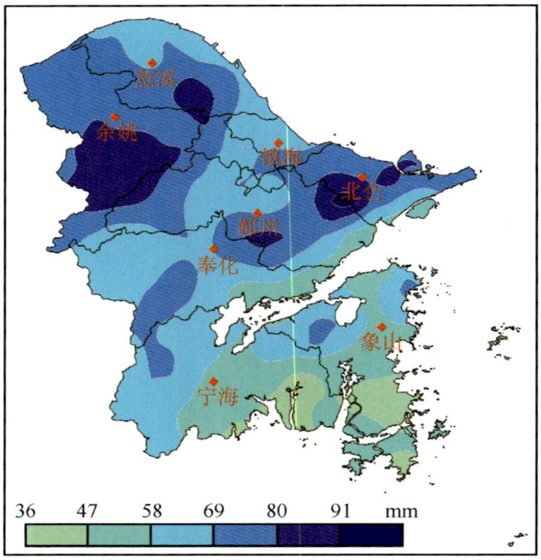

图 2.2 宁波市 1 月平均降水量分布图
（宁波市气象台，2014）

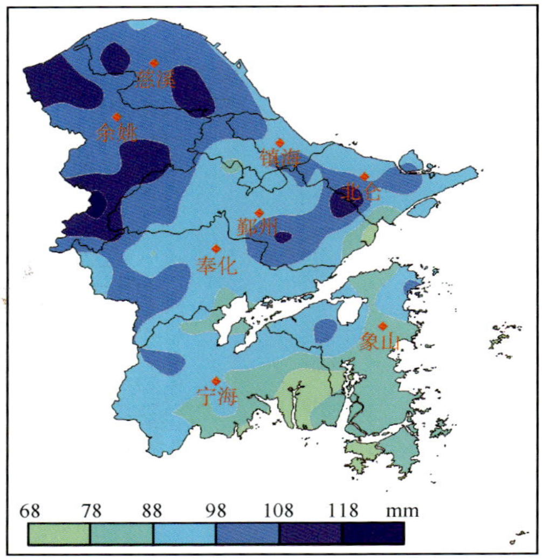

图 2.3 宁波市 2 月平均降水量分布图
（宁波市气象台，2014）

3 月开始南方的暖气团开始活跃，并逐渐向北推进，表现在天气系统上，宁波既可能受到来自北方的冷空气影响，也开始受到南方暖气团影响，表现在降水量上分布比较均匀，总体在 100～130 mm，仅在余姚南部和鄞州东南部有两个大值中心，最大值在 160 mm 左右（图 2.4）。

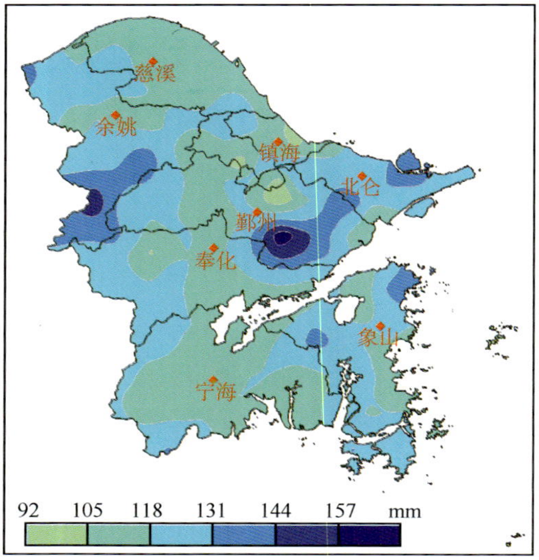

图 2.4 宁波市 3 月平均降水量分布图
（宁波市气象台，2014）

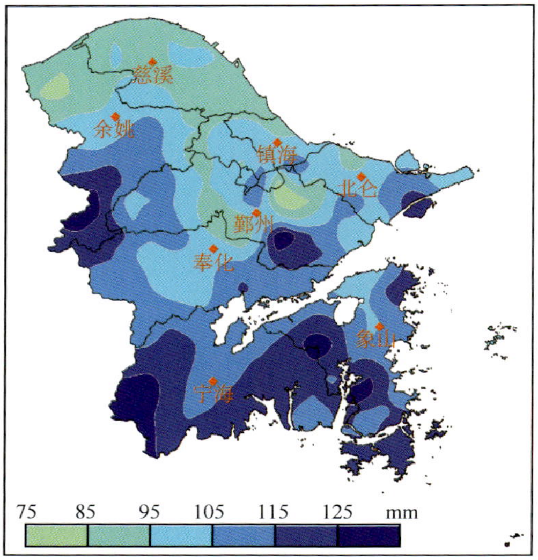

图 2.5 宁波市 4 月平均降水量分布图
（宁波市气象台，2014）

4 月开始影响宁波的暖气团势力强于冷气团,降水分布与 1 月、2 月正好相反,呈现南多北少特征(图 2.5),象山港以南地区和象山港以北沿岸地区以及四明山区降水量都超过 100 mm,其他地区均在 100 mm 以下。山区雨量开始呈现出降水中心的空间特性,表现出地形对降水的增幅作用。

与 4 月降水空间分布型相似,5 月降水仍然呈现南多北少的态势,最大中心位于宁海西部山区,达 160 mm 左右;次大中心在余姚四明山区,超过 130 mm;其他地区基本在 100～130 mm(图 2.6)。

4—5 月的降水常常是由于南方暖气团向北发展影响宁波的结果,与 1—2 月降水系统为冷空气相比,水汽相对充足,降水过程地面常常伴有倒槽发展,宁波位于倒槽北侧的偏东或东南气流中,宁波西部山区的地形对降水的增幅作用明显表现出来。

6 月是宁波降水最多的月份,全市降水量均在 200 mm 以上,且分布较均匀,其中有两条雨带,一条从余姚四明山区向东北延伸到慈溪、镇海交界处,另一条位于象山港南岸,雨量均达到 250 mm 以上。6 月开始进入宁波的梅雨季节,冷暖势力相当,常常在 30°N 附近形成静止锋,带来长时间的较强降水,因此 6 月的降水空间分布与宁波的梅雨量空间分布型相似(图 2.7)。

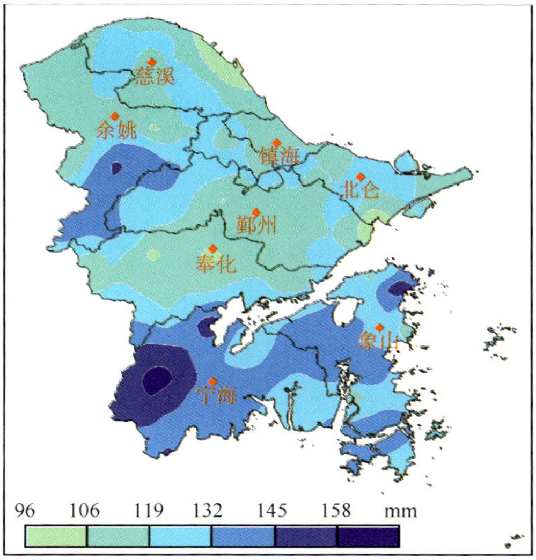

图 2.6 宁波市 5 月平均降水量分布图
(宁波市气象台,2014)

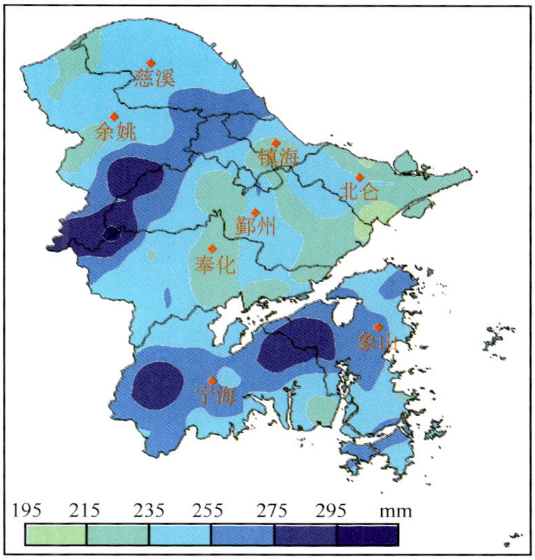

图 2.7 宁波市 6 月平均降水量分布图
(宁波市气象台,2014)

7 月和 8 月降水分布形态几乎完全一致,都是从西部山区向东部沿海逐渐递减,不过 8 月降水整体比 7 月多,主要是因为 7 月多伏旱天气,8 月受到台风的影响次数较多。宁海西部山区是最大值中心,7 月降水超过 180 mm(图 2.8),8 月降水超过 300 mm(图 2.9);余姚四明山区是次大值中心,7 月降水达到 150 mm 以上,8 月降水达到 250 mm 以上。中部平原地区 7 月降水在 100～150 mm，8 月降水在 200～250 mm；东部沿海地区 7 月降水不超过 100 mm，8 月降水在 150～200 mm。

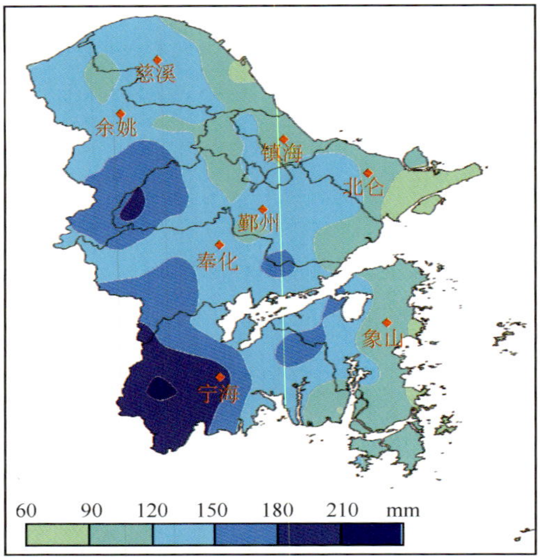

图 2.8 宁波市 7 月平均降水量分布图
(宁波市气象台，2014)

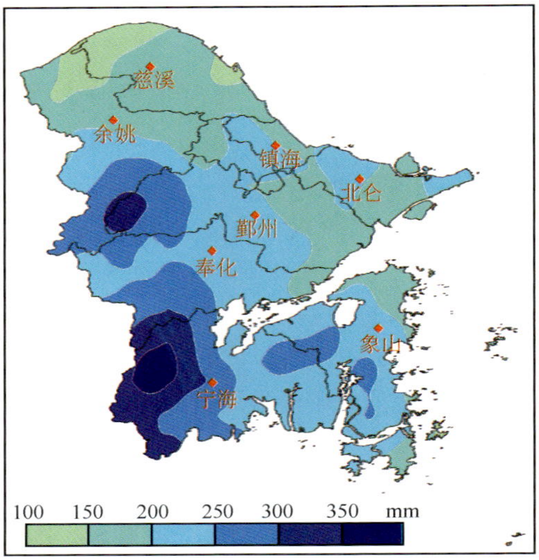

图 2.9 宁波市 8 月平均降水量分布图
(宁波市气象台，2014)

9 月降水形态发生较大变化，大值中心主要有三个，一个在余姚四明山区，一个在宁海西部山区，还有一个在象山地区，这主要是因为 9 月多秋台风影响，地处沿海的象山成为降水大值区，另外，北仑地区降水也较多(图 2.10)。

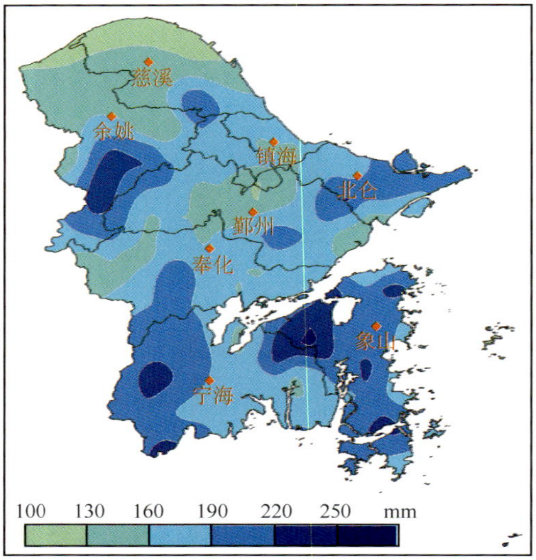

图 2.10 宁波市 9 月平均降水量分布图
(宁波市气象台，2014)

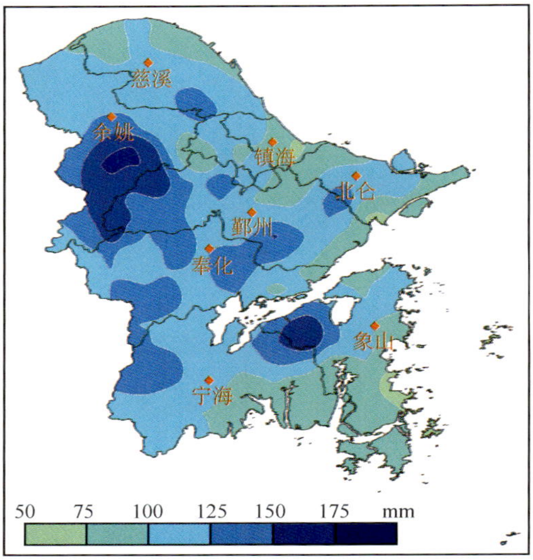

图 2.11 宁波市 10 月平均降水量分布图
(宁波市气象台，2014)

10月北方冷空气开始活跃，但还难以影响到宁波，是宁波舒适度最高的季节，多秋高气爽的天气，降水明显减少，仅为9月的一半左右(图2.11)。最大中心位于余姚四明山区，降水在150 mm以上；次大中心位于象山西北部；其他地区均未超过100 mm。但应特别警惕10月前半月晚台风可能带来强降水。

11月北方冷空气开始影响宁波，降水多伴随冷空气活动，月雨量普遍在100 mm以下，分布形态比较特殊，呈东多西少、北多南少，沿海的北仑和象山地区降水集中，降水量超过100 mm，另外，余姚四明山区和慈溪南部地区降水也较多(图2.12)。

12月是降水最少的月份之一，全市降水量普遍在70 mm以下，分布形态与1月类似，呈北多南少，大值中心位于余姚四明山区和北仑地区，均达到70～80 mm；南部地区大部不足60 mm(图2.13)。

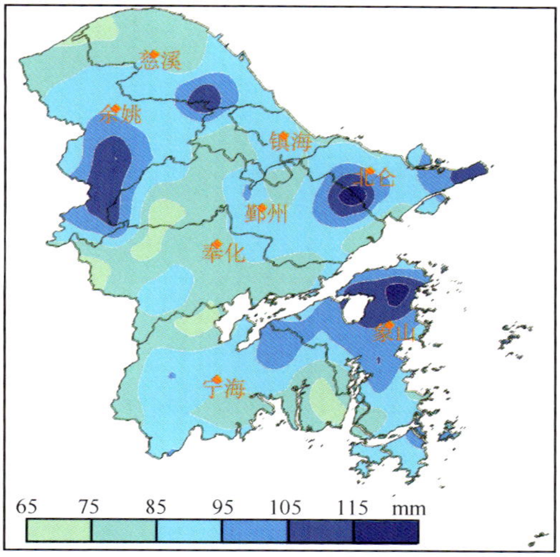

图2.12 宁波市11月平均降水量分布图
(宁波市气象台，2014)

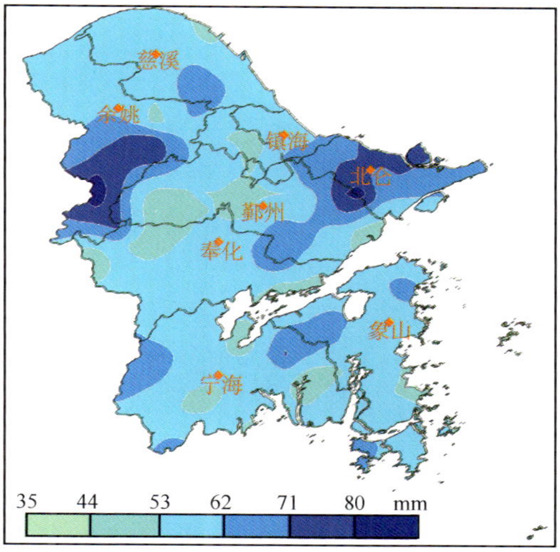

图2.13 宁波市12月平均降水量分布图
(宁波市气象台，2014)

宁波境内雨量分布南部多于北部，山区明显多于平原，多雨区集中在西部山区，宁海双峰、余姚大岚为两个主要多雨中心，年降水量达2000 mm以上。北部滨海为少雨区，年降水量在1300 mm左右。年均降水量1431.5 mm。

全年有两个相对雨期。4—7月第一个雨期春雨连梅雨，其中4—5月春雨期，雨日多，强度弱，年均雨量250.6 mm，占年总雨量17.8%；6—7月梅雨期，值梅子黄熟时节，又称“黄梅雨”，年均雨量357.1 mm，占年总雨量24.9%。8—9月第二个雨期秋雨台风雨，多狂风暴雨，年均雨量340.2 mm，占年总雨量23.8%。月降雨量最多是6月，平均202.6 mm；最少是12月，平均66.3 mm。可见，宁波的降水主要集中在4—9月的汛期，且呈现4—7月“春雨加梅雨”和8—9月“台风”双峰特征(图2.14)。

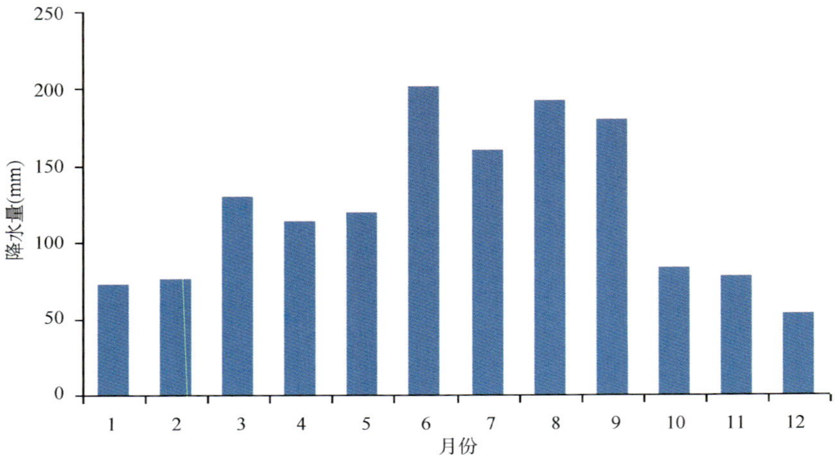

图 2.14 宁波市各测站月平均雨量柱状图
(宁波市气象台,2014)

2.3 梅雨期降水强度分布

宁波通常于 6 月 13 日入梅,7 月 7 日出梅,梅雨期 24 天,全市平均梅雨量 234 mm。梅汛期降水强度分布不均,有两条强降水带,一条从余姚四明山区往东北延伸到慈溪、镇海交界处,另一条从宁海西部山区往东北延伸到象山港南岸,降水强度均达到 11 mm/d 以上,其他地区降水强度在 9～11 mm/d(图 2.15)。

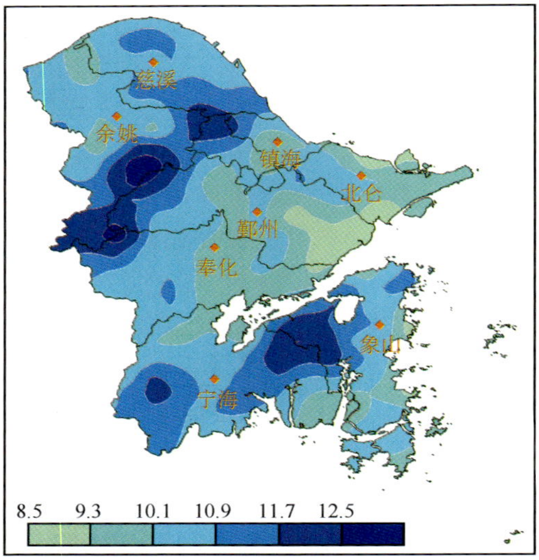

图 2.15 宁波市梅汛期降水强度分布图(mm/d)
(宁波市气象台,2014)

2.4 台风降水强度分布

根据对2006—2014年影响宁波的台风降水空间分布分析表明，台风降水整体分布呈北部平原向西南山区增加，地形对台风降水的增幅作用明显；有三个强降水区，与宁波主要山脉分布（高海拔）较吻合，一个是余姚四明山，另两个分别是宁海望海岗和茶山（图2.16）。

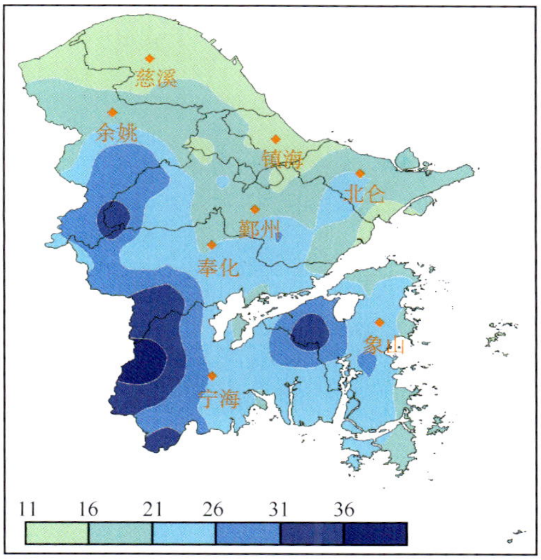

图2.16 宁波市2006—2014年台风降水强度(mm/d)分布图

（宁波市气象台，2014）

2.5 突发地质灾害与降雨阈值分析

2.5.1 强降雨对突发性地质灾害的影响预警实例

宁波市为典型的丰水型地区，降水主要集中在4—7月的“春雨加梅雨”期及8—9月的“台风”期。期间降水具有雨量集中、降水强度大、持续时间较长等特点，极易诱发地质灾害的发生。暴雨时节，大量降水、地表水渗入地下，黏性土完全饱水，黏聚力减少，土体抗剪、抗拉强度降低，并大大增加了黏性土体荷重；降水和地表水沿基岩裂隙、节理渗入，裂隙面摩擦力大大减小，降低基岩的稳定性。

实例一：2004年4月1日宁海强蛟小型崩塌

2004年4月1日，宁海县强蛟镇峡山村发生一处小型崩塌，事后接到当地报告，国土、气象两部门联合组织人员对地质灾害点进行调查，发现这次崩塌发生在山区高陡坡位置，崩塌前日当地仅降小雨，雨量 2 mm，因此，这一崩塌不属于气象因素引发的地质灾害，分析认为此次崩塌属于非降水原因引起。

实例二：2004 年 5 月 12 日强降雨

2004 年 5 月 12 日中午发布的地质灾害气象预报等级是 3～4 级(图 2.17)，这次降雨是由高空低槽东移影响引起。5 月 13 日凌晨 2 时，宁海县跃龙街道黄土岭宁波工业泵厂临时宿舍后徒崖发生崩塌灾害，崩塌土方 15 m^3，根据附近气象观测资料显示，12 日上半夜该区域出现雨量 37.7 mm。分析认为，该崩塌的主要诱因是前期降雨较少，土壤干燥，突遇短时大雨引发小型崩塌，另外，该地属于山脚下厂房区，有造房切坡现象，同时，在山坡上竖有电线杆，容易引起崩塌。

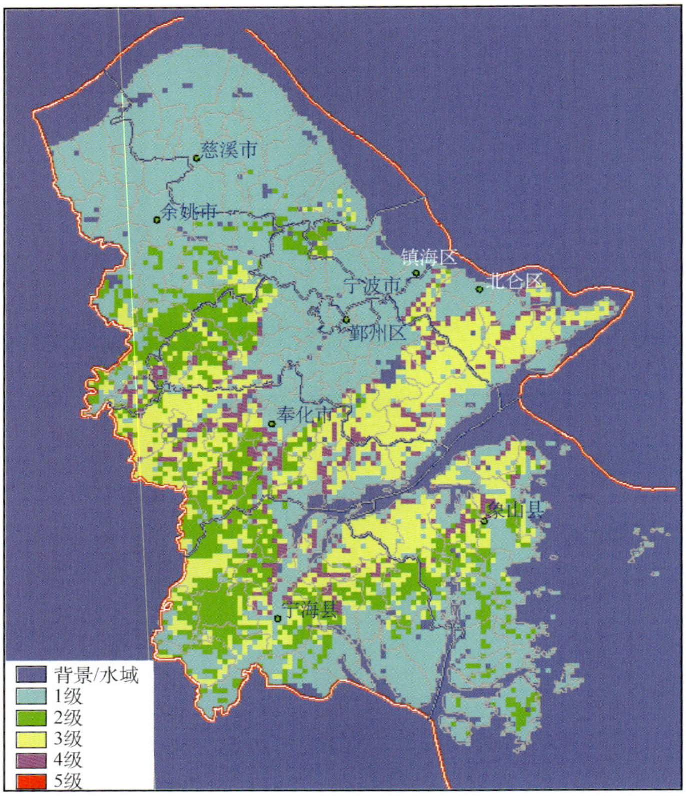

图 2.17　2004 年 5 月 12 日 24 h 地质灾害气象概率等级预报图

（宁波市气象台，宁波市国土资源局，2004）

这是宁波地质灾害预报系统首次做出地质灾害等级预警预报，从预报及当地雨量分布分析认为，系统地质灾害雨量阈值过低，灾害雨量阈值过低，引起地质灾害预报区域过大，随后对系统进行适当调整，使以后的地质灾害预报系统接近正常。

实例三：0421 号台风“海马”影响

2004 年第 21 号热带低压“海马”于 9 月 11 日 14 时在台湾以东洋面生成，12 日 2 时加强为热带风暴，于 9 月 13 日 12 时在浙江省温州龙湾永强镇登陆，登陆后折向西北偏西方向移动，穿过台州、金华、绍兴、杭州地区减弱为热带低压。受“海马”倒槽影响，宁波过程降水普遍达到 100～150 mm，局部大于 200 mm，给宁波造成 3 亿元人民币的经济损失。

由于前期干旱少雨，“海马”降雨使宁波彻底解除旱情，但久晴后暴雨极易诱发地质灾害。13 日凌晨 4 时在余姚大岚镇夏家岭自然村发生了泥石流，宽度 15 m，泥石流冲毁了 5.5 间房子，幸好事先进行安全防范，及时转移人员，无人员伤亡，另宁海桑州公路、宁海姚源等地有 11 处小型滑坡。“海马”台风影响前，宁波市气象台、国土资源局地矿处提前成功联合预警预报“海马”过程雨量，并于 12 日中午做出宁波有 3～4 级地质灾害等级预警预报（图 2.18、图 2.19），并及时向有关地区进行服务，获得了很好的社会效益。

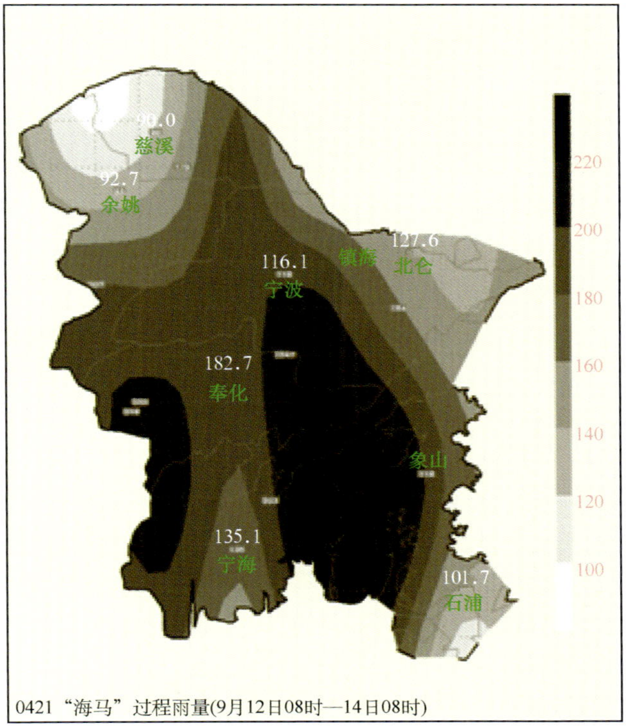

图 2.18　0421 号“海马”台风宁波过程雨量(mm)
（宁波市气象台，2004）

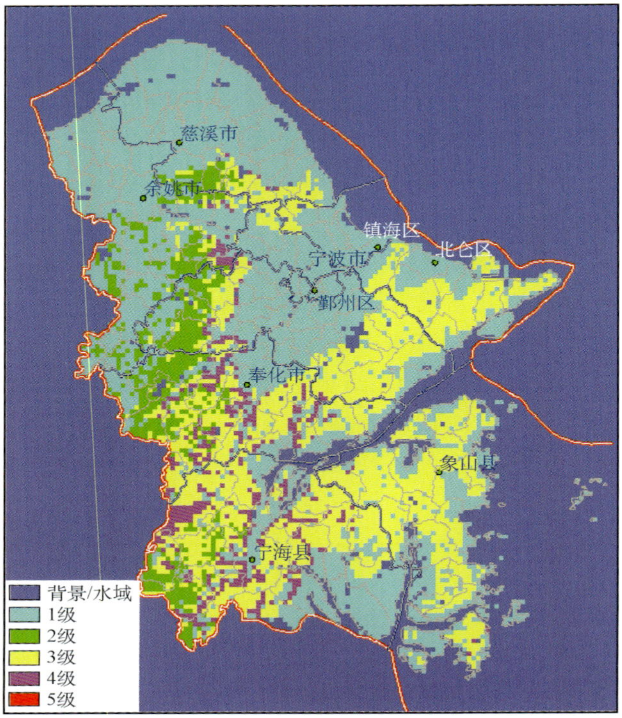

图 2.19　2004 年 9 月 13 日宁波地质灾害气象等级预报图

（宁波市气象台，宁波市国土资源局，2004）

实例四：0505 号台风"海棠"影响

2005 年第 5 号台风"海棠"于 7 月 12 日下午在太平洋上生成，生成后向偏西方向移动，7 月 19 日 17 时 15 分在福建连江黄岐镇登陆，登陆时中心气压 975 hPa，中心附近的最大风速 33 m/s，"海棠"登陆后，向西北偏西方向移动，20 日晚上在江西境内减弱成低气压，图 2.20 是"海棠"台风的移动路径。

受"海棠"台风影响，宁波 18 日 08 时—21 日 08 时 8 个测站的过程雨量最大宁海 167.5 mm，最小是北仑仅 25.9 mm，平均为 79.1 mm，北部平原测站平均雨量为 39.9 mm，南部平原平均雨量 118.3 mm。由宁波中尺度站雨量资料可见，雨量中心主要有两个，最大的位于宁海西部山区黄坛水库为 345.1 mm，宁海望海岗 338.7 mm，次雨量中心四明山区一带，鄞州周公宅为 190.4 mm，余姚上王岗为 178.0 mm。"海棠"的雨量分布特点是南部大于北部，西南山区大于平原地区。

受"海棠"台风强降雨影响，7 月 20 日凌晨 5 时，余姚陆埠镇杜徐村发生小范围山体滑坡，滑坡量为 20 m^3。

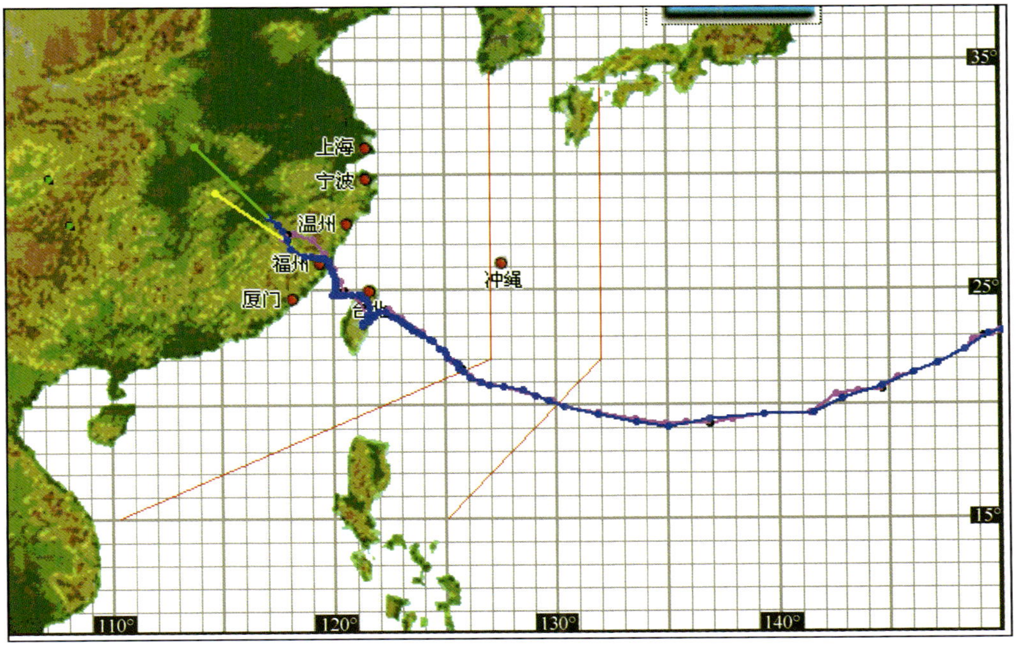

图 2.20　0505 号台风“海棠”移动路径图
（宁波市气象台，2005）

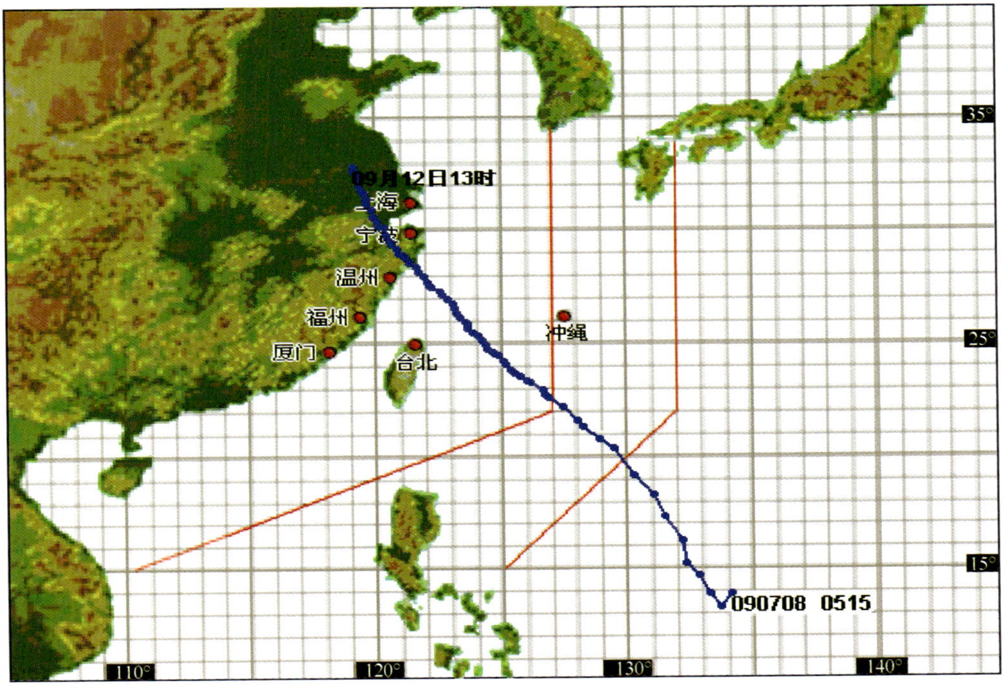

图 2.21　0515 号台风“卡努”移动路径图
（宁波市气象台，2005）

宁波气象台、国土资源局地矿处在7月18日预报地质灾害等级为3级，7月19—21日连续预报地质灾害等级是4级(图略)，由于事先地质灾害预报及时，政府部门抗台防台工作落实到位，受滑坡影响的9户人家事先均已安全转移，因此没有造成人员伤亡，这次地质灾害系统预报正确，发挥了很好的抗灾防灾作用。

实例五：0515号台风“卡努”影响

0515号台风“卡努”于2005年9月7日8时在菲律宾以东洋面生成，后朝西北方向移动，9日2时加强为台风，11日下午2时50分在台州市路桥区金清镇登陆(图2.21是台风“卡努”移动路径)，登陆时中心气压945 hPa，近中心最大风力12级以上(50 m/s)。“卡努”登陆后，朝西北偏北方向移动，强度缓慢减弱，11日晚上11时减弱为强热带风暴，12日8时减弱为热带风暴。

受“卡努”影响，宁波中北部平原平均雨量为157.1 mm，南部平原测站平均雨量为198.1 mm，全市最大雨量中心有两个，最大雨量中心位于北仑新碶镇为509.2 mm，次雨量中心在宁海望海岗424.5 mm。台风“卡努”在宁波市造成的雨量分布北部以北仑为最大雨量中心，南部普遍较大，尤其是西南山区。

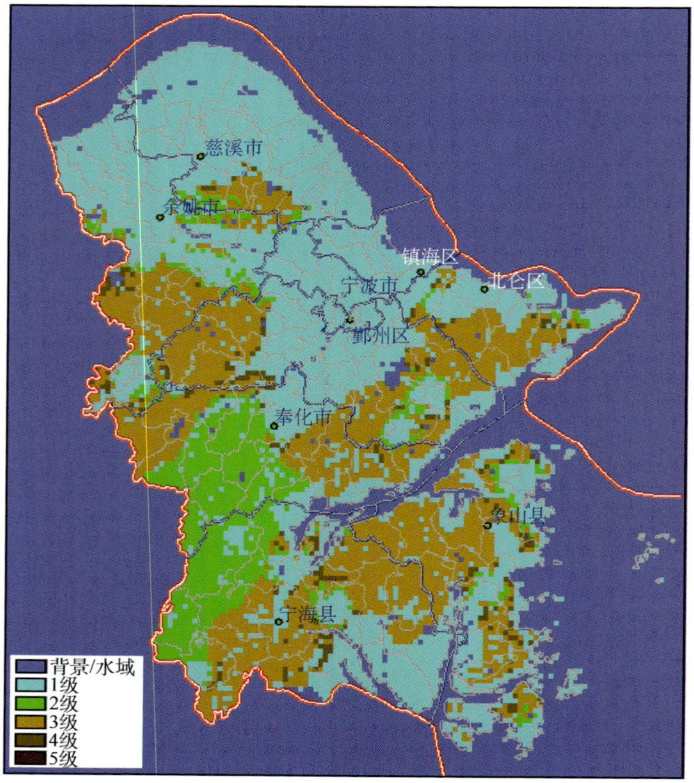

图2.22　2005年9月11日宁波地质灾害气象等级预报图

(宁波市气象台，宁波市国土资源局，2005)

2005 年 9 月 11 日宁波气象、国土两部门联合发布 4 级地质灾害预报(图 2.22)，在市防汛会议上做了汇报，同时在宁波电视台气象新闻节目中播出，对防止地质灾害可能造成的危害起到了较好的作用。

实例六：2011 年 8 月 25 日强降水云团影响

2011 年 8 月 25 日傍晚，受强降水云团影响，慈溪观海卫、新浦一带产生 250～300 mm 的短时大暴雨，其中观海卫自动站监测到最大雨量 311 mm，新浦镇自动站 253 mm。宁波市地质灾害气象概率预报(警)系统 24 日对过程做出 3 级地质灾害预报(图 2.23)，宁波市气象台预报值班人员在 8 月 25 日下午，根据天气系统的变化和自动站监测到的雨量，意识到昨天(24 日)预报的地质灾害发生地可能有偏差，因此及时作了主观调整，并与市地质环境监测站同志进行临时会商，市环境监测站及时与当地取得联系，并进行相关的服务，起到了较好的服务效果。这次强降水过程，慈溪观海卫一带有小范围 4～5 处地质灾害发生，由于当地及时疏散人员，未发生人员伤亡事故。对此次短时强降水过程，部门联动，及时调整，做好应急服务，气象部门于 15 时 30 分发布暴雨橙色预警，并通过电视台、电台、气象网站、村级气象服务终端、电子显示屏、手机短信等渠道第一时间向社会公众发布，市三防指挥部及时启动防汛三级应急响应，国土、气象部门连夜组织人员深入受灾乡镇开展现场服务和灾情调查(图 2.24)。

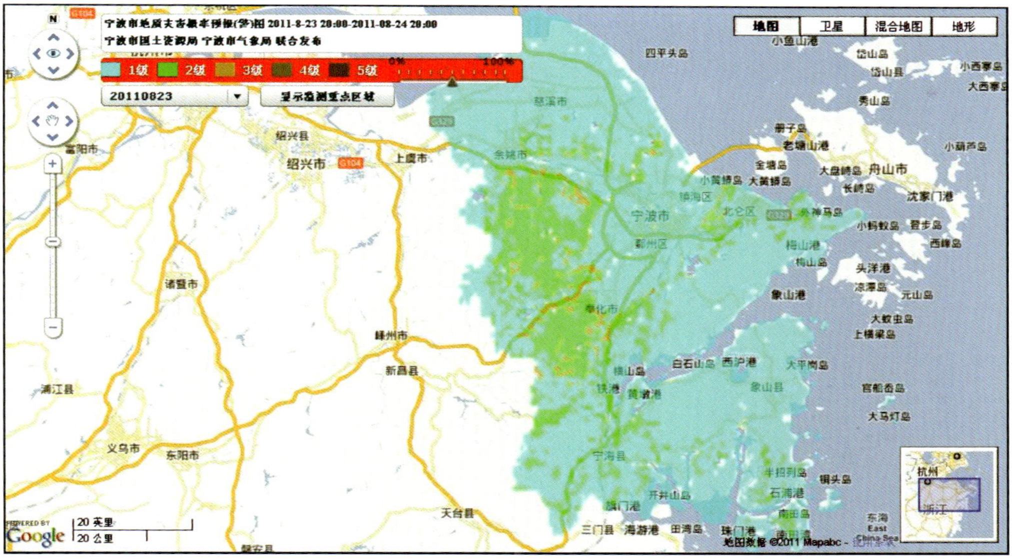

图 2.23　2011 年 8 月 24 日宁波地质灾害气象等级预报图

(宁波市国土资源局，宁波市气象局，2011)

图 2.24　2011 年 8 月 25 日慈溪观海卫崩塌调查图

（宁波市气象台，宁波市地质环境监测站，2011）

这次过程虽然发生地偏差了近 30 km，但通过密切监测，及时服务，仍取得了较好的防汛效果。

实例七：2010 年 6 月 25 日梅雨锋低涡影响

2010 年 6 月 25 日，受梅雨锋低涡东移影响，宁波出现大到暴雨，这类暴雨在梅雨期较为常见，在天气形势上显示为中低层切变线上有低涡东移，低涡移经之处往往产生暴雨，图 2.25 是宁波自动观测站过程雨量图，可见宁波四明山区降雨量超过 100 mm，四明山区的上庄和华山 36 h 雨量分别达 183.6 mm 和 150.1 mm。这次降雨区域较大，数值预报模式及地质灾害气象概率预报（警）系统对这次降水都有较好

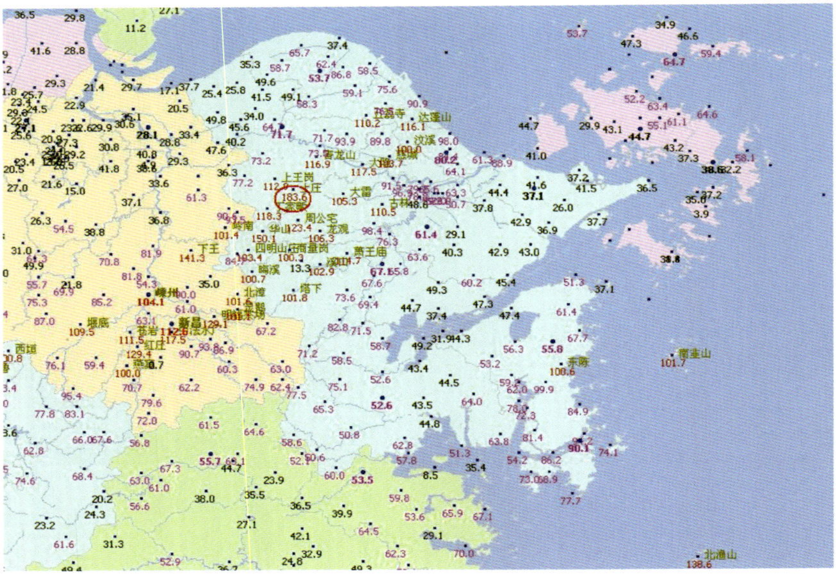

图 2.25　2010 年 6 月 25 日 24 h 雨量

（宁波市气象台，2010）

的预报能力，图 2.26 是 2010 年 6 月 25 日宁波市地质灾害气象等级预报，显示宁波市未来 24 h 可能有 3 级地质灾害，26 日地质灾害实况是余姚梨洲街道上王岗村出现小型滑坡，但损失不大。

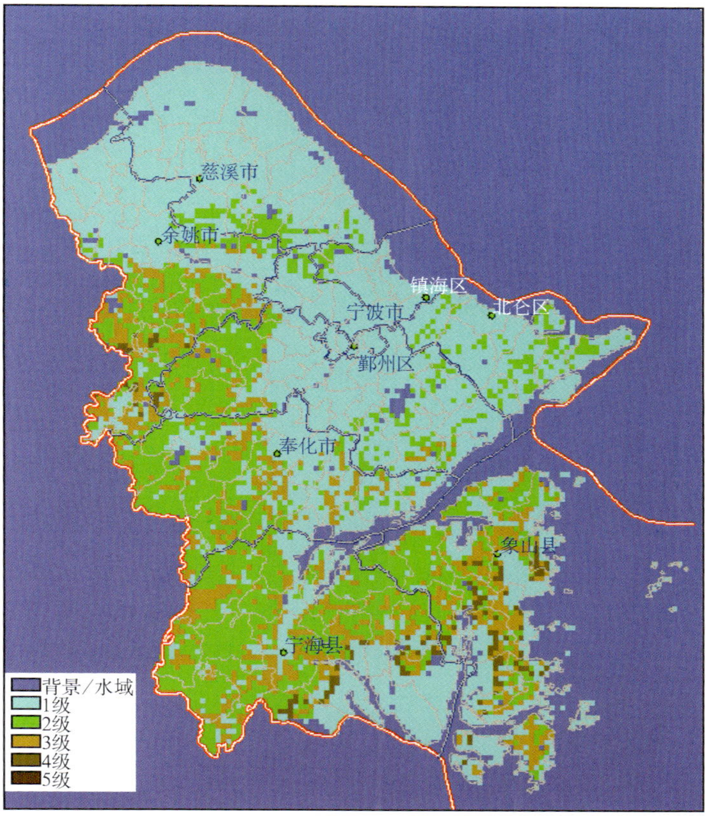

图 2.26　2010 年 6 月 25 日宁波地质气象灾害等级预报图

（宁波市国土资源局，宁波市气象局，2010）

实例八：0908 号台风“莫拉克”影响

2009 年第 8 号台风“莫拉克”于 8 月 4 日 2 时在西北太平洋生成，5 日 2 时加强为强热带风暴，14 时加强为台风，7 日 23:45 在台湾花莲登陆，9 日 16:20 在福建霞浦再次登陆，逐渐减弱为热带风暴，10 日穿越浙江全境，11 日进入江苏境内，图 2.27 为 0908 号台风“莫拉克”移动路径。“莫拉克”台风强度大、范围广，宁波平均雨量 195 mm，其中宁海 343 mm，奉化 301 mm，象山 226 mm，余姚 195 mm，鄞州153 mm，北仑 144 mm，宁波市区 104 mm，慈溪 94 mm。单点最大为奉化大堰536.6 mm、宁海大蔡 531 mm、奉化南溪口 508 mm，有 13 个雨量站超过 400 mm，占总数的 5%，58 个站点超过 300 mm，占总站数的 21%，117 个站点超 200 mm，占总站数的 43%，218 个站点超过 100 mm，占总站数的 81%，图 2.28 为 0908 号台风“莫拉克”过程雨量。

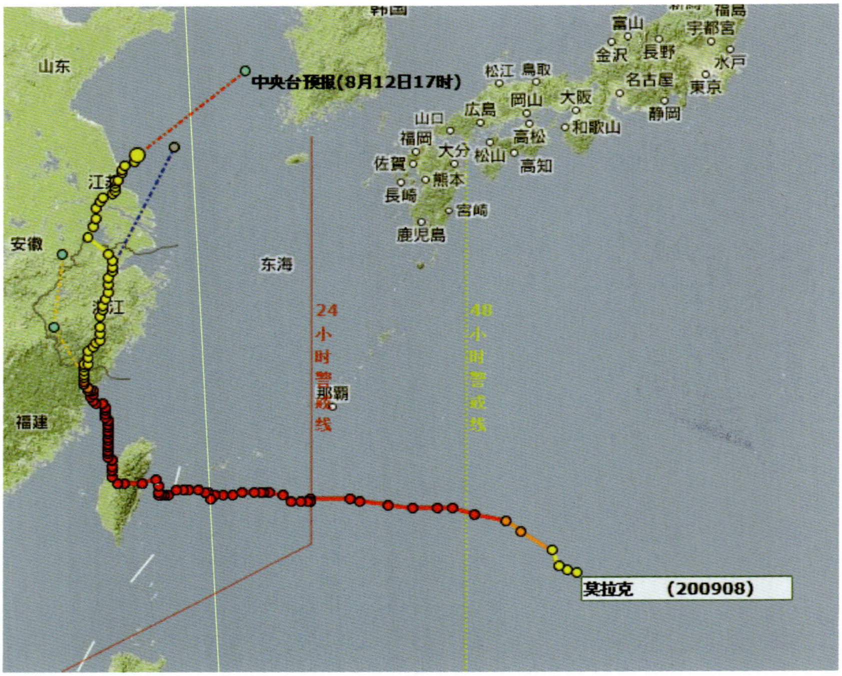

图 2.27　0908 号台风“莫拉克”移动路径

（宁波市气象台，2009）

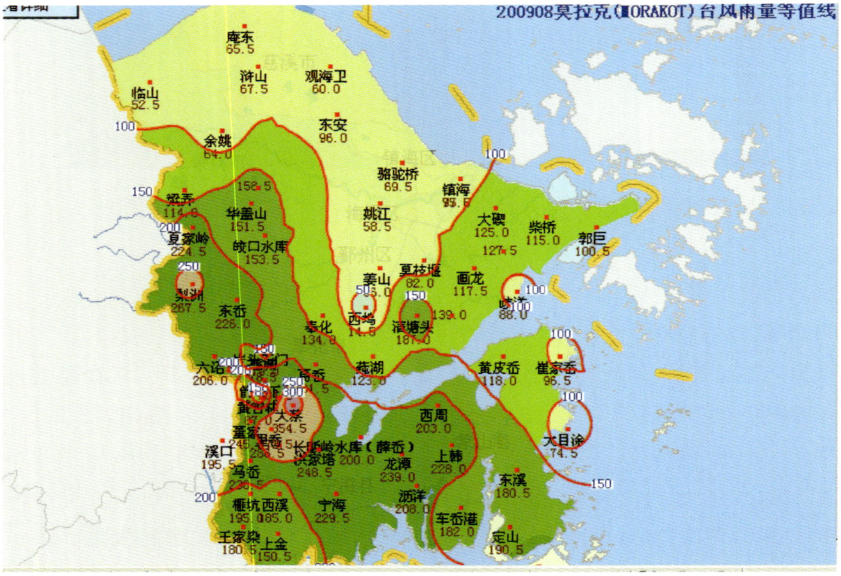

图 2.28　0908 号台风“莫拉克”过程雨量

（宁波市气象台，2009）

“莫拉克”台风移动缓慢，影响时间长，长时间滞留少动或原地不动，宁波 6 日开始受其影响，11 日影响结束，影响时间长达 6 d，较为少见。“莫拉克”台风影响期间正是农历天文大潮期，台风增水与天文大潮叠加，沿海潮位普遍接近或超过警戒潮位，高潮位顶托造成河网排水不畅。

受“莫拉克”影响，江河水位超警戒水位，城乡积水严重。由于“莫拉克”台风强降雨造成水库河网水位迅猛上涨，全市 30 座大中型水库有 18 座超汛限水位，河网普遍超过警戒水位，部分超过保证水位。

台风共造成宁波市直接经济损失 11.11 亿元，其中农林牧渔业损失 5.95 亿元，工业交通运输停业损失 2.47 亿元，水利设施损失 2.03 亿元。

宁海、奉化、象山、鄞州、余姚 5 个县(市)区，56 个乡镇不同程度受灾，受灾 41.88 万人，倒塌房屋(棚屋)295 间，农作物受灾面积 3.671 万 hm^2，绝收面积 0.266 万 hm^2，水产养殖业受损面积 1.151 万 hm^2，农林牧渔业损失 5.95 亿元。

水利设施受损严重。损坏堤防 477 处，堤防决口 104 处，损坏护岸 394 处，损坏水闸 27 座，冲毁塘坝 146 座，损坏灌溉设施 443 处，损坏水文测站 9 个，损坏机电井 7 眼，损坏机电泵站 185 座，损坏电站 3 座。水利设施损失 2.03 亿元。

交通影响严重、沿海旅游业受损。狂风暴雨对水、陆、空交通带来了不利影响，机场暂时关闭、客运航线全部停航，高速公路封道，暴雨还冲毁山区公路，致使交通中断，公路中断 63 条次，供电中断 69 条次，台风期间，所有海岛旅游、海上休闲娱乐关闭，其他旅游人次客流量锐减，工矿企业停产，工业交通运输停业损失 2.47 亿元。

经灾情评估，1956 年以来至 2009 年，影响宁波的台风中，“莫拉克”(风、雨、潮)综合影响排名为第 15 位。

宁海、奉化等山区因强降雨引发泥石流、山洪等灾害，台风造成奉化市 4 人死亡。在“莫拉克”台风影响期间，雨量预报准确(图 2.29)，宁波市气象台和国土资源局事先连续 4 d 联合发布 3～4 级地质气象灾害预警预报，并通过多种形式向公众发布(图 2.30)，起到了很好的警示作用。地质灾害实况资料显示，“莫拉克”台风影响期间，奉化、宁海、余姚等地连续发生 3 d(27 处)地质气象灾害，可见台风强降水是宁波地质气象灾害的主要诱因。

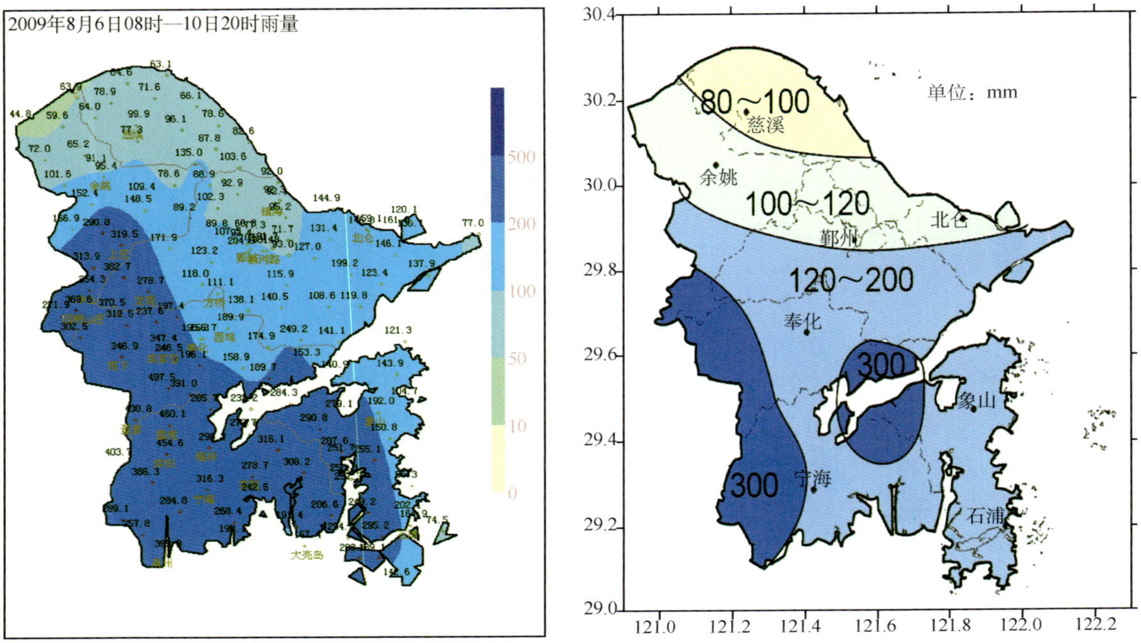

图 2.29 “莫拉克”台风实况雨量(左)与预报雨量(右)对比图

(宁波市气象台,2009)

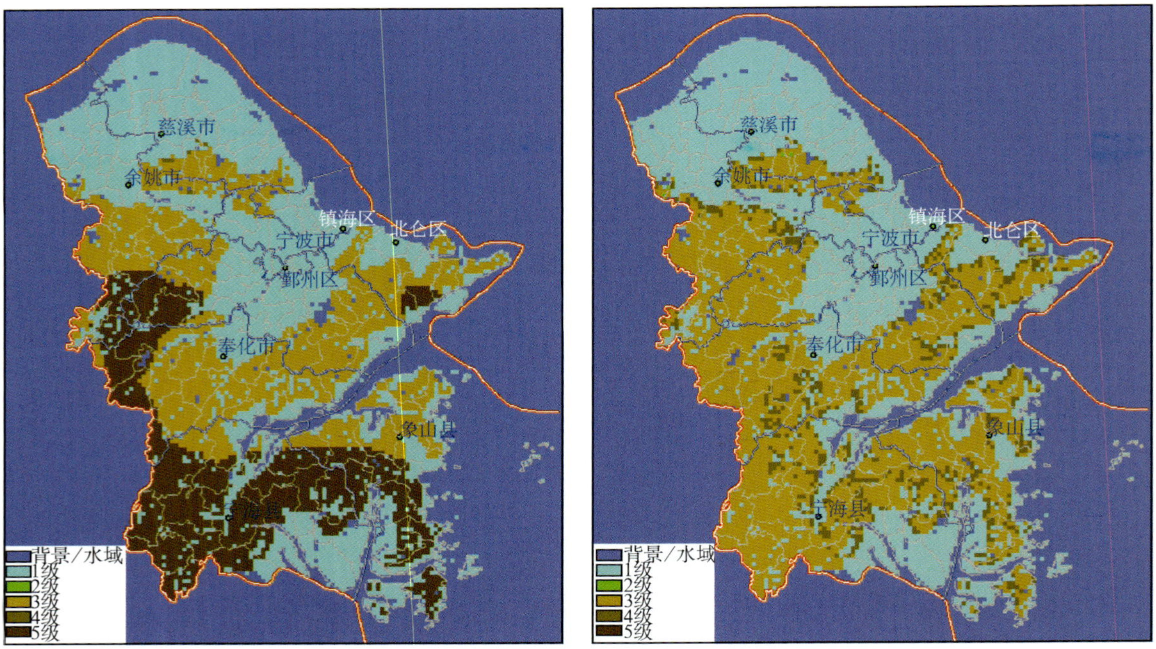

图 2.30 2009 年 8 月 8 日(左)和 8 月 9 日(右)“莫拉克”台风宁波地质灾害气象预报等级图

(宁波市国土资源局,宁波市气象局,2009)

实例九:2010 年 7 月 14 日强雷雨影响

2010 年 7 月 14 日下午,地面自动观测站资料显示,鄞州东部出现 58 mm 降水,此次短时雷雨使当天 18:20 鄞州东部五乡镇钟家少村出现小型山体崩塌,所幸无人员伤亡。

夏季副高边缘雷阵雨在宁波较为常见,前一天宁波市区域中尺度模式(WRF)释用预报该地雨量为 60 mm(图略),显示预报与实况相吻合,但因预报雨量未达到地质灾害起报阈值,因此,宁波地质灾害气象概率预(警)报系统没有对这次地质灾害系统进行预报,属漏报。

实例十:1416 号台风"凤凰"影响

1416 号台风"凤凰"于 2014 年 9 月 18 日凌晨在菲律宾以东洋面上生成,相继登陆菲律宾、台湾后,于 22 日 19 时 35 分登陆宁波象山县鹤浦镇,登陆时近中心最大风力 28 m/s(10 级),中心气压 985 hPa(图 2.31)。受其影响,全市平均面雨量(20 日 8 时至 23 日 14 时)129 mm,其中,象山 202 mm、北仑 162 mm、宁海 146 mm、奉化 136 mm、鄞州 114 mm、余姚 107 mm、江北 100 mm、慈溪 76 mm、海曙 70 mm、镇海 65 mm、江东 57 mm;全市有 172 个站大于 100 mm,有 38 个站大于 200 mm;单站前五名均出现在象山,分别为外高泥 331 mm、北渔山 305 mm、新桥 295 mm、定塘镇 293 mm、黄泥桥 292 mm(图 2.32)。"凤凰"给宁波市带来强风和暴雨影响,主要强降水和 8 级以上大风都集中 22 日 8 时到 23 日 8 时。就在台风登陆及风雨影响最大的时段,宁海多地发生了滑坡、岩质崩塌等地质灾害。22 日晚上宁海梅林街道五松村出现岩质崩塌;深甽镇柘坑戴村、立洋镇林屿村、胡陈乡胡陈村、深甽镇白岩村、黄坛镇里塘村、黄坛镇大岭头村等处出现滑坡,7 处灾害险情总规模约 2000 m^3。

自 9 月 19 日发布台风消息后,气象与国土两部门就联合发布地质灾害风险提醒。根据"凤凰"的移动路径及可能对宁波造成的风雨影响,并结合地质灾害气象预报概率预报(警)系统的客观预报产品,在 21 日对外发布:"受'凤凰'影响,今天我市有中到大雨,局部暴雨,夜里到明天暴雨,局部大暴雨,个别特大暴雨,过程雨量 100～200 mm,局部 300 mm 以上。预计未来 24 h,我市西部山区及东南沿海部分丘陵区地质灾害气象风险较高(三级、黄色),局部高(二级、橙色)。"(图 2.33 左)随着台风靠近宁波沿海,22 日进行加密预报,当天下午及时更新预报内容:"预计未来 24 h,我市余姚中部和南部、奉化西部和东部、宁海大部、鄞州东南局部、象山部分地区地质灾害气象风险较高(三级、黄色),部分区域风险高(二级、橙色),其中宁海桑洲和岔路部分区域风险很高(一级、红色)。"(图 2.33 右)23 日继续发布了三级预报。在台风影响过程中,气象部门主动向国土资源局汇报降雨实况及预报情况,并加强会商,市国土资源局也紧急部署,广发通知,将本市存在安全隐患地点的人员及时转移,有效地防止了地质灾害可能造成的人员伤亡。

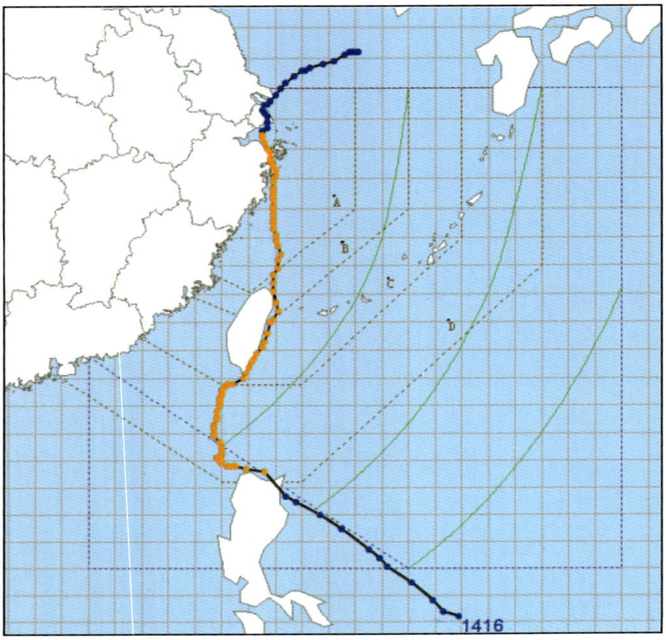

图 2.31　1416 号台风“凤凰”移动路径

（宁波市气象台，2014）

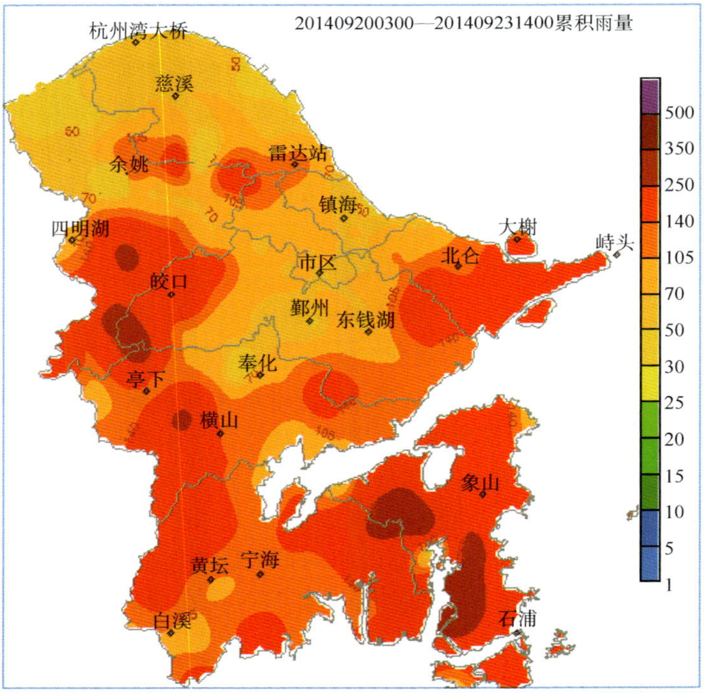

图 2.32　1416 号台风“凤凰”过程雨量(mm)

（宁波市气象台，2014）

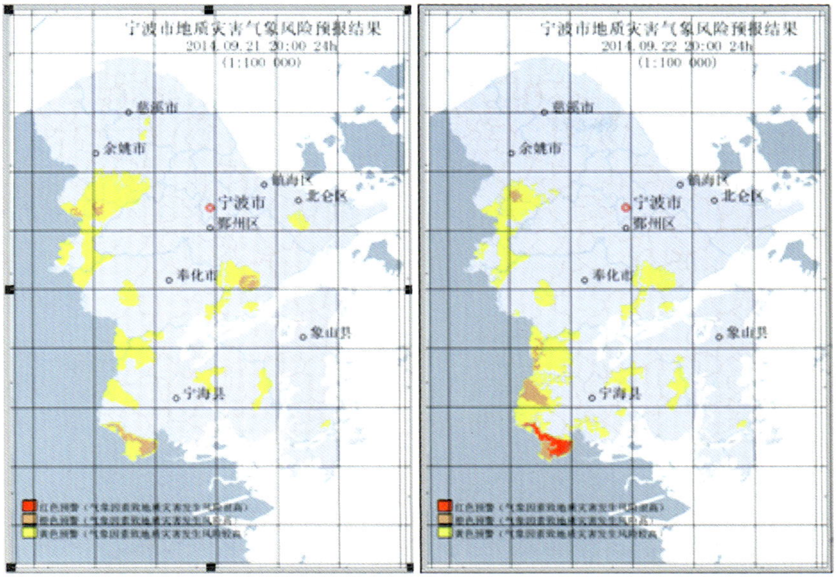

图 2.33　2014 年 9 月 21 日(左)和 9 月 22 日(右)“凤凰”台风宁波地质灾害气象预报等级图
(宁波地质环境监测站,宁波市气象台,2014)

受台风大风和暴雨影响,宁波局部地区发生小流域山洪和山体滑坡等灾害,一些交通、水利、电力、通讯等基础设施受损,影响正常生产生活,沿海地区农业遭受较大损失。据市民政局统计,截至 23 日上午,全市受灾 334476 人,农作物受灾面积 14551 hm^2,其中成灾面积 7108 hm^2,绝收面积 2344 hm^2;直接经济损失 5.62 亿元,其中农业损失 4.69 亿元。

实例十一:1521 号台风“杜鹃”影响

2015 年第 21 号台风“杜鹃”,9 月 23 日 02 时在西北太平洋洋面生成,之后向西偏北方向移动,24 日 17 时加强为强热带风暴,25 日 17 时加强为台风,26 日 14 时加强为强台风,27 日 5 时继续加强为超强台风。28 日 17 时“杜鹃”在台湾东部海域减弱为强台风,于 17 时 50 分在台湾宜兰沿海登陆,29 日 8 时 50 分在福建省莆田市秀屿区沿海再次登陆,登陆时为台风级,中心附近最大风力 12 级。登陆后强度迅速减弱为热带风暴,向偏西方向移动并减弱(图 2.34)。

受“杜鹃”环流和强对流系统共同影响,宁波普降暴雨到大暴雨,局部特大暴雨,全市平均雨量 196 mm,其中镇海 329 mm、鄞州 265 mm、江东 262 mm、海曙 250 mm、奉化 246 mm、江北 240 mm、慈溪 199 mm、余姚 182 mm、宁海 161 mm、象山 126 mm、北仑 128 mm,超过 100 mm 测站数是 249 个占 87%,超过 200 mm 是 139 个 49%,超过 300 mm 的是 32 个 11%,超过 400 mm 的 1 个(图 2.35)。雨量最大的有宁海岭口 409 mm、镇海岚山 384 mm、鄞州区龙观 381 mm。强降水主要出现在 29 日 22 时～30 日 6 时,1 h 雨强最大在象山外高泥 90.1 mm、鄞州区画龙村

89.5 mm、宁海岭口 85.0 mm。其中到 29 日 08 时台风登陆之前的全市平均雨量是 42 mm，到 29 日 20 时台风停止编报前 96 mm，但之后又下了 101 mm。

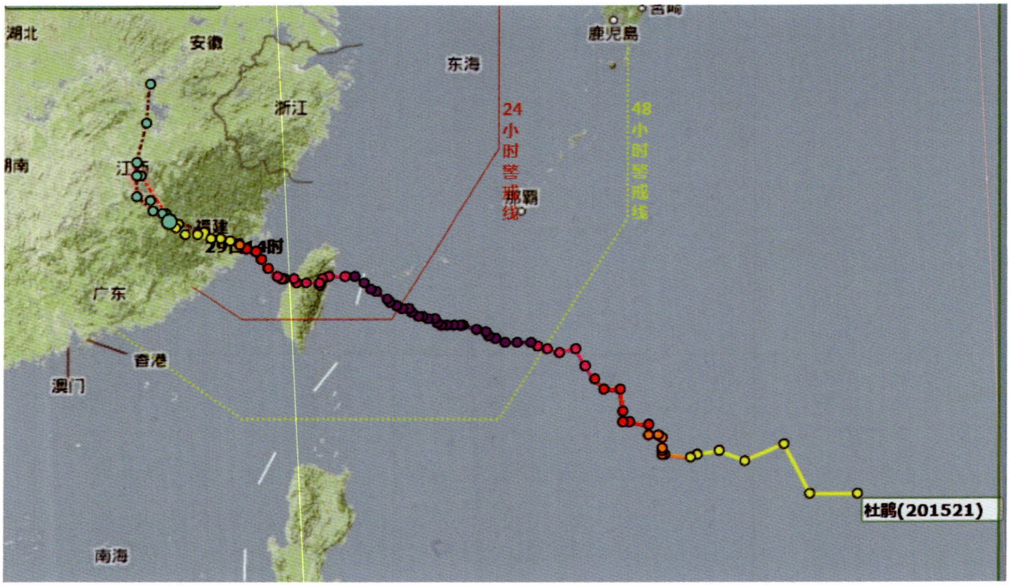

图 2.34　1521 号台风“杜鹃”移动路径

（宁波市气象台，2015）

台风“杜鹃”虽然没有在宁波登陆，但却给宁波带来了强降雨。受此影响，宁波多地受灾，部分山区发生山体滑坡和泥石流，但没有报告人员伤亡，可能与宁波市检查地质灾害隐患点 370 个，撤离、转移其中 26 个点的 757 人等有关。其中 9 月 30 日鄞州职高厨房间西南侧山坡发生泥石流（400 m^3），10 月 2 日北仑区小港街道建设村建设村羊角山发生滑坡（1 处）（图 2.36）。截至 9 月 30 日 16 时，“杜鹃”台风造成全市 13 个县（市）区 123 个乡镇受灾，全市受灾达 35.96 万人；转移 4.62 万人；有 83 间房屋倒塌；农作物受灾面积达 5.61 万 hm^2，成灾面积 1.338 万 hm^2，绝收面积 0.347 万 hm^2；水产养殖损失面积 0.269 万 hm^2，数量 0.36 万 t；有 2970 个工矿企业停产、公路中断 107 条次、供电中断 67 条次、通信中断 44 条次，损坏堤防 71 处 10.84 km，堤防决口 6 处 0.50 km，损坏护岸 69 处、水闸 3 处，冲毁塘坝 6 座、损坏灌溉设施 39 处、机电泵站 2 座、水文测站 3 处。据初步统计，全市直接经济损失达 16.17 亿元，其中农林牧渔业损失 7.18 亿元，工业交通运输业整损失 1.69 亿元，水利设施损失 0.52 亿元。

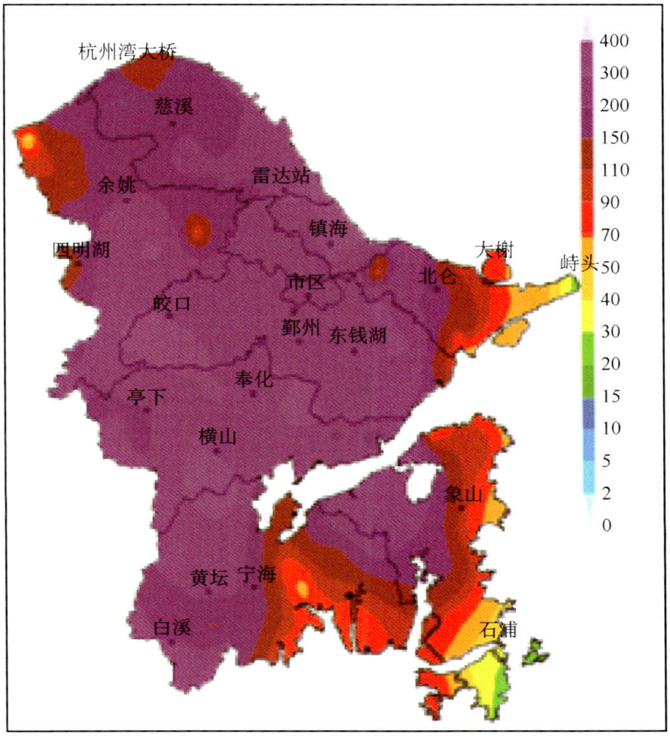

图 2.35　1521 号台风“杜鹃”过程雨量(mm)

(宁波市气象台,2015)

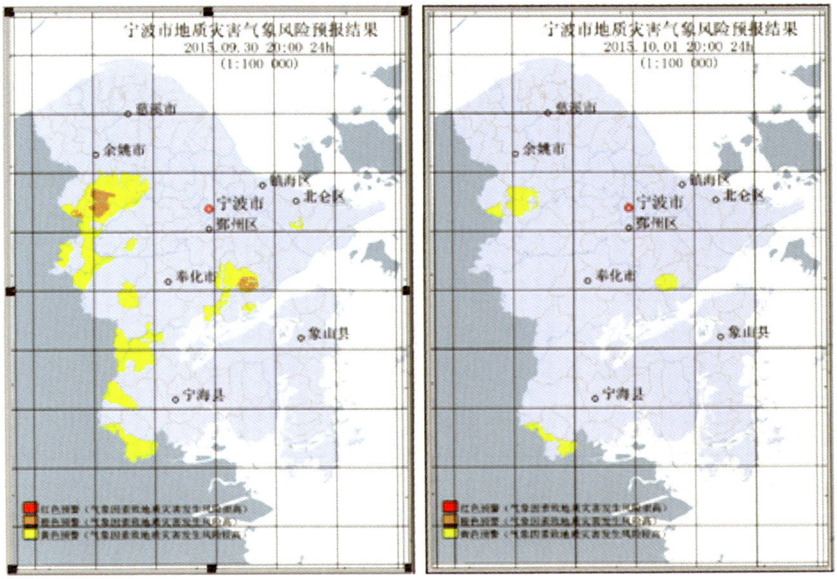

图 2.36　2015 年 9 月 30 日(左)和 10 月 2 日(右)“杜鹃”台风宁波地质灾害气象风险预报图

(宁波地质环境监测站,宁波市气象台,2015)

实例十二:2015 年 11 月 14 日天气过程影响

自 2015 年 10 月下旬起至 11 月中旬,冷空气活动频繁,并带来长时间阴雨过程,其中 11 月 14 日宁海站累计降水 131 mm(图 2.37),因长时间雨水浸泡,导致岩体破碎,存在外倾结构面,14 日 21 时宁海县强蛟镇加爵科村 3 号出现小型崩塌(1 处)。冬半年系统未运行,属漏报,这样的地质灾害个例较少。

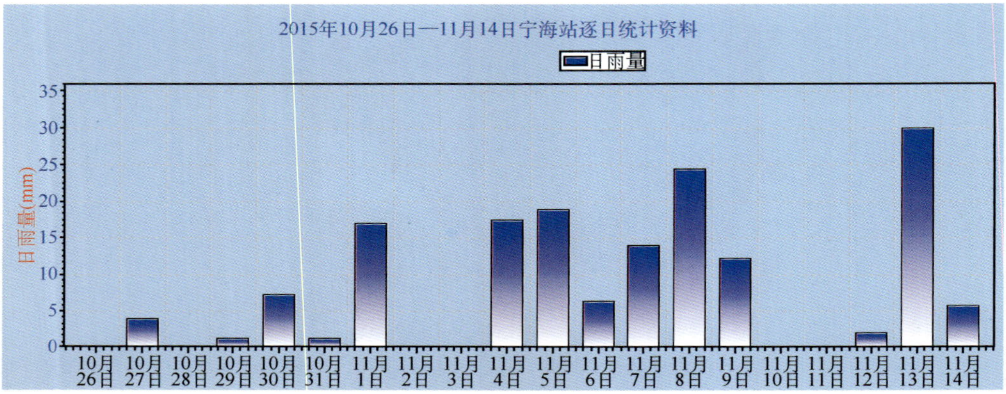

图 2.37 宁海气象站逐日雨量图

(宁波市气象台,2015)

2.5.2 突发地质灾害概率与当天降雨量关系

在地质、土壤、土地利用类型、岩石构造、地形地势等因子变化相对缓慢的条件下,降雨是一个变化相对较为敏感的因子。统计表明,在宁波境内发生的地质灾害个例中,短时降雨量或累计雨量较大的连续性降水是影响本市突发性地质灾害发生的最重要原因。

在早期研究如何选取雨量因子的过程中,由于宁波市有确切地质灾害发生的时间及对应的雨量数据等资料的样本数较少,为扩大样本数,利用整个浙江省降雨资料对全省地质灾害进行统计,根据浙江省水文勘测局(2002 年)提供的 1990—2001 年期间全省 1257 个观测站的日降雨量观测数据,截至 2002 年 3 月全省有记载的滑坡、泥石流、崩塌灾害点总计有 2918 处,其中 86.3%属于滑坡(78.3%)和泥石流(8.0%),有具体发生日期和地点记载的滑坡、泥石流灾害共有 814 处,时间跨度为 1969 年至 2002 年 3 月。在 814 处滑坡、泥石流地质灾害中,由降雨诱发的占 85.5%,有 9%左右的滑坡未记录诱发原因,因此估计由降水诱发的滑坡(泥石流)灾害点应超过 90%。在 1990—2001 年地质灾害和雨量资料共有的时间长度之间,选择总计为 609 处滑坡和泥石流地质灾害点作为样本数。在 609 处滑坡、泥石流灾害点中,泥石流 49 处,仅占 8%。由于滑坡灾害的发生点并不一定发生在雨量观测点处,因此选择距离灾害发生点最近的观测站的雨量数据来代替灾害发生时该处的降雨量。可知，当日雨量为 20～160 mm 发生的滑坡占总数的 90%左右，而当日雨量超过 160 mm 后，随着降雨量的继续增大，滑坡数增加很少，即在 160 mm 附近发生的滑坡降雨量约占 10%。从图 2.38b、c、d 可知，当前 5 天和前 10 天累计雨量超过 30 mm 时，滑坡就开始发生，在累计雨量 30～330 mm 发生的滑坡数占 40%，但在累计雨量超过 330 mm 以后，随着雨量的增大滑坡数增加很少，表明 60%左右的滑坡是在 330 mm 附近发生的。此外，在各种人类活动中，如因造房、筑路等引起切坡、植被毁坏等情况发生时，即使降雨量较小也可能诱发滑坡。对 1990—2001 年期间有明确日期记载和切坡、植被毁坏等诱发因素的 70 个滑坡灾害点分析发现，触发灾害的当日降雨量明显降低，此时有 35%左右的滑坡发生在 10～80 mm 雨量区间，在日降雨量大于 80 mm 时发生的滑坡约占 65%。

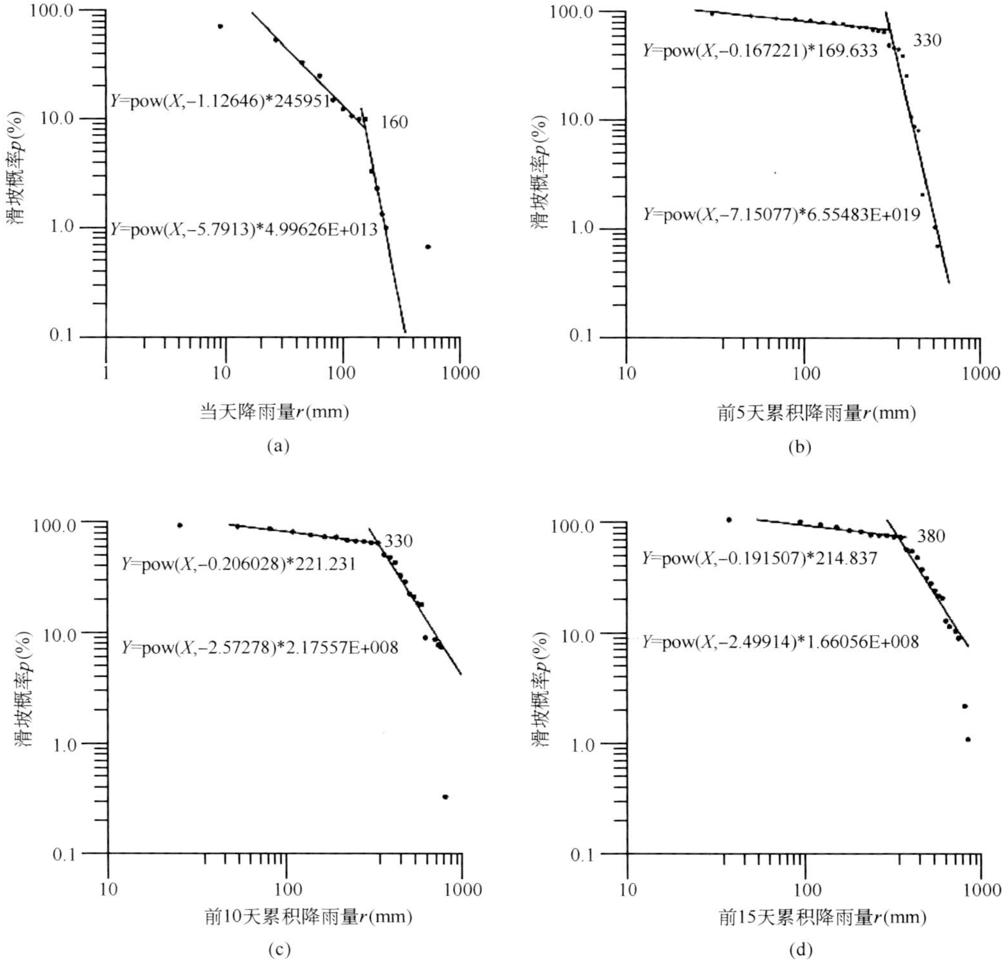

图 2.38 滑坡灾害发生当天降雨量，前 5 天、前 10 天、前 15 天累积降雨量与滑坡分布关系，纵坐标为大于某个雨量值以上发生的滑坡在滑坡总数中的百分比

2.5.3 宁波市地质灾害发生与雨量阈值分析

自2004年起宁波市地质环境监测站和宁波市气象台联合开展地质灾害监测、预报工作以来，有记录的地质灾害共发生217处次，年均20处次(表2.1)，规模以小型为主，占总数的90%以上，灾害类型以滑坡和崩塌为主，滑坡地质灾害以土质滑坡为主，如宁海黄泥山滑坡、鄞州朱敏村滑坡、童村滑坡等；崩塌地质灾害主要在人工开挖造成的陡坡，在坡度较大、较高、地质条件差、岩石软弱、地质构造发育、岩石破碎情况下，在强降水时极易引发地质灾害，山区简易公路边坡常常有群发性崩塌地质灾害；泥石流地质灾害常与山洪共同发生，沿山谷、山坡低凹处在强降雨作用下冲毁房屋、道路等，造成灾害。每年4—10月为地质灾害最主要的发生段，具有与强降水过程同期的特点，尤其是与暴雨频次具有很好的一致性。

表2.1 2004—2015年宁波市地质灾害实况、雨量及诱因统计

日期	地质灾害实况	雨量及诱因
20040401	宁海县强蛟镇峡山村的小型崩塌(1处)	一般降水2.0 mm，高陡坡自然崩塌，非降雨原因
0513	凌晨宁海跃龙崩塌(1处)	强对流短时暴雨37.7 mm
0528	宁海西店大门塘崩塌(1处)	非降雨原因
0703	宁海深甽下横山滑坡(1处)	梅汛期短时暴雨
0811	夜宁海岔路镇等地崩塌或滑坡(3处)	“云娜”台风强降水
0812	宁海双峰乡等发生崩塌或滑坡(8处)	“云娜”台风降水；宁海174 mm
0818	宁海3处地质灾害(3处)	“云娜”降水影响
0912	宁海姚源等地滑坡(3处)	“海马”台风强降水
0913	凌晨4时多在余姚大岚镇夏家岭自然村发生了泥石流，宽度15 m，泥石流冲毁了5.5间房子，无人员伤亡(1处)	“海马”台风；100 mm
0916	宁海桑州公路滑坡(1处)	强对流，30 mm
0918	鄞州区东钱湖韩岭镇山体滑坡(1处)	强雷雨102 mm/h
20050720	凌晨5时，余姚陆埠镇杜徐村小范围山体滑坡(1处)	“海棠”降水 190 mm
0720	宁海桑州2处崩塌(2处)	“海棠”降水
0806	北仑等地泥石流、滑坡等(5处)	“麦莎”台风强降水
0806	凌晨，奉化市大堰镇崩塌土石方200 m^3 左右，无人员伤亡(1处)	“麦莎”台风强降水
0806	上午10时40分，余姚市陆埠镇裘岙村地质灾害，3间平房被压塌，无人员伤亡(1处)	“麦莎”台风强降水
0807	北仑等地泥石流、滑坡等(36处)	“麦莎”台风降水；589 mm
0807	凌晨0时，鄞州塘溪东山新村一出租房被泥石流冲毁，一死一轻伤(1处)	“麦莎”台风强降水

续表

日期	地质灾害实况	雨量及诱因
0809	象山小型滑坡(3处)	"麦莎"降水后期
0902	慈溪杜湖岭中型滑坡(1处)	非降雨原因
0911	宁海、北仑等地滑坡、崩塌;夜里北仑青林村因洪水灾害死亡5人,失踪8人(38处)	"卡努"台风强降雨 北仑509 mm
0912	余姚、慈溪等地滑坡(5处)	"卡努"台风
20060923	石浦附近(1处)	非降雨原因
20070526	鄞州章水镇滑坡(1处)	非降雨原因
1007	宁海西店、强蛟等地滑坡(2处)	"罗莎"台风158.1 mm
1008	余姚陆埠镇五马村、余鲍陈村、梨洲街道雁湖村等地滑坡(4处)	"罗莎"台风106.1 mm
20090617	溪口风景区三隐潭妙高台中间段崩塌(1处)	非降雨原因
0809	宁海黄坛镇中央山村等多村发生滑坡(16处)	"莫拉克"台风
0810	余姚陆埠镇翁岙村、鹿亭乡东岗村等地发生滑坡(3处)	"莫拉克"台风
0811	象山墙头镇下山村、余姚梁弄岭头村等地发生滑坡或崩塌(12处)	"莫拉克"台风
0831	余姚市梨洲街道三溪口村滑坡(1处)	非降雨原因
0913	象山县石浦镇沙塘湾村滑坡(1处)	非降雨原因
20100527	余姚梨洲街道上王岗村小型滑坡(1处)	非降雨原因
0714	18时20分鄞州区五乡镇钟家沙村小型滑坡(1处)	梅汛期强对流,短时强降水,30 mm/h
20110619	早上奉化大堰南溪口公路旁山体滑坡(1处)	梅雨、切变,100 mm
0824	慈溪新浦等(3处)	低槽,强降水,慈溪新浦250 mm 福泉山180 mm
20120518	余姚河姆渡、马诸有地质灾害(2处)	非降雨原因
0529	余姚横塘(1处)	低涡切变,强对流,303 mm
0618	余姚公路塌方(11处)	入梅暴雨200 mm
0716	鄞州龙观洪水(1处)	低槽,强对流,200 mm
0802	宁海南部地质灾害(1处)	"苏拉"台风
0808	鄞州朱敏滑坡(1处)	台风"海葵"350 mm
20131006	象山县墙头镇西沪村、丹西街道梧桐御府、西周镇箬岭村、西周镇下芭蕉村等地出现滑坡;西周镇箬岭村出现洪水(5处)	台风"菲特"300~500 mm,最大黄泥桥788 mm
1007	象山县新桥镇洋坑村、东陈乡东湾村等地出现崩塌;西周镇莲花市场(变电房)、西周镇虎山村等地出现滑坡;西周镇乌沙村养殖塘出现泥石流(5处)	台风"菲特"300~500 mm,最大黄泥桥788 mm
1007	鄞州章水镇杖锡村瓦屋自然村、横溪镇梅山村俞山自然村等地出现滑坡,规模4500 m^3(3处)	台风"菲特",鄞州面雨量390 mm

续表

日期	地质灾害实况	雨量及诱因
1008	余姚地质灾害频发，全市绝大部分地区出现洪水（N 处）	台风“菲特”强降水，余姚 500 mm
1008	镇海九龙湖镇横溪村出现泥石流，规模 500 m³（1 处）	台风“菲特”强降水，镇海面雨量 290 mm
20140626	晚上宁海岔路镇山羊村土质滑坡，规模 20 m³（1 处）	梅汛期暴雨，宁海 88 mm 单点最大宁海双溪 143 mm
0627	上午宁海岔路镇泉峰村外庄土质崩塌，规模 100 m³（1 处）	梅汛期暴雨，宁海 88 mm 单点最大宁海双溪 143 mm
0922	晚上宁海梅林街道五松村出现岩质崩塌；深甽镇柘坑戴村、立洋镇林屿村、胡陈乡胡陈村、深甽镇白岩村、黄坛镇里塘村、黄坛镇大岭头村等处出现滑坡；总规模约 2000 m³（7 处）	“凤凰”台风强降雨；宁海面雨量 146 mm，山区普遍 100～250 mm
20150711	余姚陆埠镇余鲍陈村崩塌；余姚陆埠镇石门村泥石流；余姚梁弄镇让贤村上于山滑坡；奉化裘村镇岭下村崩塌 2 处 20 m³； 奉化大堰镇社家畈村下社家畈滑坡 1500 m³；奉化溪口镇栖霞坑村三门头滑坡 500 m³（共 7 处）	“灿鸿”台风强降水；全市面雨量 187 mm，其中余姚 221 mm，奉化 202 mm；最大单点余姚丁家畈 531 mm、余姚棠溪 528 mm
930	鄞州职高厨房间西南侧山坡泥石流 400 立方（1 处）	“杜鹃”台风影响，全市平均雨量 193 mm，最大镇海 329 mm、鄞州 265 mm、北仑 118 mm
1002	北仑区小港街道建设村建设村羊角山滑坡（1 处）	
1114	宁海县强蛟镇加爵科村 3 号小型崩塌（1 处）	岩体破碎，存在外倾结构面，近期雨水影响；自 10 月底连续阴雨过程，其中 4—14 日宁海站累计降水 131 mm

（宁波市地质环境监测站 宁波市气象台，2016）

根据资料统计，宁波突发性地质灾害与暴雨关系密切。宁波年均降水量在 1440 mm，但山区大都在 1800 mm 以上。降水日数 162 d，降水分布呈西南多东北少、山区多平原少的特征，经分析雨量加密观测资料，暴雨区域主要有三个：余姚南部和鄞州西部的四明山地区、奉化西南部和宁海西部的望海岗及周边地区、象山港两岸地区。暴雨区、高海拔区、地质灾害易发区具有相当一致性。暴雨及以上降水主要由三类天气系统产生，一类是台风，第二类是梅雨锋，第三类是短时强对流。

台风暴雨具有强度强，持续时间长，受地形影响大等特点，是宁波重要的降水来源之一，影响最频繁的是 8—9 月，这一时段是宁波继梅雨之后的第二个降水高峰。台风影响程度除台风强度、结构、移速、周边天气系统、地形、天文潮位等因素外，与台风移动路径紧密相关，影响宁波最严重的台风路径主要有三条：浙江登陆、浙闽边界到厦门之间登陆北上、紧擦宁波沿海（125°E 以西）北上。2004 年以来严重影响宁波的台风包括0414“云娜”、0509“麦莎”、0515“卡努”、0908“莫拉克”、1211“海葵”、1323“菲特”等二十余个(面雨量及短时强降水量排名见表2.2),严重影响台风多造成大暴雨或特大暴雨,易形成山洪、滑坡、泥石流、积涝等灾害。如2004年受强台风“云娜”影响两天内8处地质灾害发生,2005年“麦莎”和“卡努”两台风强降雨诱发境内59处地质灾害。

梅雨锋暴雨具有强度相对不强,但持续时间长,范围大,常年平均入梅日为6月13日,出梅日为7月7日,梅雨期24 d,梅雨量分布相对均匀(西南山区略多于东部沿海),大部分地区在230～300 mm,全市平均梅雨量234 mm,占整个夏季降水量的45.7%,占全年降水量的17.2%,梅雨期内降水连续,可在数天内连续出现暴雨天气,易形成积涝、滑坡等灾害。特别是对于土质地层,长时间大量降水、地表水渗入地下,黏性土完全饱和,黏聚力减少,土体抗剪、抗拉强度降低,并大大增加了黏性土体荷重;对于岩质地层,降水和地表水沿基岩裂隙、节理渗入,裂隙面摩擦力大大减小,降低基岩的稳定性(李长江 等,2008),因此降雨极易诱发地质灾害的发生和发展。

表2.2　2004年以来台风强降水排名　(mm)

编号	12 h	地点	6 h	地点	3 h	地点	1 h	地点
1323“菲特”	537.7	梁弄	336.7	梁弄	223	梁弄	109.7	五车堰
1211“海葵”	366	胡陈	222.3	新桥	127.1	新桥	68.1	北渔山
0515“卡努”	473.6	新碶	257	春晓	162.6	春晓	73.8	春晓

(宁波市气象台,2015)

强对流短时暴雨具有历时短,范围小,但短时间强度特强,突发性更明显等特点,易形成山洪、泥石流、低洼地积水等灾害。宁波地区多强对流发生,市区三江口、慈溪与余姚交界处、余姚四明山、周公宅、奉化横山、宁海茶山以及象山部分山区等都是强对流系统的易生区域,局地型对流系统生成发展快,一般少动或缓慢移动。如2012年7月16日下午的一次强对流过程中,鄞州西部地区3 h雨强达到200 mm左右,其中最大雨强达到90 mm/h,导致龙观地区山洪暴发。

对地质灾害(隐患)发生与当日强降雨的分析发现,两者具有较好的相关关系,当降雨量大时,地质灾害(隐患)发生的频率也高,尤其是与暴雨频次具有很好的一致性。统计分析表明,由暴雨引发的地质灾害约占地质灾害总数的95%以上,其中台风暴雨、梅汛期暴雨、强对流暴雨导致的地质灾害数分别占84%、8%、4%。

根据雨量资料统计,当热带气旋或强对流等天气系统的过程雨量超过100 mm,宁波境内就可能有地质灾害出现;过程雨量超过200 mm,宁波境内多处出现地质灾害,如2005年的“麦莎”、“卡努”强台风和2009年的“莫拉克”强台风,2012年的“海葵”、2013的“菲特”等,宁波过程雨量均超过200 mm,宁波市境内出现地质灾害点将超过30处;当过程雨量300 mm,山区均产生山洪或大面积地质灾害。

2004 年 5 月 13 日、8 月 12 日及 9 月 13 日，地质灾害（隐患）发生当日的实况降雨量达到大雨至暴雨级（37.7～111.1 mm），最大 1 h 或最大 3 h 的降雨量也非常大，达到 22.5～50.7 mm，短时间强降雨期间共发生地质灾害（隐患）16 处。其中 2004 年 8 月 12 日降雨量达 111.1 mm，宁海县发生 8 处地质灾害。

长时间连续强降雨天气是指连续 5 d 降雨达 100 mm 以上天气。在 2004 年持续关注并研究的 11 次长时间连续强降雨天气后，有 3 次发生了地质灾害（隐患），即有 27.3%的长时间连续强降雨天气发生了地质灾害或隐患。

宁波地质灾害绝大多数是由台风强降水引发产生，仅少部分属于强对流或梅汛期等连续性降水引发。因此，做好强降水预报是做好地质灾害预报的关键。在汛期地质灾害气象预报预警中首先要做好由台风强降水引发的地质灾害，其次是做好强对流短时强降水和连续性较大降水引发的地质灾害。以上统计数据为以后宁波市地质灾害气象预报预警提供了参考依据。

通过对典型地质灾害与气象因素相关分析表明，地质灾害的发生、发展与下列气象因素关系密切，得出可能引发地质灾害降水阈值。

（1）连续 5 d 以上降雨，过程降雨量超过 150 mm。

（2）日降雨量大于 100 mm。

（3）连续干旱，突降暴雨，1 h 降雨量大于 50 mm。

连续 5 d 以上累计降雨量超过 150 mm 时，容易诱发突发性地质灾害，在连续5 d 降雨之后，遇日降雨量大于 50 mm 的强降雨时，也极易诱发突发性地质灾害。需要注意的是，台风雨诱发地质灾害时，实时雨量起主要作用，台风中后期和之后的 2～3 d，前期雨量诱发作用更大。锋面雨诱发地质灾害时，前期雨量起着主要作用。

第 3 章

宁波引发地质灾害的主要降水类型分析

3.1 台风降水型引发地质灾害

宁波地处华东沿海，台风是影响宁波最严重的灾害性天气之一，台风强降水极容易造成山洪、地质灾害、城市内涝等次生灾害，使人民生命财产受到极大威胁。经研究分析，台风强降水是引发山体滑坡、崩塌、泥石流等地质灾害最主要的降水类型。2004—2015 年十二年间，全市共发生地质灾害 217 处，其中有 181 处地质灾害是由台风强降水引发产生的，占地质灾害总数的 83.4%(181/217)，可见，对于宁波来说，台风强降水引发产生的地质灾害所占比例极高。

就浙江全省而言，1956 年 12 号台风在象山登陆，死亡人数达 4925 人。20 世纪 90 年代有两个台风严重影响，其中 9417 号台风登陆瑞安，造成全省经济损失 124 亿元，死亡 1216 人。9711 号台风横穿浙江，造成全省直接经济损失 198 亿元，死亡 236 人。2000 年以后有三个台风严重影响浙江，0414 号台风在温岭登陆，损失 181 亿元，死亡 182 人，倒塌房屋 6.4 万间。0515 号超强台风在路桥登陆，损失 155 亿元，倒塌房屋 3.7 万间。0608 号超强台风在苍南登陆，损失 127 亿元，死亡 193 人，倒塌房屋 3.9 万间。就宁波而言，1323 号台风“菲特”在福建省福鼎市沙埕镇沿海登陆，恰逢天文高潮位，宁波主要潮位站过程增水 0.4～0.8 m，海水倒灌内河不利于城市积水外泄，宁波大部分地区出现积涝，部分地区严重内涝，损失超过 20 亿元，此外，0509、0716、0908、1211、1416、1509 号以及 1521 号等台风均给宁波造成严重影响。

为了做好防灾减灾工作、防范台风强降水引发的地质灾害，对宁波 60 年来台风发生的情况进行总结分析，从而提炼出一些规律性的东西，提出一些相应对策供领导决策参考，以尽可能减少对宁波地质灾害可能造成的损失，为平安宁波做出一些有意义的工作。

3.1.1 台风灾害概述

台风降水具有强度高、持续时间长、受地形影响大等特征，是引发地质灾害主要天气，极易造成山洪、地质灾害、城市内涝等次生灾害，使人民生命财产受到极大威胁。

据有关专家对1956年建站以来的近60年气象资料进行统计与分析，影响宁波市的台风共有168次，平均每年2.8次。台风影响最多的年份为1985、2001年，都有6次台风，没有台风影响的年份有4年(1967、1993、1996、2010年)。

历史上影响宁波市的台风在5—10月份，主要集中在7、8、9三个月，占总量的82.7%。，又以8、9月最多，且影响最大。影响宁波台风次数按月份统计见表3.1。

表3.1 影响宁波台风次数按月份统计表

月份	5	6	7	8	9	10	合计
次数	3	13	30	61	48	13	168
%	1.8	7.7	17.9	36.3	28.6	7.7	100

(宁波市气象台，2015)

60年中，在宁波市范围内登陆的台风有8次(5612、7413、7805、8807、8909、0008、1211、1416号)，影响宁波最早的台风是2006年1号台风"珍珠"，为5月中旬；影响宁波最晚的台风是2004年28号台风"南玛都"，为12月上旬。这两次台风对宁波都造成一定的影响，但影响不是很严重。

60年来168个影响台风中，造成不同程度损失的有53次，成灾率为31.5%，损失比较严重的有42次，分别是5612、6126、6214、6312、7413、7707、7910、8114、8615、8707、8712、8807、8909、8921、8923、9015、9216、9219、9417、9711、9806，0008"杰拉华"、0012"派比安"、0014"桑美"、0102"飞燕"、0119"利马奇"、0205"威马逊"、0216"森拉克"、0414"云娜"、0421"海马"、0505"海棠"、0509"麦莎"、0515"卡努"、0713"韦帕"、0716"罗莎"、0815"蔷薇"、0908"莫拉克"、1211"海葵"、1323"菲特"、1416"凤凰"、1509"灿鸿"以及1521"杜鹃"。

宁波受台风影响，容易造成次生灾害的原因：

(1)自然地理条件：宁波地处浙东沿海，全市陆域总面积9672 km^2，海域总面积9758 km^2，海岸线长达1594.4 km，其中陆域岸线835.8 km，岛屿岸线为758.6 km。占浙江省海岸线的三分之一，由于位于我国海岸线中段，台风影响范围广。西北太平洋上生成、发展的台风，向西北移动的台风，可直接袭击和影响宁波。

宁波地势从西南向东北倾斜，呈西南高东北低走势，高程差近1000 m，东部和北部滨海地带海拔低于10 m，水网密布，江湖相连，地势平坦，主要山脉由西南向东北延伸，朝向基本与海岸线平行，每遇台风，由于地形抬升作用，山区更易出现暴雨，引发地质灾害。宁波河流源短流急，下游感潮，每遇暴雨，江河中上游集流快，常常山洪暴发，下游排水不畅，加上潮水顶托，给平原地区造成长时间的洪涝灾害。

(2)台风因子的作用：台风所构成的破坏力，主要是伴随的狂风、暴雨和风暴潮这三个因子。特别是在宁波地区登陆、浙江与福建之间登陆以及登陆后北上的台风，都将出现狂风、暴雨，对宁波影响较大。此外，如台风影响期间又与北方冷空气相遇，气象上“倒槽”，暴雨更是量大面广。

台风登陆或紧靠沿海北上，岸边海面潮位升高，特别遇到大潮汛，如风暴增水过程的峰值与天文高潮相遇，出现台风暴潮。台风暴潮每年平均1.8次。

3.1.2 宁波台风影响情况

3.1.2.1 影响宁波台风个数

根据气候资料统计，每年影响宁波的台风有3个左右，但在宁波登陆的台风并不多，60年来，在宁波登陆的台风仅8个，平均8年一个。但从台风的降水影响程度来说，给宁波带来强降水不一定是登陆宁波的台风。就大多数台风来说，其强降水往往分布在台风中心的西北象限和东北象限，宁波正处台风西北部。

3.1.2.2 影响宁波的台风路径

影响宁波的台风路径比较复杂，台风移动的拐点往往在浙江沿海，还常有停滞打转现象。其次，台风影响的类型复杂。近海台风、三碰头（风、雨、潮）台风、干台风以及连环台风等时有出现，例如“连环”台风影响时，接二连三，出现连续暴雨。另外，有的台风或台风倒槽在浙江上空遭遇冷空气，造成大范围的中尺度强对流天气，出现龙卷风、冰雹、雷暴天气和特大暴雨。

近年来，气候变暖也对台风有影响。据最新研究，近十年，强台风的出现频率有明显增多的趋势，登陆华东沿海的台风增多。台风主要影响带有从华南沿海移向浙闽沿海的趋势。新中国成立以来超强台风登陆浙江的有7个，其中2000年后就有4个。随着气候的变暖，海洋温度的增高，台风生成的时间提早，结束的时间偏迟。如0716号台风，10月7日在浙江登陆。

从登陆浙江及宁波地段来看，影响最严重的台风绝大多数登陆是在温岭至象山段和福建的长乐至连江段。从登陆的走向来看，浙江登陆的台风西行、西北行对宁波影响最大；福建登陆的台风，进入浙江省北行对宁波影响最大。

从移向来看，如在浙北登陆，移向北北西、偏北，其影响程度不如西北、西北西、偏西。在浙南登陆偏西移动的影响要相对较小，在浙中登陆移向西北，最为严重。

从移速来看，移速快慢对台风的影响程度有一定的关系，慢速台风由于滞留时间长，会增加受灾程度（如9012号台风，强度不强但一直在福建沿海打转，致使浙江东南部8月17—22日连降暴雨）。

从转向点位置来看，台风在浙江沿海转向的经度不同，往往对宁波造成的影响也不同，在123°E以西转向，一般都会有较严重影响。

登陆福建甚至广东的台风往往带有明显的台风倒槽，一旦它与北方冷空气结合，就会对宁波造成大暴雨。所以，盛夏一定要密切关注北方南下的弱冷空气的活动。

台风降雨区域与受灾面积直接相关。对浙江全省而言，当过程雨量100 mm以上的降雨范围达到全省土地面积的40%以上(约4万km^2),会有500万亩①以上受灾面积,100 mm以上的降雨范围达到全省土地面积的80%以上,则受灾面积可达1000万亩。

对宁波来说有几种路径可能严重影响:一是福建登陆进入浙江;二是浙中、浙南登陆移向西北;三是浙中北部、浙北登陆移向西到西北或紧擦宁波沿海北上。

要十分警惕近海台风(近海生成的台风简称近海台风)。虽然强度不大,但由于是新生,强度在逐步加强中;另外,由于生成到影响的时间短,往往容易措手不及(8807号台风就是典型例证)。

要考虑地形影响。登陆点的地形地貌对台风影响的严重程度有密切关系,分析表明登陆在河口、平原地带有利于台风深入内陆,而在山窝、山地丘陵处登陆,容易消耗能量,强度减弱,影响程度降低。

综上所述,登陆或影响宁波的台风,主要考虑强度、范围、登陆地段、移向、移速、季节、潮汐以及环流、环境(如冷空气等),如全部符合严重影响程度,则要考虑是一个严重的影响台风。在福建登陆台风,则重点考虑倒槽和冷空气的相互作用以及登陆后是否向宁波方向移动。

3.1.3 引发宁波地质灾害的主要台风路径及雨量分布

3.1.3.1 主要台风路径

宁波自2004年汛期开展地质灾害气象概率预警预报以来已有十余年历史,根据全市地质灾害资料统计,由台风强降水引发的地质灾害占80%以上,可见台风是引发宁波地质灾害的最主要天气系统,因此,研究影响台风及其降水对做好地质灾害预警预报工作尤为重要。

气候资料统计显示,近十年影响宁波的台风呈现个数趋多、强度趋强、时间趋晚的现象。宁波1956—1980年气候资料统计,影响台风常年平均为1.8个,而1981—2010气候资料显示,影响台风平均每年为3.5个,从2004年以来,每年大都有4~6个台风影响,影响台风数量明显增多。同时,初台风时间提早,终台风时间延迟,2006年的“珍珠”是近45年来首个5月份影响的台风,2007年的“罗莎”是新中国成立以来登陆浙江最晚的台风,2004年12月上旬“南玛都”是最迟的影响台风。

影响宁波的台风不仅数量增多,且强度趋强,造成的损失也在增大。2004年“云娜”强台风造成全市62个乡镇不同程度受灾,受灾人口62.94万,直接经济损失9.89亿元。2005年“麦莎”和“卡努”强台风最大过程雨量分别达到658 mm和509 mm,这两次台风雨量大值中心均位于北仑境内,雨强极强,从雨强和暴雨中心落区而言,历史罕见,几乎颠覆了对暴雨中心落区的经验认识(图3.1)。“麦莎”强台风

① 1亩=1/15公顷(hm^2),下同。

使全市 98 个乡镇不同程度受灾，受灾人口 76.3 万，直接经济损失 26.97 亿元。仅隔一个月，“卡努”强台风又导致全市 95 个乡镇不同程度受灾，受灾人口 129.9 万，直接经济损失 41.78 亿元。2007 年的“韦帕”、“罗莎”和 2009 年的“莫拉克”以及“菲特”等均达到了强台风或超强台风级别，引发了较严重的地质灾害，带来了严重的经济损失，甚至造成人员伤亡。

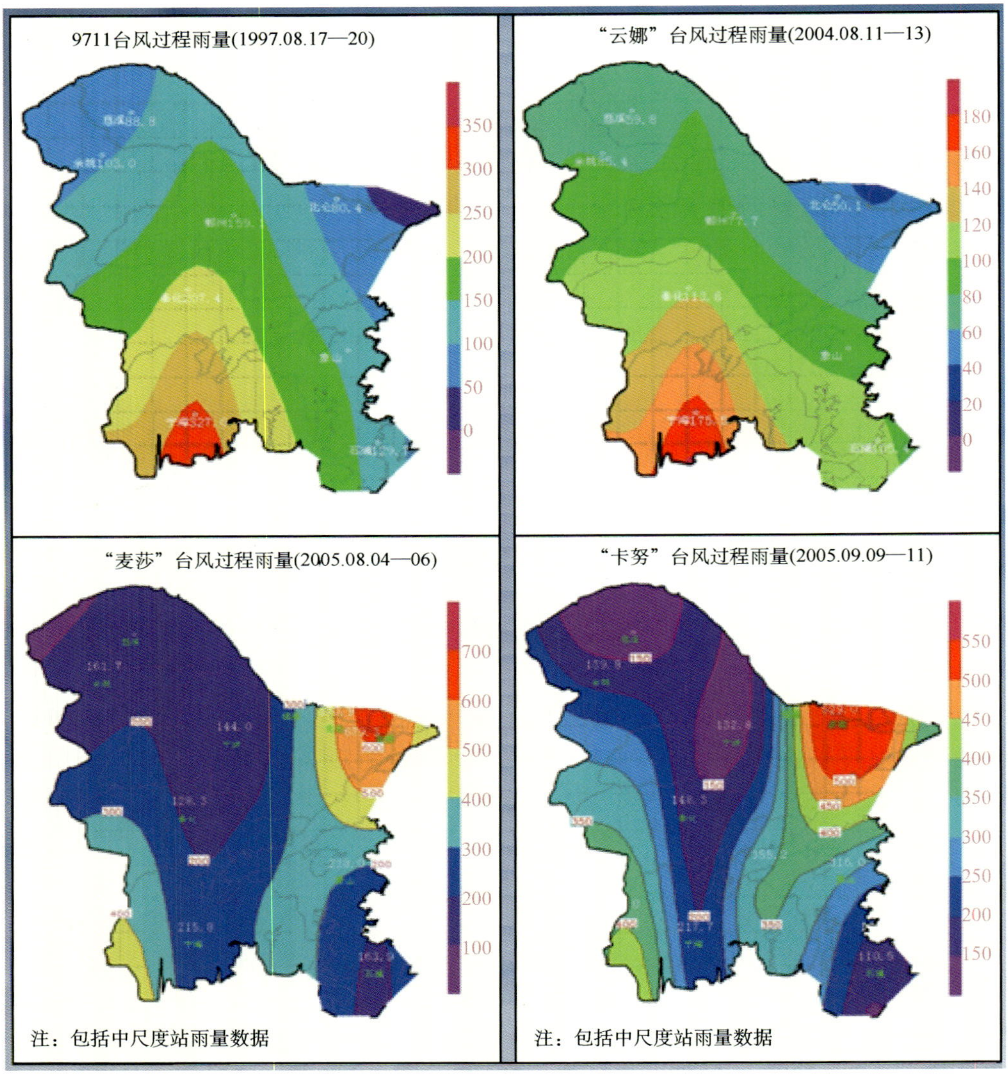

图 3.1　影响宁波的四次强台风雨量对比图

（宁波市气象台，2005）

根据宁波历史影响台风的移动路径,可概括为三大类(图 3.2)。

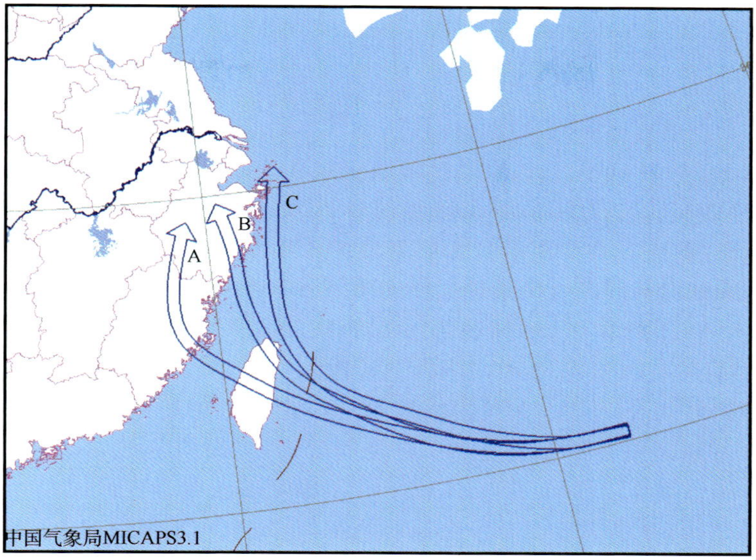

图 3.2 影响宁波的主要台风路径
(宁波市气象台,2015)

(1)A 类:福建中北部沿海登陆。在福建中北部(厦门以北)登陆的台风,往往能使宁波产生暴雨,但对于福建登陆的台风,这后路径主要可分为西行、西北行或北上。对于福建登陆北上路径,宁波通常都会出现暴雨或大暴雨。但对于登陆西行或西北行台风,则重点要看台风倒槽北顶是否到达宁波,副高是否控制宁波。

(2)B 类:浙江沿海登陆。浙江登陆的台风通常都会使宁波产生暴雨或大暴雨,特别是在温州或台州登陆后北上的台风,宁波都会出现大暴雨,甚至特大暴雨。但在夏季,当副高势力强并控制宁波,这类西行台风宁波雨量就可能不大。

(3)C 类:近海北上或近海转向类。对于非登陆类台风,又沿着 125°E 附近北上的台风,宁波也会出现暴雨,如果沿着 122°～123°E 北上,则对宁波的影响更为严重,通常都会出现大暴雨。

3.1.3.2 2004 年以来影响宁波典型台风雨量大值统计

影响宁波的台风强降水主要是台风本体或台风倒槽影响引起的,因此,台风强降水与台风路径关系密切,但当影响台风路径确定时,台风降水强弱还与季节因素及地形作用有关。季节因素主要看是否有冷空气参与,当适当冷空气侵入台风环流能够增强大气斜压性,并促进对流降水加强使雨量增大。而合适的地形往往对台风雨量起到增幅作用。宁波地形主要特征为西高东低,西部主要有南北走向的四明山脉和天台山脉分布,而宁波中南部有东西走向的象山港喇叭口地形,能使低空偏东风急流产生汇合，再经南北走向的四明山脉和天台山脉抬升，这种有利的地形对台风雨量能够产生明显的增幅作用，经历史影响台风雨量分布比对可以看出，上述有利地形对台风暴雨的增幅有时可以达到平原地区的2～5倍。台风最大过程雨量除0509号“麦莎”和0515“卡努”出现在宁波东部沿海地区外，8个大台风中的其余6个台风的最大单点过程雨量均出现在山区。不仅如此，表3.2还对全市最大12 h和最大1 h雨量进行统计，结论与台风过程雨量相似，台风12 h及1 h最大降水除“麦莎”台风外，其余也均出现在山区，可见地形对台风的雨量增幅作用非常显著。在台风的雨量预报中，预报人员通常都会考虑当地的地形因素，这里统计以最近两年市气象台在向当地政府部门进行决策预报中的雨量预报图与台风实况雨量图进行比较，图3.3a、图3.4a分别为1416号“凤凰”、1513号“苏迪罗”台风预报雨量，图3.3b、图3.4b分别对应的台风实况雨量，由图可见，总体上看，图中台风预报雨量与实况雨量的分布都比较吻合，而且，在预报雨量中已经充分考虑地形的雨量大值区，这种雨量大值区对地质灾害预警预报都有直接的联系，对政府部门在防台抗灾工作中起到重要作用。表3.2统计了2004—2015年影响宁波典型台风雨量大值，根据地质灾害资料统计，在3.2表中8个台风影响期间，每个台风都引起不同程度的地质灾害，所幸在这严重台风影响之前，气象和国土部门均提前发布地质灾害预警，同时，政府及时采取有效措施，使受灾区域的损失减到最低程度。

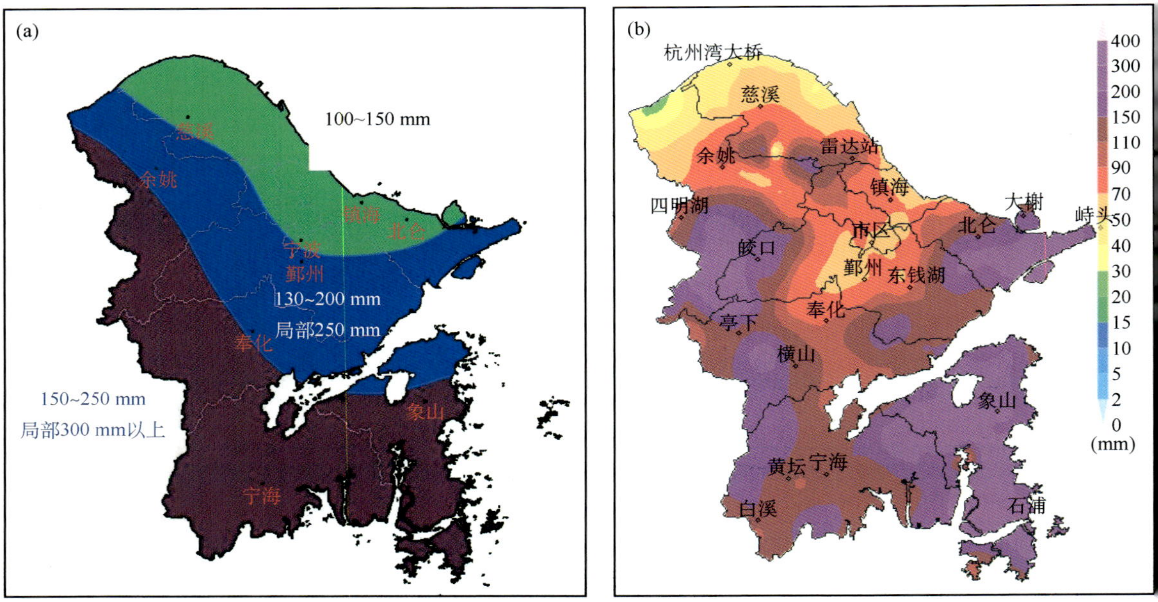

图3.3　1416号“凤凰”台风的预报雨量与实况雨量对比

（宁波市气象台，2014）

(a)预报雨量；(b)实况雨量

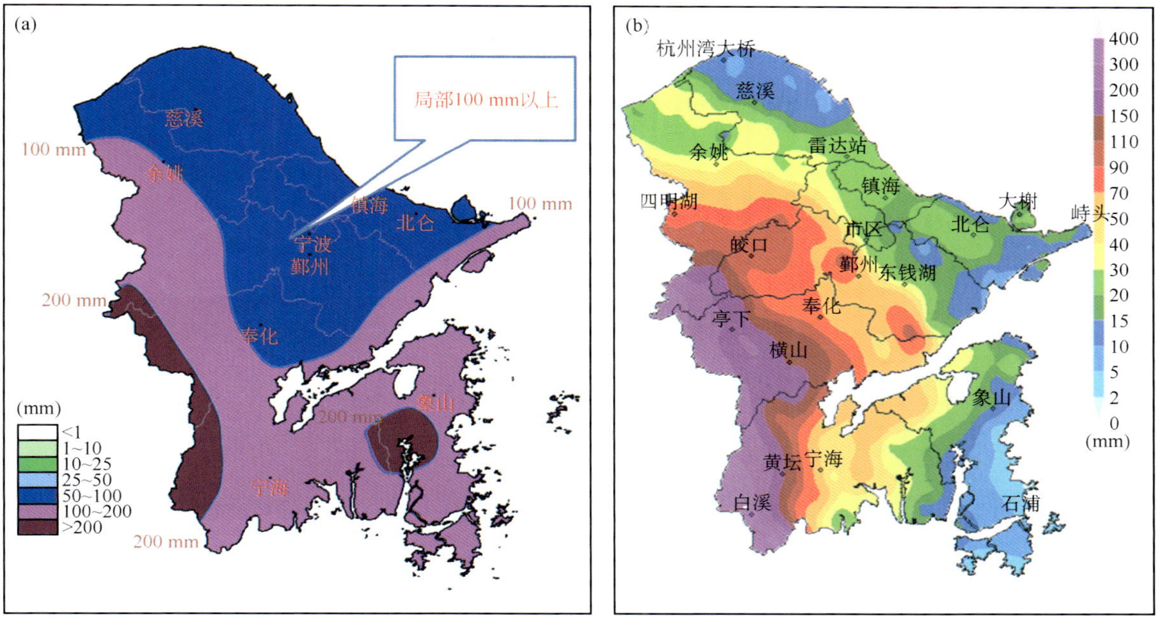

图 3.4 1513 号“苏迪罗”台风预报雨量与实况雨量对比
（宁波市气象台，2015）
(a)预报雨量；(b)实况雨量

表 3.2 2004—2015 年影响宁波典型台风雨量大值统计 (mm)

台风编号	最大过程雨量	最大 12 h 雨量	最大 1 h 雨量
0414 号“云娜”	317/宁海 王家染	—	—
0509 号“麦莎”	658.5/北仑 柴桥	291.3/北仑 梅山	100.2/象山 蒲门长山
0515“卡努”	509.2/北仑 新碶	473.6/北仑 新碶	94.6/北仑 新碶
0716 号“罗莎”	518/宁海 红泉水库	221.9/鄞州 横溪	74.9/宁海 深甽
0908 号“莫拉克”	536.6/奉化 大堰	289.2/奉化 南溪口	79.7/象山 高塘
1211 号“海葵”	540/宁海 胡陈	336/宁海 胡陈	68.1/象山 北渔山
1323 号“菲特”	694.8/余姚 梁辉	537.7/余姚 梁辉	109.7/余姚 五车堰
1509 号“灿鸿”	534/余姚 丁家畈	342.5/象山 新桥	62.7/象山 新桥

（宁波市气象台，2015）

3.1.3.3 严重致灾台风暴雨统计

根据历史资料和受灾程度情况，采用区域（市域或县域及局部区域）定义，应当满足以下任意一个条件。

条件一：宁波全市致灾过程面雨量在 180 mm 以上。

条件二：受灾县域致灾过程面雨量或县域50%以上区域气象站过程雨量在200 mm以上。

条件三：受灾区域(受灾点15 km范围内)有3个及以上"站·时"达到1 h 50 mm以上。

1990—2015年严重影响台风县市(区)过程面雨量在200 mm以上约33.4%，平均约3年一遇，其中南三县(奉化、宁海、象山)1.8年一遇(表3.3—表3.7)。

表3.3　1990—2015年造成宁波严重损失的台风面雨量情况

年份	台风编号	全市面雨量(mm)
1994	9417	90.1
1997	9711	183.2
2000	0014	154.9
2004	0414	88.6
2005	0509	187.5
2005	0515	204.1
2007	0716	232.9
2009	0908	195
2012	1211	238
2013	1323	363.7
2014	1416	136.5
2015	1521	195.9
平均面雨量		188

(宁波市气象台，2015)

表3.4　1990—2015年严重影响台风全市面雨量等级个数

量级	130以下	(130,140]	(140,150]	(150,160]	(160,170]	(170,180]	180以上
个数	5	2	1	1	2	1	11

(宁波市气象台，2015)

表3.5　1990—2015年严重影响台风县市(区)面雨量等级个数(县为单位)

量级	170以下	(170,180]	(180,190]	(190,200]	(200,210]	(210,220]	220以上
个数	97	5	6	6	9	8	40
占比	56.7	2.9	3.5	3.5	5.3	4.7	23.4

(宁波市气象台，2015)

表 3.6 1990—2015 年严重影响台风县市(区)面雨量个数

地区	慈溪	余姚	镇海	鄞州	北仑	奉化	象山	宁海
超过 180 mm	4	6	3	8	5	14	14	15
超过 190 mm	3	4	3	6	5	14	14	14
超过 200 mm	1	4	3	5	5	12	13	14
超过 210 mm	1	4	3	5	4	10	10	11
超过 220 mm	1	3	3	4	4	7	7	11

(宁波市气象台,2015)

2005—2015 年受灾小区域(受灾点 15 km 范围内)有 3 个及以上"站·时"达到 1 h 50 mm 以上,主要考虑受强对流天气及台风强降水落区差异性影响时,局地小范围强降水造成部分乡镇街道受灾严重这种情况。

表 3.7 2005—2015 年严重影响台风过程雨量超过 200 mm 区域气象站数占比

编号	慈溪	余姚	镇海	鄞州	北仑	奉化	象山	宁海
0509	0	18.8	0	40	100	46.7	71.4	53.3
0515	0	43.8	0	60	100	73.3	85.7	86.7
0713	33.3	38.1	0	27.8	0	93.8	12.5	57.1
0716	60	81	75	88.9	80	100	83.3	90.5
0908	0	28.6	0	22.2	0	78.9	48.3	100
1211	0	32.3	0	37.1	63.2	56.5	90	92.6
1323	100	95	88.9	97.4	55	100	87.2	96
1509	10.5	58.1	0	42.1	26.1	62.9	57.9	51.9
1521	55.3	48.8	100	95.1	17.4	94.3	23.1	44.2

(宁波市气象台,2015)

3.1.4 引发地质灾害典型台风个例及灾害评估

实例一:0414 号台风"云娜"及影响

0414 号台风"云娜"于 2004 年 8 月 8 日 20 时在菲律宾以东洋面生成,生成后一直朝西北方向移动,10 日 5 时加强为强热带风暴,11 日 2 时加强为台风,12 日 20 时在浙江温岭的石塘镇登陆,登陆后折向西北偏西方向移动,穿过台州、温州、丽水和衢州,13 日中午减弱为热带风暴,进入江西省境内,图 3.5 为"云娜"台风移动路径。

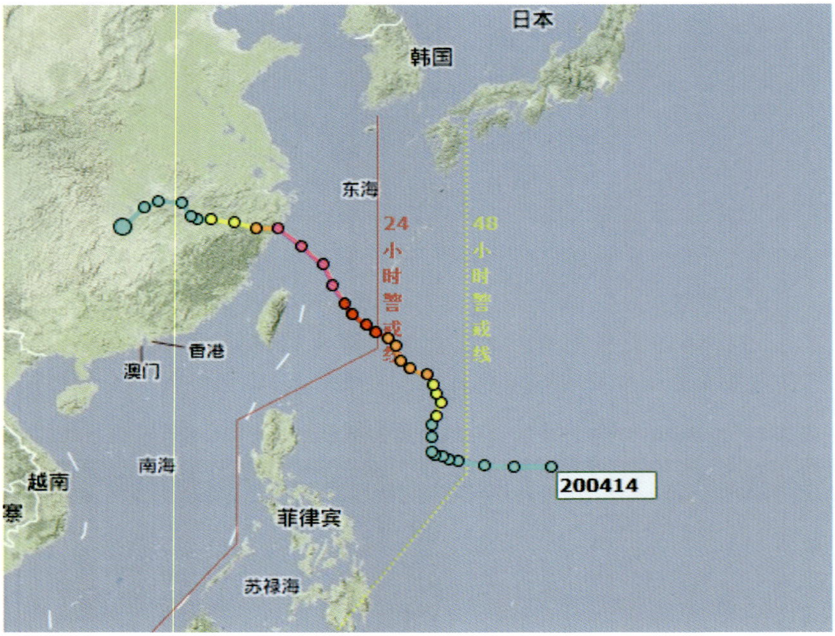

图 3.5　0414 号台风“云娜”移动路径

（宁波市气象台，2004）

“云娜”台风强度强、范围大，造成风力大，持续时间长，短时雨强强，是 1997 年以来近 7 年中影响宁波最严重的台风。宁波全市平均降雨量为 88.6 mm（当时无中尺度自动观测站），降雨分布不匀，南部大，北部小，山区大，平原小，其中宁海县最大，平均为 162.3 mm，慈溪市最小为 48.6 mm。台风过程雨量宁海、奉化、石浦 3 站均超过 100 mm，宁海站雨量达 175.5 mm，最大雨强为 31.1 mm/h。最大降雨点宁海王家染为 317 mm，此外宁海马岙 263 mm，上金 219 mm，龙潭 210.3 mm，图 3.6 为“云娜”台风过程雨量图。受“云娜”台风暴雨影响，宁海是地质灾害发生最严重的地方，8 月 11 日夜里，宁海岔路等 3 处崩塌、滑坡，12 日宁海双峰乡等 8 处崩塌、滑坡，奉化市大堰镇尚董线南溪口也出现了 1 处崩塌、滑坡。在“云娜”台风影响之前，宁波市气象台和国土资源局联合发布了 2004 年 8 月 11、12 日地质灾害预报等级 4 级（图 3.7），并及时向政府部门及当地山区进行服务，起到了较好的防灾减灾效果。

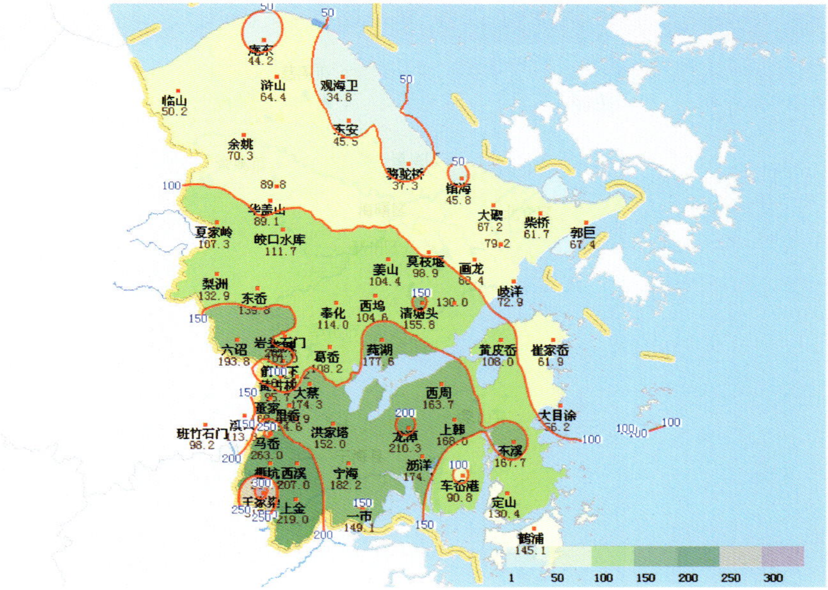

图 3.6　0414 号台风“云娜”过程雨量

（宁波市气象台，2004）

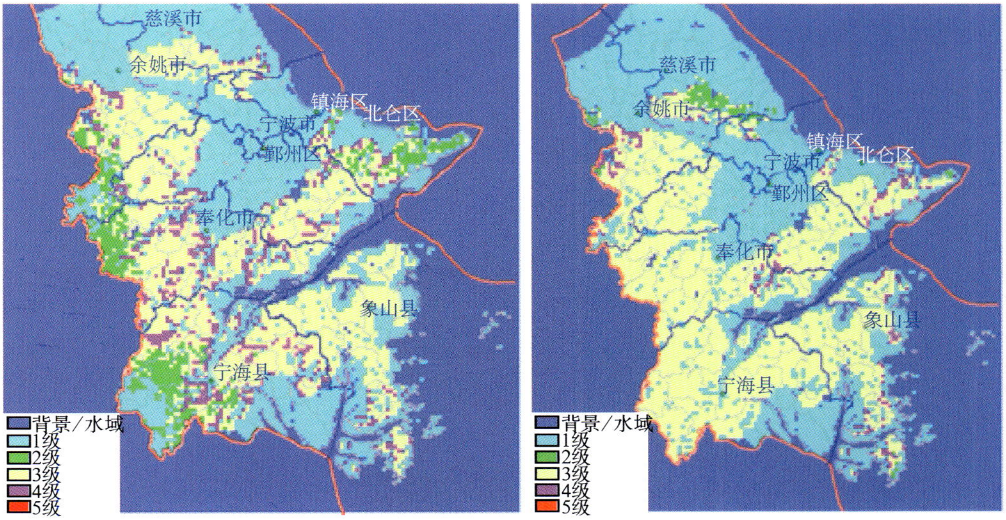

图 3.7　2004 年 8 月 11 日(左)和 8 月 12 日(右)“云娜”台风宁波地质灾害预报等级图

（宁波市国土资源局，宁波市气象局，2004）

实例二：0509 号台风“麦莎”及影响

0509 号台风“麦莎”，2005 年 7 月 31 日 20 时在菲律宾以东洋面上生成，8 月 3 日 2 时加强为台风，6 日凌晨 3 时 40 分在玉环县干江镇登陆，登陆时为台风级别。

图 3.8、图 3.9 分别是 0509 号台风“麦莎”移动路径及过程雨量。

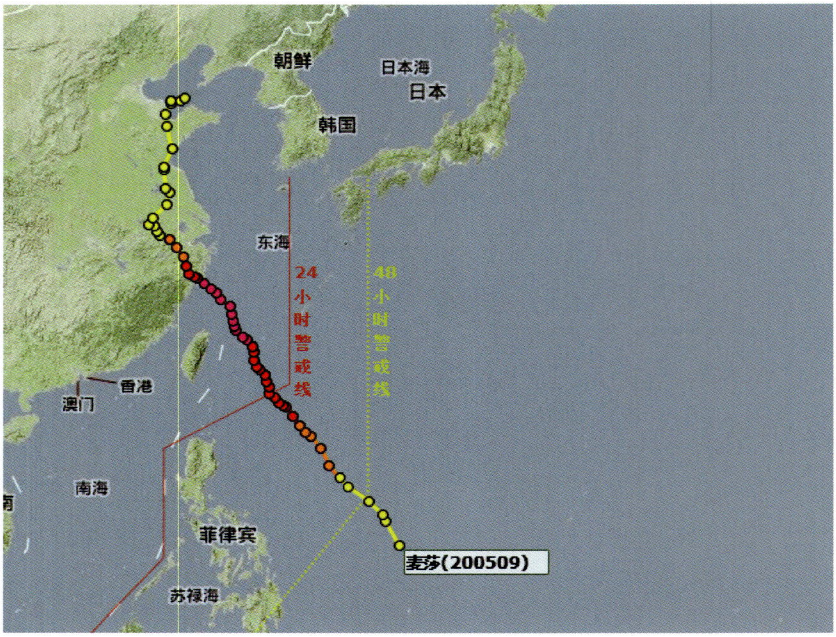

图 3.8　0509 号台风“麦莎”移动路径

（宁波市气象台，2005）

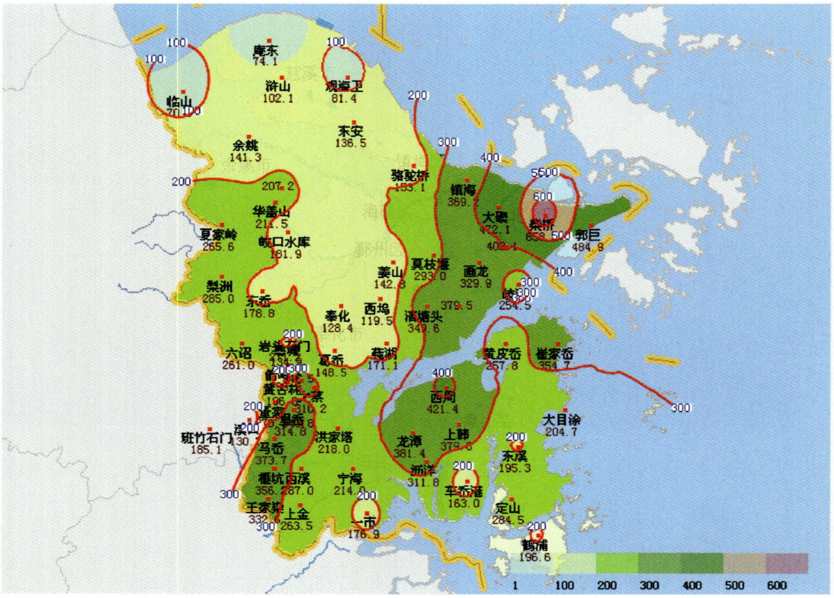

图 3.9　0509 号台风“麦莎”过程雨量

（宁波市气象台，2005）

“麦莎”台风登陆前约 35 h 的 8 月 4 日 15 时起，南部地区已普降中到大雨，局部短历时暴雨，随着台风的进一步临近，雨势不断加强，5 日至 6 日上午台风登陆前后，宁海、奉化、鄞州的山区普遍大到暴雨，地质灾害也开始不断发生，6 日凌晨 0 时，鄞州塘溪东山新村一出租房被泥石流冲毁，一死一轻伤(1 处)，同是凌晨奉化市大堰镇崩塌土石方 200 m^3 左右，所幸无人员伤亡，上午 10 时 40 分，余姚市陆埠镇裘岙村发生地质灾害，3 间平房被压塌，但无人员伤亡。此次过程系统作了较好的预警(图 3.10)。

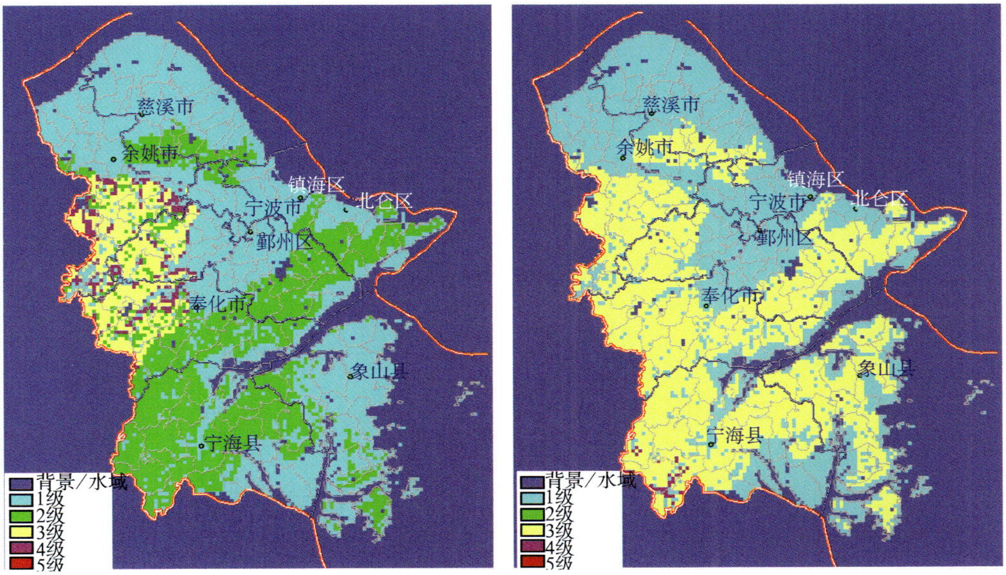

图 3.10　2005 年 8 月 8 日(左)和 8 月 9 日(右)“麦莎”台风宁波地质灾害预报等级图

(宁波市气象台，宁波市国土资源局地矿处，2005)

北仑区过程雨量最大，平均雨量接近 500 mm，柴桥站 1 日最大雨量为 589 mm(已打破宁波 1990 年 8 月 31 日西周站 532.5 mm 的记录)，最大 24 h 雨量 608.1 mm(接近西周站 617.2 mm 的记录)，最大点柴桥雨量站的过程雨量为 658.5 mm，其中柴桥 6 日 14—21 时 7 h 雨量为 357.2 mm，多项降水标准超过百年一遇(表 3.8)，北仑也是发生地质灾害险情最多的县区，6 日 5 处、7 日 36 处泥石流、滑坡等灾情发生，8 月 9 日“麦莎”后期降水仍然导致象山 3 处小型滑坡。

表 3.8　0509 号台风“麦莎”过程面雨量和最大点雨量　(mm)

	过程面平均	最大点雨量		过程面平均	最大点雨量
市区	181	镇海 369.2	鄞州	268	横溪 475
北仑	485	柴桥 658.5	奉化	202	大堰 346.5
余姚	155	夏家岭 265.6	象山	272	西周 421.4
慈溪	85	东安 136.5	宁海	259	龙潭 381.4

(宁波市气象台，2005)

实例三:0716 号台风“罗莎”及影响

2007 年第 16 号台风“罗莎”于 10 月 2 日 8 时在菲律宾以东洋面上生成，西北行，一路加强，5 日 2 时加强为超强台风，6 日 15 时 30 分在台湾省宜兰县沿海登陆，登陆时减弱为强台风，登陆后迅速减弱，7 日 15 时 30 分在温州苍南到福建福鼎之间再次登陆，登陆时近中心最大风力 12 级(台风级别)，登陆后缓慢北上进入浙江南部地区，并逐渐减弱为热带风暴，图 3.11、图 3.12 为 0716 号台风“罗莎”移动路径和过程雨量。

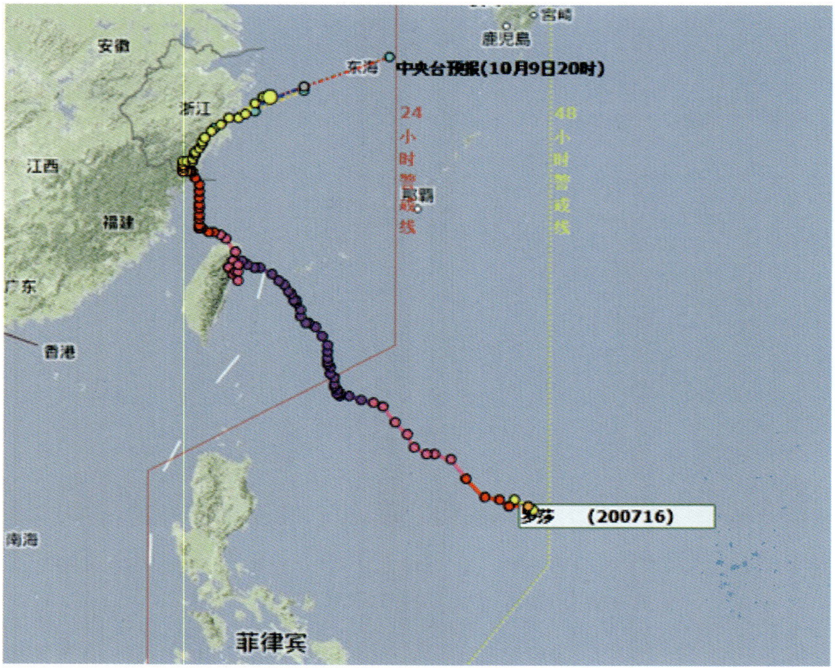

图 3.11 0716 号台风“罗莎”移动路径图

(宁波市气象台,2007)

“罗莎”台风特点:一是降雨强度大，云区覆盖广(图 3.13)。宁波各地普遍降雨 200～300 mm，全市面平均雨量达 232.9 mm，超过“9711”号台风的 90.1 mm 和“麦莎”台风的 187.5 mm。二是影响时间晚，滞留时间长。此次台风 10 月份影响，明显偏晚，台风二次登陆台湾并滞留打转 7 h;在浙闽登陆后，在浙中南滞留了近 18 h，前后对宁波影响长达 70 h。三是前风后雨的阶段性特征明显。

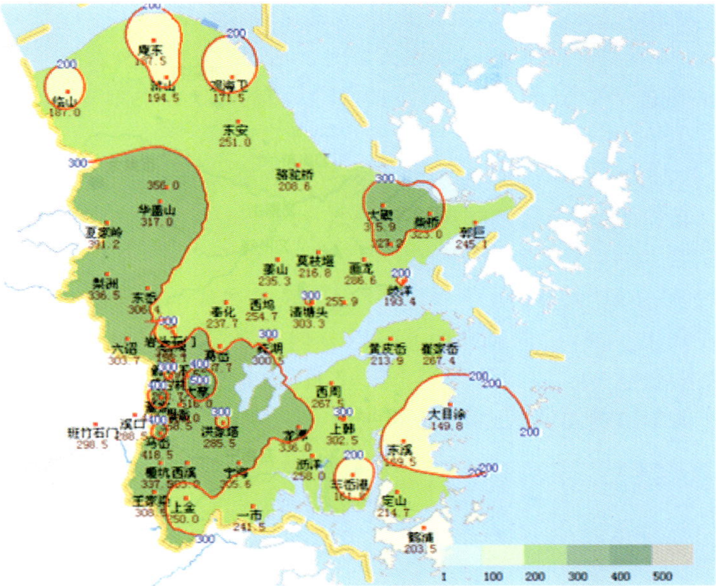

图 3.12　0716 号台风“罗莎”过程雨量

（宁波市气象台，2007）

图 3.13　0716 号台风“罗莎”卫星云图

（宁波市气象台，2007）

受“罗莎”影响，全市面平均雨量达到 232.9 mm，其中宁海最大，为 300 mm，慈溪最小，为 205 mm，其他奉化 295 mm，北仑、余姚、鄞州 265 mm，象山 215 mm，市区 210 mm。单点最大为宁海红泉水库 518 mm，其次为宁海大蔡 516 mm。全市有 58 个雨量站超过 300 mm，占总站数的 25%，有 174 个雨量站超过 200 mm，占总站数 75%。

“罗莎”台风影响中，共发现并上报有 6 处地质灾害险情，其中 6 日宁海西店、强蛟等地 2 处滑坡，7 日余姚陆埠镇五马村、余鲍陈村、梨洲街道雁湖村等地 4 处滑坡。

实例四：1211 号台风“海葵”影响

1211 号台风“海葵”2012 年 8 月 3 日 08 时在日本冲绳县东南约 1360 km 的西北太平洋洋面上生成，后快速向西北偏西方向移动(图 3.14)，5 日 17 时加强为强热带风暴，移速减慢，6 日 17 时加强为台风，7 日 14 时加强为强台风，8 日凌晨 3 时 20 分正面登陆宁波象山鹤浦镇，登陆时中心气压 965 hPa，近中心最大风力 14 级(42 m/s)。

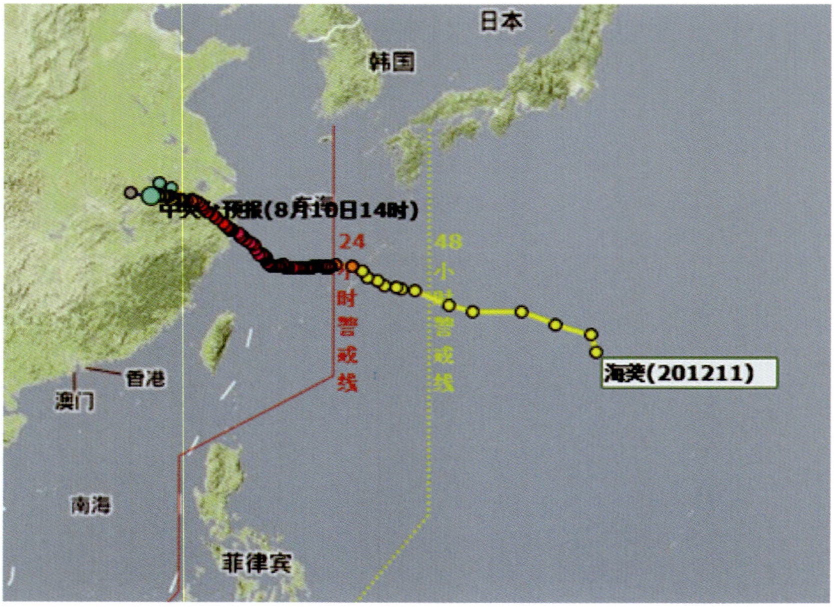

图 3.14　1211 号台风“海葵”移动路径

(宁波市气象台，2012)

6 日起出现暴雨到大暴雨，局部特大暴雨。截至 9 日 20 时，全市平均雨量 238.3 mm，其中宁海 310.1 mm、象山 288 mm、奉化 276 mm、鄞州 244.6 mm、北仑 235 mm、余姚 198 mm、市区 198.8 mm、镇海 137.6 mm、慈溪 144.8 mm。有 117 个乡镇超过 100 mm，66 个乡镇超过 200 mm，32 个乡镇超过 300 mm，13 个乡镇超过 400 mm，2 个乡镇超过 500 mm，最大宁海胡陈 540 mm。6 h 最大雨量象山新桥 215 mm，12 h 最大雨量宁海胡陈 366 mm，24 h 最大雨量宁海深甽 418 mm。

1956—2015年有8个登陆宁波台风。“海葵”是5612号“八一大台风”后登陆时强度最强的台风(图3.15)。影响严重,过程风力最大;全市面雨量已经超过登陆记录;宁海12 h和24 h雨量均破台风暴雨历史记录。影响较大的灾情有鄞州朱敏村滑坡(1处),8月8日12时,鄞州区横街镇朱敏村出现滑坡险情,规模约40万 m^3,灾害特征为前缘已鼓起后缘裂缝40 cm左右,预计威胁100人以上,威胁财产3000万元以上,是宁波市近年来最大的滑坡险情。对此次过程系统也作了较好的预警(图3.16)。

图3.15 2012年8月8日3:20卫星云图

(宁波市气象台,2012)

实例五:1323号台风“菲特”及影响

1323号台风“菲特”于2013年9月30日20时在菲律宾以东洋面生成,10月1日17时在西北太平洋洋面上加强为强热带风暴,3日凌晨5时加强为台风,4日17时加强为强台风,并以15～20 km的时速向西北偏西方向移动,7日1时15分在福建省福鼎市沙埕镇沿海登陆。登陆后“菲特”移向转为西偏南,强度迅速减弱,图3.17、图3.18分别为1323号台风“菲特”的移动路径和卫星云图。

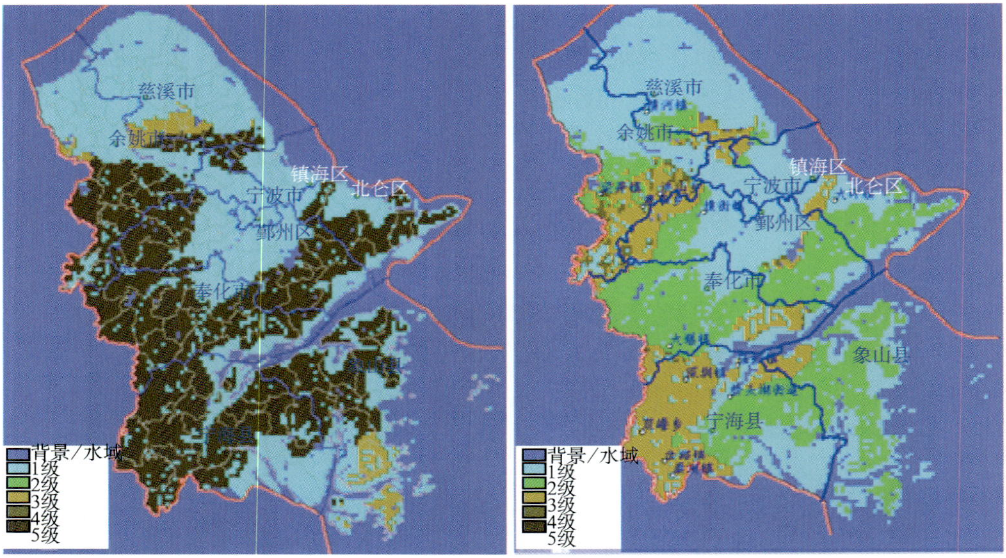

图 3.16　2012 年 8 月 7 日(左)和 8 月 8 日(右)“海葵”台风宁波地质灾害气象概率预报等级

(宁波市国土资源局,宁波市气象局,2012)

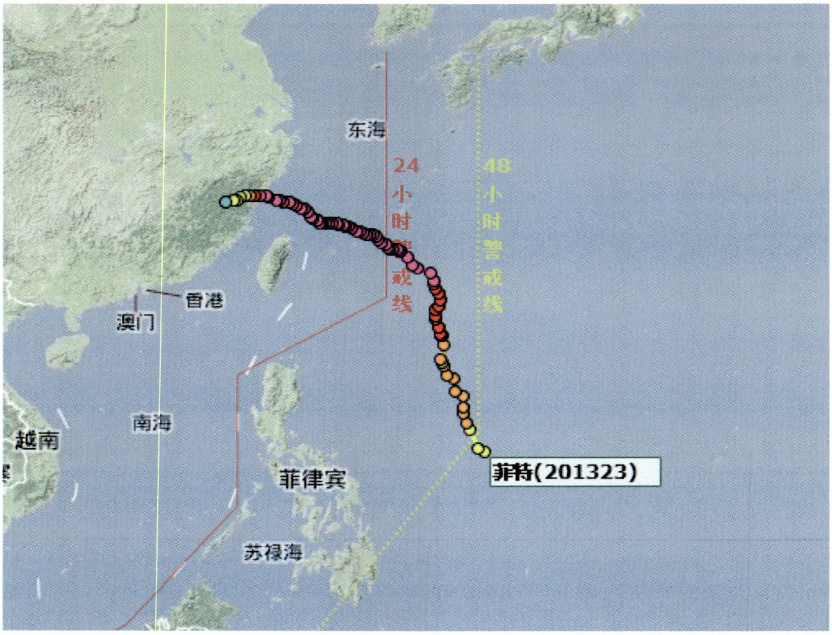

图 3.17　1323 号台风“菲特”的移动路径

(宁波市气象台,2013)

图 3.18 2013 年 10 月 4 日 11:23 卫星云图

（宁波市气象台，2013）

受“菲特”影响，10 月 5 日起开始出现阵雨，主要降水则出现在 6 日夜里到 8 日早晨，全市平均面雨量达 363.7 mm，其中海曙 437.8 mm、余姚 435 mm、奉化 431.7 mm、江北 380.9 mm、鄞州 379.1 mm、江东 367.3 mm、慈溪 326.8 mm、宁海 326.1 mm、象山 293.4 mm、镇海 232.3 mm、北仑 185.8 mm。全市 236 个自动站中有 35 个站点超过 500 mm，73 个站点超过 400 mm，197 个鄞州 379.1 mm、江东 367.3 mm、慈溪 326.8 mm、宁海 326.1 mm、象山 293.4 mm、镇海 232.3 mm、北仑 185.8 mm。全市 236 个自动站中有 35 个站点超过 500 mm，73 个站点超过 400 mm，197 个站点超过 200 mm，最大余姚梁辉 694.8 mm，梁辉最大小时雨量达 68.2 mm/h（图 3.19），小时雨量极大出现在余姚五车堰，达 109.7 mm/h。

“菲特”登陆期间，受残留云系与冷空气、东风气流混合影响，北方弱冷空气南下与“菲特”结合，这些因素都对“菲特”降水有明显增强作用，由于“菲特”停编后其残留云系长时间滞留在浙江上空，过程雨量不仅超过正面登陆宁波的 1211 号“海葵”，而且影响范围大，地质灾害险情也非常多。6 日象山县墙头镇西沪村、丹西街道梧桐御府、西周镇箬岭村、西周镇下芭蕉村等地出现滑坡，西周镇箬岭村出现洪水；7 日象山县新桥镇洋坑村、东陈乡东湾村等地出现崩塌，西周镇莲花市场（变电房）、西周镇虎山村等地出现滑坡，西周镇乌沙村养殖塘出现泥石流（5 处），鄞州章水镇杖锡村瓦屋自然村、横溪镇梅山村俞山自然村等地出现滑坡，规模 4500 m^3（3 处）；8 日余姚地质灾害频发，绝大部分地区出现洪水，镇海九龙湖镇横溪村出现泥石流，规模 500 m^3。造成全市 11 个县（市）区、119 个乡镇不同程度受灾，受灾人口达 84.5 万，直接经济损失超过 20 亿元，其中余姚最为严重，但未接到因灾人员伤亡的报告，水库、海塘等重要水利工程未发生重大险情，全市社会秩序良好。

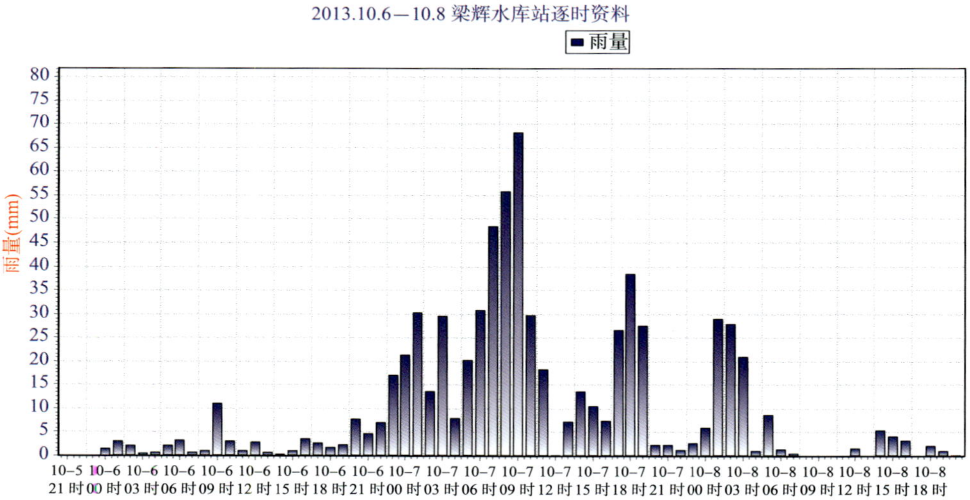

图 3.19 余姚梁辉自动站逐时雨量图

（宁波市气象台，2012）

实例六：1509 号台风“灿鸿”及影响

1509 号台风“灿鸿”2015 年 6 月 30 日 8 时在西北太平洋洋面生成，生成后向西北偏西方向移动。7 月 2 日凌晨加强为强热带风暴，3 日凌晨加强为台风，4—6 日强度一度减弱，7 日凌晨重新加强为台风，于 9 日下午和 10 日凌晨前后加强为强台风和超强台风，继续向西北方向移动，逼近台州—宁波—舟山沿海一带，紧擦宁波沿海北上，最近时台风中心距离象山陆地不到 50 km，11 日 16 时 40 分前后“灿鸿”在舟山朱家尖沿海登陆，登陆时为强台风级别。之后以 15 km/h 的速度穿过舟山群岛向偏北方向移动。11 日 20 时“灿鸿”减弱为台风，并向东北偏北方向移动。图 3.20、图 3.21 分别是 1509 号台风“灿鸿”移动路径图和卫星云图。

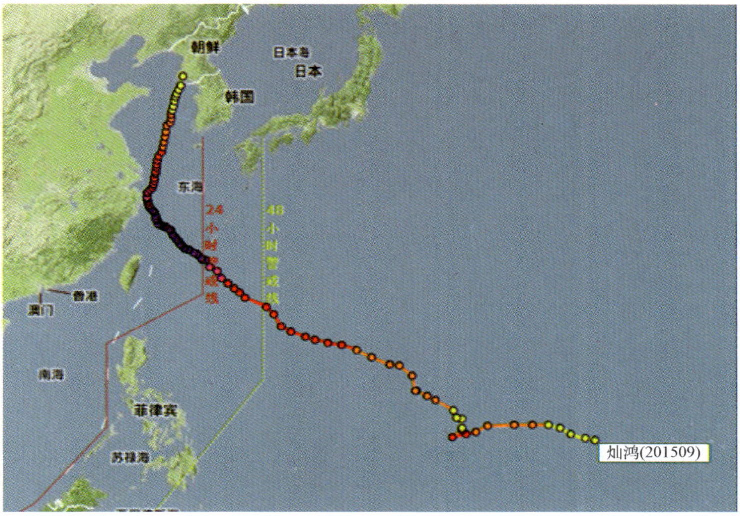

图 3.20 1509 号台风“灿鸿”移动路径

（宁波市气象台，2015）

图 3.21 2015 年 7 月 10 日 10:43 卫星云图

（宁波市气象台，2015）

“灿鸿”虽未登陆，实质为与正面袭击宁波的超强台风相似，其紧擦北上的路径致使台风最强的密蔽云区长时间影响宁波，造成持续狂风暴雨。短时雨强列历史排名第二，象山新桥 3 h、6 h 雨量分别为 159.9 mm、229.4 mm，仅次于 0515 号“卡努”台风，12 h 雨量 342.5 mm，仅次于 1211 号“海葵”台风。可见，“灿鸿”风雨强度与正面登陆宁波象山的“海葵”所造成的严重影响类似。全市面雨量 188 mm，余姚、象山、宁海、奉化等地超过了 200 mm，其中余姚最大，达 221 mm，其余各县区在 130～200 mm；有 200 个测站雨量超过 200 mm，34 个测站超 300 mm，10 个测站超400 mm，3 个测站超 500 mm，最大余姚丁家畈（图 3.22）、棠溪分别是 534 mm 和 528 mm，宁海茶山 531 mm。

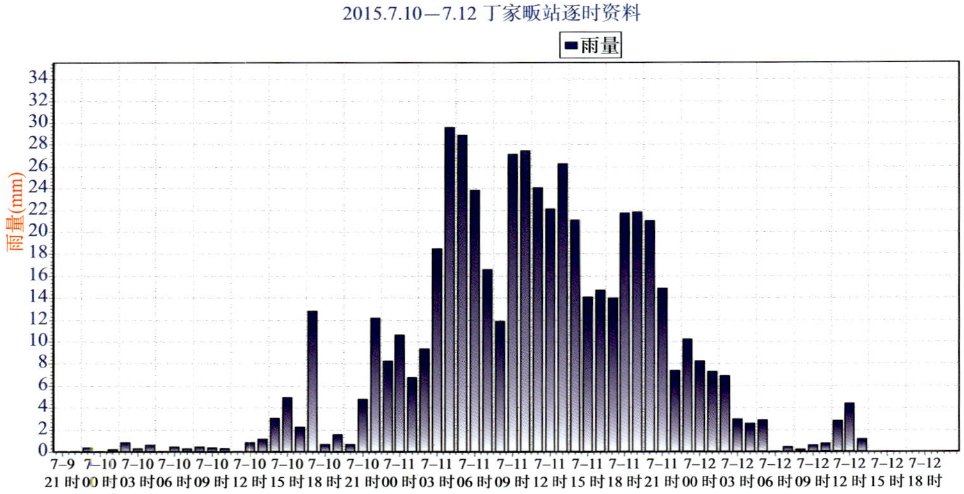

图 3.22 余姚丁家畈自动站逐时雨量图

（宁波市气象台，2015）

实例七：1513 号台风“苏迪罗”灾害评估

“苏迪罗”于 2015 年 7 月 30 日 20 时在西北太平洋洋面上生成，8 月 2 日 02 时加强为强热带风暴，14 时加强为台风，8 月 3 日 02 时加强为强台风，14 时继续加强为超强台风，5 日 20 时减弱为强台风，7 日 20 时再次加强为超强台风，8 日 2 时减弱为强台风，并于 4 时 40 分以强台风级别在台湾花莲附近登陆。

“苏迪罗”登陆后横穿台湾岛进入台湾海峡，于 8 日 11 时减弱为台风级别，并于 22 时 10 分在福建省莆田市秀屿区沿海再次登陆，9 日 2 时“苏迪罗”由台风级减弱为强热带风暴级，23 时由热带风暴级减弱为热带低压级（图 3.23）。图 3.24 为“苏迪罗”过程实况雨量，“苏迪罗”降水空间分布不均，呈现西多东少态势。截至 10 日 16 时，全市平均面雨量为 76 mm，其中奉化 145 mm、宁海 120 mm、余姚 74 mm、鄞州71 mm，其余地区25～55 mm。有 57 个站超过 100 mm，23 个站超过 200 mm，9 个站超过300 mm，1 个站超过 400 mm。排名前三的单站为宁海山洋 426 mm，余姚棠溪 399 mm，宁海杨染 361 mm。全省及有关市县平均面雨量：全省 130 mm，温州 260 mm，丽水 190 mm，台州 178 mm，绍兴 102 mm，最大文成县 420 mm。23 个站累积雨量超过 500 mm，最大单点雨量出现在文成桂山 806 mm。

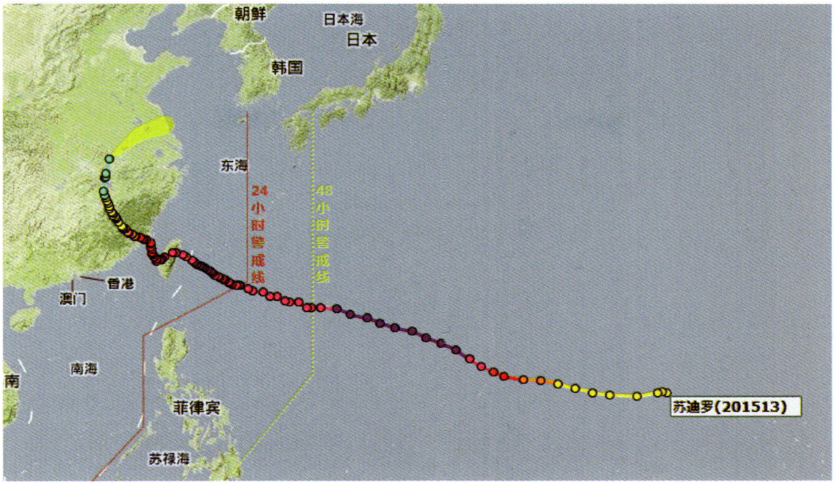

图 3.23 “苏迪罗”移动路径
（宁波市气象台，2015）

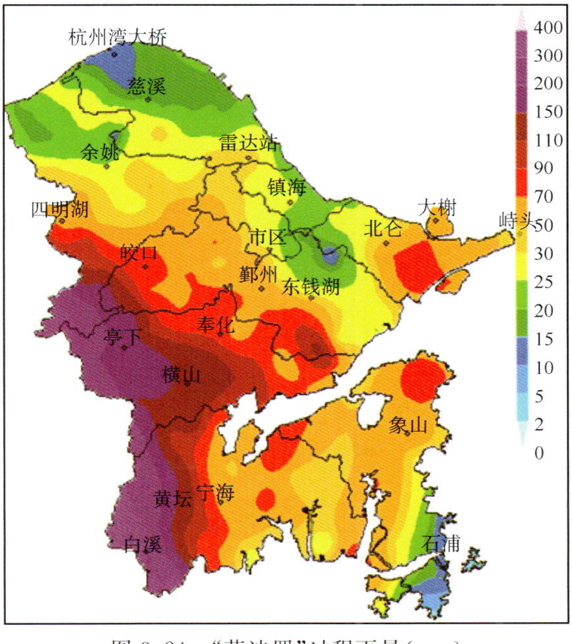

图 3.24 “苏迪罗”过程雨量(mm)
（宁波市气象台，2015）

根据上述风雨实况，全市各县市的风雨综合强度指数在 0～1.2，影响分布不均，据此，“苏迪罗”为较明显影响热带气旋，风雨综合强度指数如图 3.25 所示(指数大说明风雨强)。根据上述计算的各县市风雨综合强度指数结论，“苏迪罗”在宁波市致灾等级为 3～5 级，其中奉化及宁海致灾较重(图 3.26)。

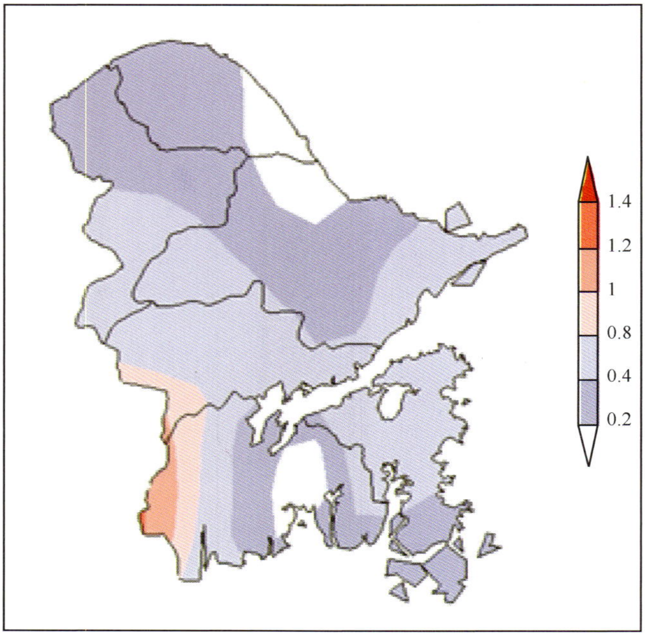

图 3.25 “苏迪罗”造成的风雨综合强度指数

（宁波市气象台，2015）

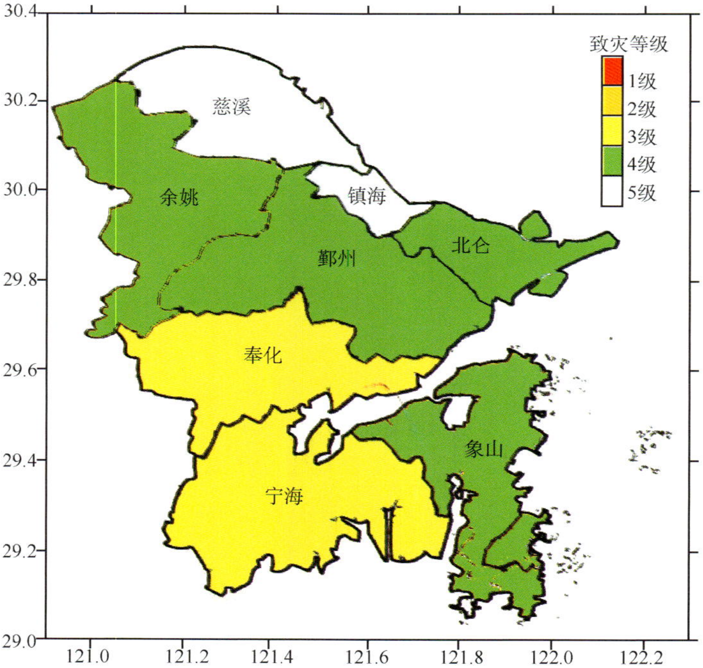

图 3.26 “苏迪罗”造成的宁波各县(市)区致灾等级

（宁波市气象台，2015）

实例八：1521 号台风“杜鹃”灾害评估

“杜鹃”2015 年 9 月 23 日 02 时在西北太平洋洋面生成，之后向西偏北方向移动，24 日 17 时加强为强热带风暴，25 日 17 时加强为台风，26 日 14 时加强为强台风，27 日 5 时继续加强为超强台风。28 日 17 时“杜鹃”在台湾东部海域减弱为强台风，于 17 时 50 分在台湾宜兰沿海登陆，29 日 8 时 50 分在福建省莆田市秀屿区沿海再次登陆，登陆时为台风级，中心附近最大风力 12 级。登陆后强度迅速减弱为热带风暴，向偏西方向移动，在福建境内消散(图 3.27)。

“杜鹃”是秋台风，强度强，范围大，在福建中部登陆，但对宁波造成的降雨超过了登陆点附近的福建各地市县，也超过了更靠近台风的温州、台州等地，是大陆降雨量最大的地方，28 日 8 时—30 日 8 时普降暴雨到大暴雨，局部特大暴雨，其特点是：降雨强度强，强降雨时段集中。

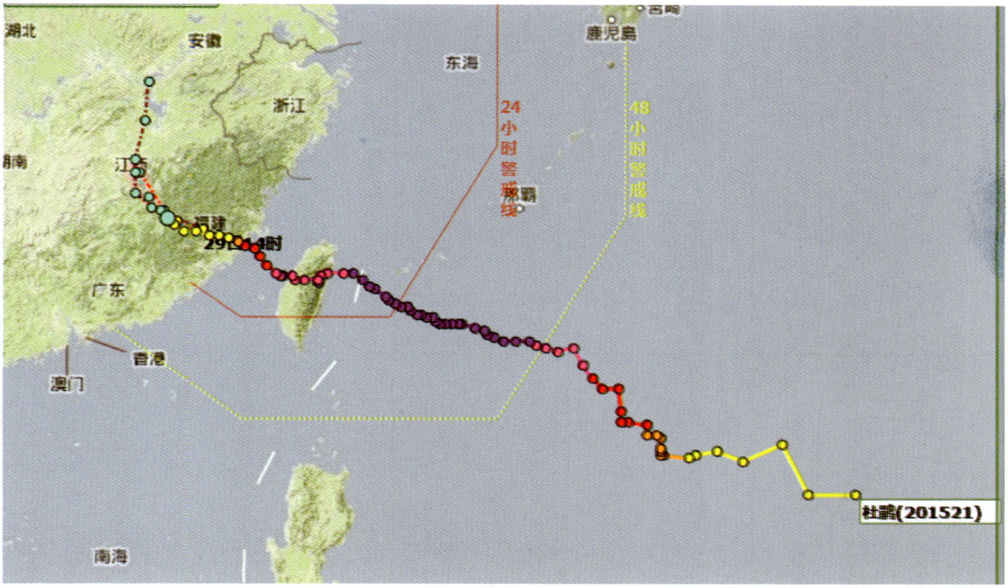

图 3.27 “杜鹃”移动路径

(宁波市气象台，2015)

(1)与台风结构的变化有关。台风登陆前结构紧密，范围不大，通过台湾、福建两次登陆后，造成“杜鹃”破碎，结构松散，范围明显扩大，处于外围螺旋云带覆盖之下，降水时间延长。

(2)与副高有关。副高加强过程中，宁波处于副高西侧边缘，副高加强西进和减弱后的“杜鹃”环流及云系挤压产生强对流云团，造成长时间高强度的对流降水，其中近 10 h 的持续雷雨极为罕见，加剧了降水强度。

受“杜鹃”环流和强对流系统共同影响，全市普降暴雨到大暴雨，局部特大暴雨。全市平均雨量 196 mm，其中镇海 329 mm、鄞州 265 mm、江东 262 mm、海曙 250 mm、奉化 246 mm、江北 240 mm、慈溪 199 mm、余姚 182 mm、宁海 161 mm、象山 126 mm、北仑 128 mm，超过 100 mm 测站 249 个，占测站总数的 87%，超过 200 mm 测站 139 个，占 49%，超过 300 mm 测站 32 个，占 11%，1 个测站超过 400 mm，即宁海岭口 409 mm。强降水主要出现在 29 日 22 时—30 日 6 时，1 h 雨强最大在象山外高泥 90.1 mm、鄞州区画龙村89.5 mm、宁海岭口 85.0 mm(图 3.28)。

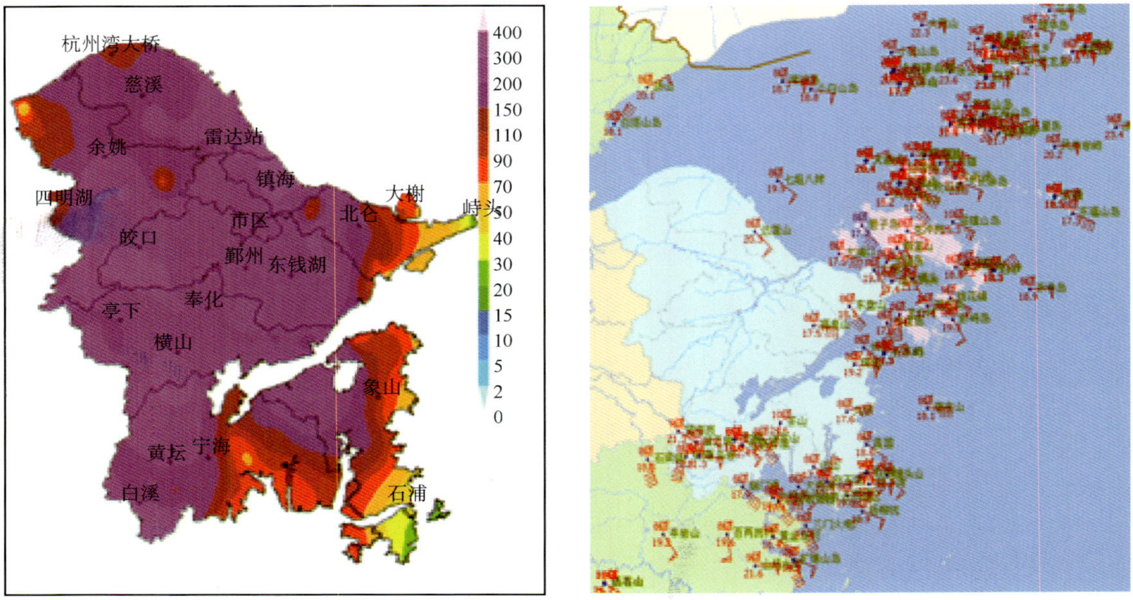

图 3.28 “杜鹃”过程雨量(左)及极大风(右)分布

(宁波市气象台,2015)

灾害评估：根据上述风雨实况，全市各县市的风雨综合强度指数在 0.2～1.2，影响分布不均(图 3.29)，据此，“杜鹃”为严重影响热带气旋。

根据上述计算的各县市风雨综合强度指数结论，“杜鹃”对宁波致灾等级为 1～3 级，其中镇海、市三区、鄞州及奉化致灾较重(图 3.30)。

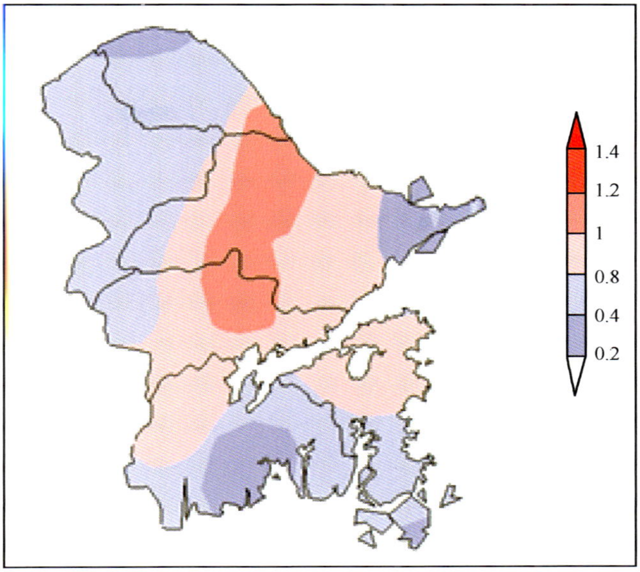

图 3.29 “杜鹃”造成的风雨综合强度指数
（宁波市气象台，2015）

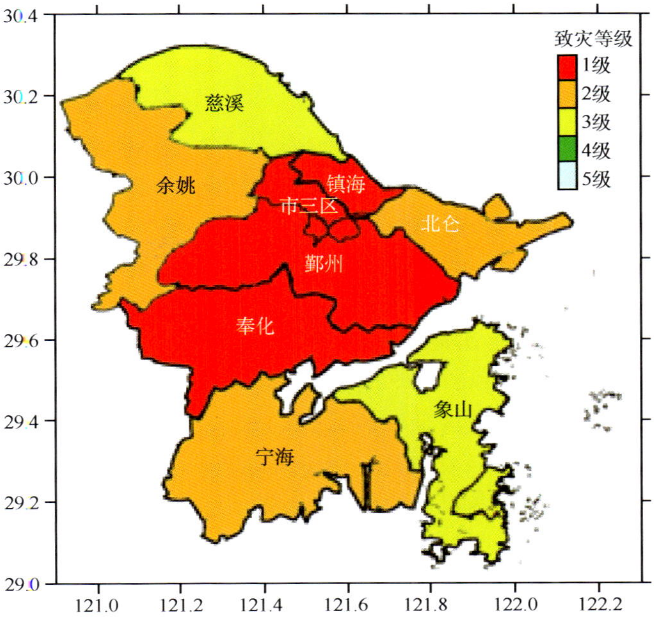

图 3.30 “杜鹃”造成的宁波市致灾等级
（宁波市气象台，2015）

3.2 梅雨降水引发地质灾害

宁波地处长三角地区，属于季风气候区，通常6月中、下旬至7月上半月，受副高势力加强影响，我国长江中、下游两岸(或称江淮流域)至日本南部这一狭长区域内往往有一段连续阴雨时段，出现频繁的降水过程，常有大到暴雨。这时，正是江南梅子成熟时期，故称“梅雨”。梅雨季节容易引发地质灾害发生，从天气形势来看，梅汛期在长江流域中低层容易形成切变、低涡，随着低涡东移以及切变加强或南北摆动，容易造成暴雨或连续性大雨，因此，在梅汛期里也是容易出现地质灾害的时间段，应注意防范地质灾害的发生。

梅雨暴雨虽然强度相对不强，但持续时间长，范围大，梅雨量分布相对均匀(西南山区略多于东部沿海)，大部分地区在230～300 mm，占6—8月降水量的45.7%，占全年降水量的18%，梅雨期内降水连续，可在数天内连续出现大到暴雨天气，易形成积涝、滑坡等灾害。特别是对于土质地层，长时间大量降水、地表水渗入地下，黏性土完全饱和，黏聚力减少，土体抗剪、抗拉强度降低，并大大增加了黏性土体荷重；对于岩质地层，降水和地表水沿基岩裂隙、节理渗入，裂隙面摩擦力大大减小，降低基岩的稳定性(李长江 等，2008)，因此这类降雨也易诱发地质灾害。

3.2.1 梅雨引发地质灾害典型实例

实例一：2007年6月18日梅雨暴雨

2007年6月11日宁波入梅。入梅以后，受低涡切变影响(图3.31、图3.32)，18日夜里，部分地区出现50～100 mm，由于降水时间比较集中，雨量较大，危险区域像周公宅附近出现险情。

实例二：2011年6月18日梅雨暴雨

2011年6月18日余姚公路边坡发生11处塌方，19日早上奉化大堰南溪口公路旁产生小型山体滑坡灾害，这次地质灾害是由梅汛期较长时间连续降水和18日出现短时强降水造成的，图3.31和图3.32分别为6月18日08时地面图和6月18日08时700 hPa图。从6月10日起，宁波因受高空槽、切变影响，即出现连续性大的降水，降水在6月中旬一直持续，表3.9列出余姚市气象观测站6月10日至20日逐12 h雨量，由表可见，由于江淮切变始终存在，期间降水基本一直持续，期间，一直维持小雨到中雨量级，而在14日白天和18日夜里，分别出现两场暴雨，特别是18日夜里，奉化南溪口一带12 h最大雨量达101 mm，由于之前连续降水加之18日夜里出现大暴雨，余姚、奉化等地出现多处山体滑坡、崩塌等地质灾害。

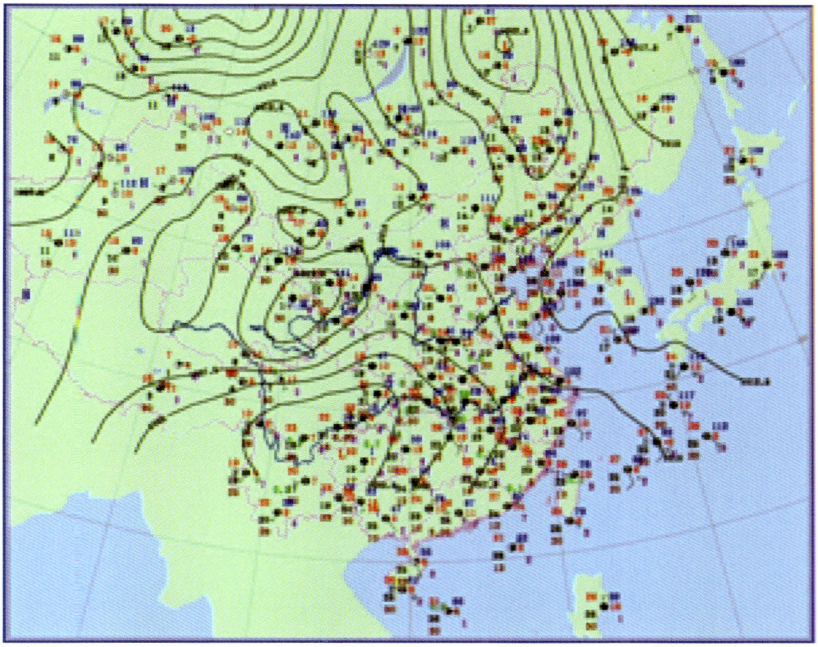

图 3.31 2011 年 6 月 18 日 08 时地面图

（宁波市气象台，2011）

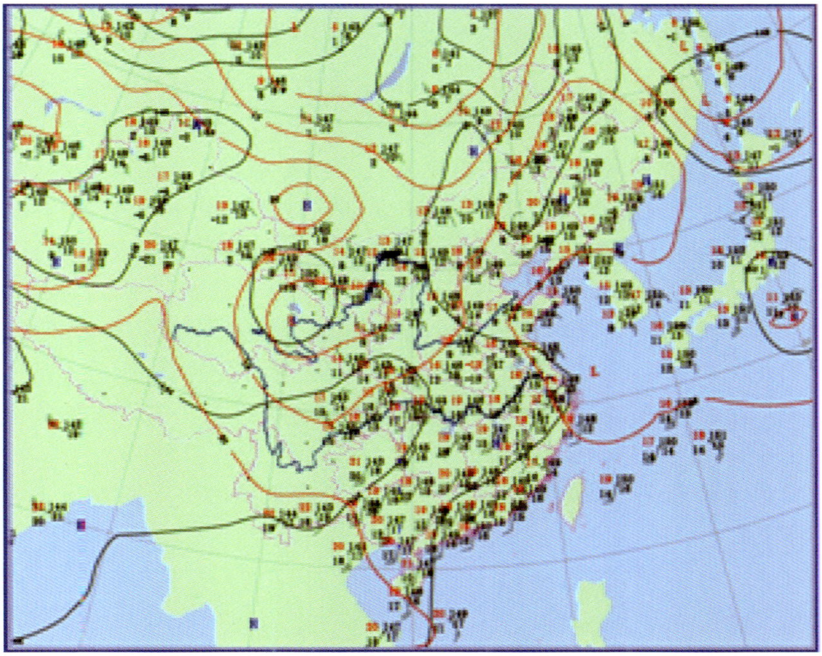

图 3.32 2011 年 6 月 18 日 08 时 700 hPa 图

（宁波市气象台，2011）

表 3.9　2011 年 6 月 9—20 日余姚站逐 12 h 雨量记录　(mm)

日期	20—08	08—20
6 月 9 日	N	0.5
6 月 10 日	41.6	0.1
6 月 11 日	N	20.6
6 月 12 日	15.2	5.7
6 月 13 日	6.4	6.9
6 月 14 日	22.7	55.1
6 月 15 日	6.9	6.6
6 月 16 日	19.8	0.7
6 月 17 日	0.1	14.3
6 月 18 日	0.5	0.3
6 月 19 日	71.2	6.7
6 月 20 日	8	2.3

(宁波市气象台,2011)

实例三:2012 年 6 月 17—18 日梅雨暴雨

2012 年的梅汛期首场暴雨来得非常之快,6 月 17 日入梅,受南海低压倒槽影响(图 3.33、图 3.34),18 日,宁波全市出现了大到暴雨,局部大暴雨,单站雨量超过 100 mm 有 132 个,200 mm 的 25 个,300 mm 的 2 个(余姚横塘 323 mm 和临山 304 mm)(图 3.35)。本次暴雨过程特点:①来势汹:受 4 号超强台风"古超"、5 号热带风暴"泰利"的外围环流和北方弱冷空气共同影响,17 日白天宁波普降暴雨,最大降雨在象山,傍晚起强雨带北抬,夜里北部出现暴雨到大暴雨,尤其是余姚和慈溪 12 h 降雨量超过 120 mm,最大慈溪 150 mm,18 日白天雨带南压,南部再次出现暴雨,象山接近 100 mm;②范围广,强度强:面雨量普遍达到 100 mm 以上,其中余姚、慈溪、江北、镇海 170～190 mm,单站雨量超过 100 mm 有 132 个乡镇,超过 200 mm 的 25 个乡镇,超过 300 mm 的 2 个乡镇(余姚横塘 323 mm 和临山 304 mm),这场暴雨在宁波历年梅雨期间单次暴雨中排第一;③强降雨持续时间长:强降雨从 17 日凌晨开始一直持续到 18 日 18 时,持续了 36 h 左右。受大暴雨影响,18 日余姚山间公路出现 11 处崩塌,这次过程系统做出 3 级地质灾害气象风险等级预报(图 3.36)。

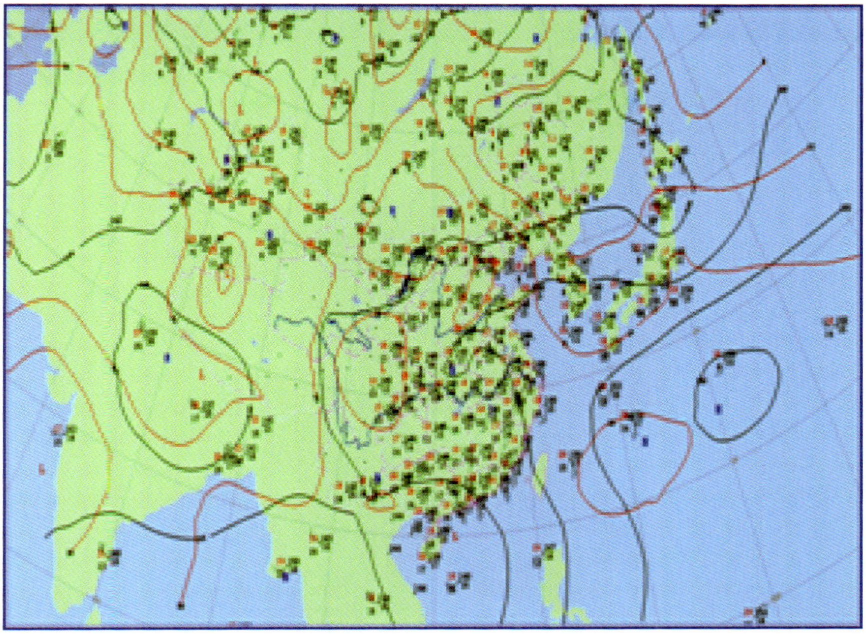

图 3.33 2012 年 6 月 17 日 08 时地面图

（宁波市气象台，2012）

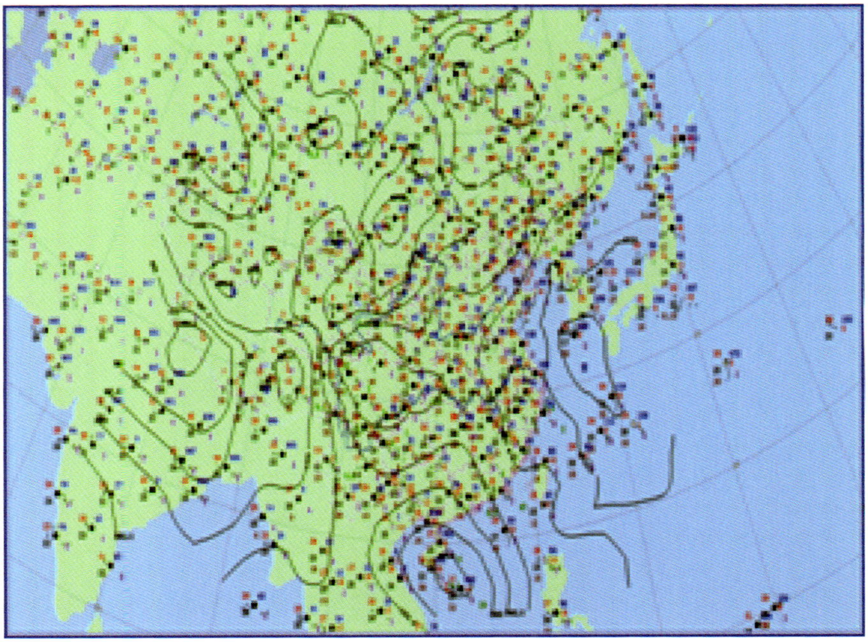

图 3.34 2012 年 6 月 17 日 08 时 850 hPa 天气图

（宁波市气象台，2012）

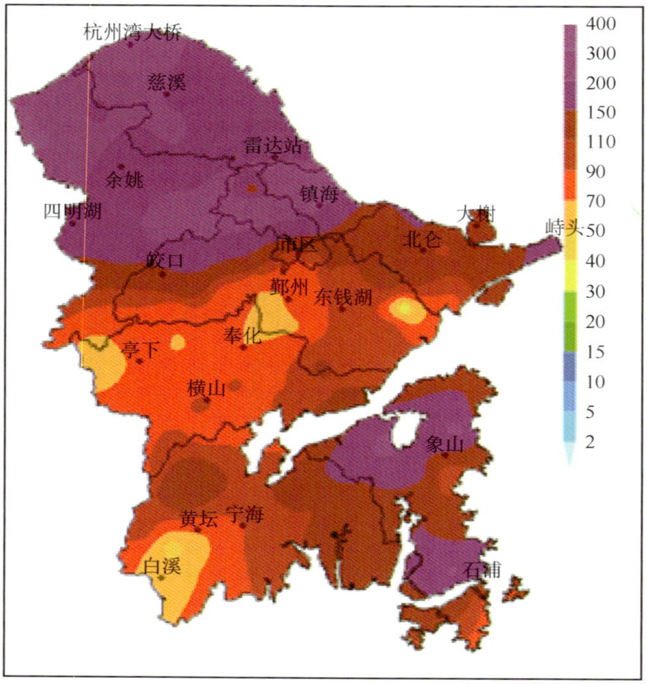

图 3.35　2012 年 6 月 18 日宁波市过程雨量图(mm)
(宁波市气象台,2012)

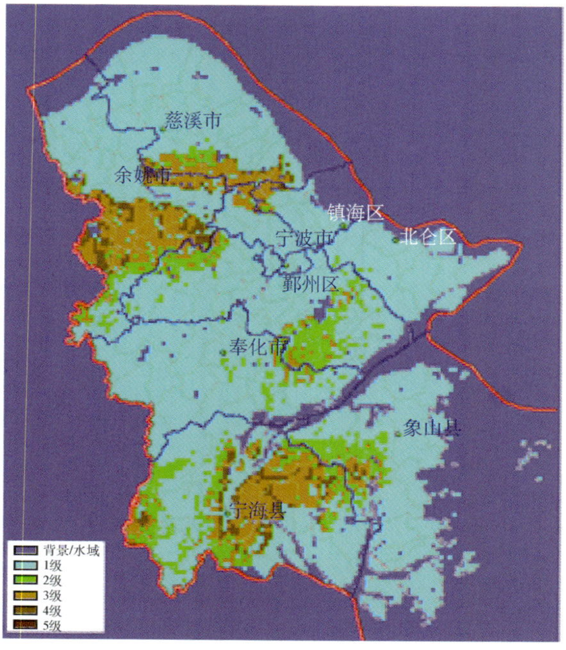

图 3.36　2012 年 6 月 18 日地质灾害等级预报
(宁波市国土资源局,宁波市气象台,2012)

实例四：2014年6月26—27日梅雨暴雨

2014年6月17日入梅，6月26日晚到6月27日上午，在宁波市宁海县发生多起滑坡、崩塌等地质灾害事件，具体险情如表3.10所示。造成这2次地质灾害的天气背景主要是梅汛期强降水过程。自6月17日入梅以来宁波降雨一直不断，第一场强降雨过程发生在6月20—23日，此次过程全市平均雨量为126 mm，最大宁海192 mm，单点最大象山双下湾287 mm。

表3.10 宁海县2014年梅汛期地质灾害发生情况表

时间	地点	类型	方量(m^3)	威胁户数、人	天气背景
6月26日晚	岔路镇全峰村外庄	土质崩塌	100	1户	梅汛期强降雨影响

（宁波市地质环境监测站，2014）

由于梅汛期前期降水明显，土壤松动，地质灾害隐患加大，加之6月26—28日宁波又迎来第二场强降雨过程，6月26日08时—28日20时，全市平均雨量55 mm，最大宁海88 mm，单点最大宁海双溪143 mm。在这样的天气条件下造成了6月26日晚、6月27日上午宁海发生了地质灾害（图3.37）。

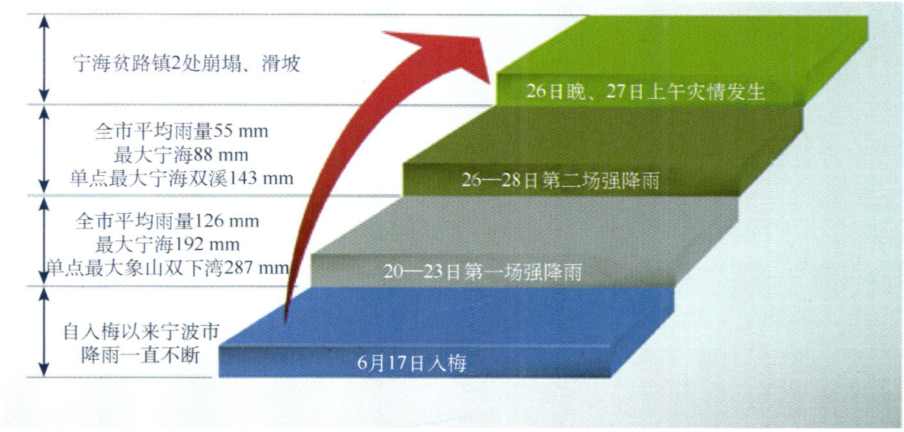

图3.37 连续强降水引发地质灾害

（宁波市气象台，2014）

3.2.2 梅雨降水的暴雨模型

梅雨暴雨天气分型总体可以分为三类，即低槽型、冷切型、暖切型。从地面到高空各层的天气特点主要呈现以下特征：

地面：

(1)27°～30.5°N、110°～120°E锋面，有−7 hPa的变压中心；

(2)26°～30.5°N、110°～121°E有大于10 mm雨量中心；

(3)庐山、黄山、天目山无偏北分量风；

(4)30°～40°N、110°～120°E 有闭合高压。

850 hPa：

(1)27°～30.5°N、110°～120°E 有切变；

(2)安庆无偏北分量风；

(3)南方四站(桂林、赣州、福州、邵武)偏北分量风速和在 2 m/s 以下；

(4)长沙或南昌与大陈的高度差为负。

700 hPa：

(1)邵武与南京的温差≥7℃；

(2)长沙、汉口、南昌、南京四站无偏北分量风；

(3)巨州、南昌、长沙温度露点差在 5℃以下；

(4)华西变高为负；

(5)黄渤海有弯头高压。

500 hPa：

(1)588 脊线在此 15°～20°N；

(2)华南(广州、南宁、海口)无闭合 588 高压。

3.3 短时突发强降水引发地质灾害

短时强降水主要是指强对流过程中出现的短时降水，强对流是影响宁波的主要灾害性天气之一，强对流常伴有短时强降水、雷暴大风、冰雹、龙卷风等强烈对流性天气，具有突发性强、破坏性大等特点，往往给人民生命财产安全造成极大威胁。如 2008 年 8 月 7 日 22 时，甘南藏族自治州舟曲县城东北部山区突降特大暴雨并引发特大山洪地质灾害，造成舟曲 1447 人死亡，318 人失踪。可见，强对流造成的短时强降水引发山洪、泥石流等次生灾害危害性极大。为了及时、有效地做好强对流天气的预报预警，目前，国内已全面开展临近天气预报业务，对防灾减灾起到了很好作用。虽然目前气象雷达为强对流天气的监测、预报预警提供了可靠的手段，但强对流预报仍是当前世界性难题，不少专家、学者为此进行许多探索与研究，较常用的方法是确定各种大气稳定度参数的阈值来开展强对流天气预报。对于临近预报人员来说，及时了解本地大气状况，对做好强对流预报非常重要，但日常工作中往往较难从大量物理量资料中解读发生强对流的明确信息，因此，研制快捷、实用、准确的区域强对流展望预报方法，对提高强对流的监测、预报预警及服务效果很有必要。研究表明，K 指数(K)、沙氏指数(SI)、对流有效位能(CAPE)、强天气威胁指数(SWEAT)、$\Delta\theta_{se}$(500—850)和 ΔT(500—850)等大气对流稳定度参数的物理意义明确，都是常用的强对流天气诊断物理量，在短时预报业务中得到广泛应用。

强对流短时暴雨具有历时短，范围小，但短时间强度特强，突发性更明显等特点，易形成山洪、泥石流、低洼地积水等灾害。宁波强对流多发，市区三江口、慈溪与余姚交界处、余姚四明山、周公宅、奉化横山、宁海茶山以及象山部分山区等都是强对流系统的易发生区域，局地型对流系统生成发展快，一般少动或缓慢移动。

3.3.1 短时强降水典型实例

实例一：2004 年 9 月 18 日强雷雨

2004 年 9 月 18 日，受高空低槽和地面冷锋东移南压影响（图 3.38、图 3.39），宁波出现一次强雷雨过程。此时正值秋夏转换时期，前期少雨与较高气温使大气积聚了充沛的能量，这一天气背景通常在春、秋季节容易出现，因此，在春、秋季节前期高温少雨背景下，遇低槽携带冷空气临近时，应防范强对流及短时强降雨产生。从当时临近时刻的雷达回波特征（图略）来看，18 日下午，有一条呈东北到西南走向带状回波影响宁波北部地区，回波强中心达 50 dBZ，带状回波在向东移动过程中，回波强中心分别在慈溪和鄞州东部稍作停留，受强回波影响，慈溪外杜湖 12:23—13:47 雨量达 130 mm，鄞州东钱湖黄金岙测得 1 h 30 min 雨量 101 mm，这种强对流降水效率高，历时短，范围小，但短时间强度特强，突发性更明显等特点，易形成山洪、泥石流、低洼地积水等灾害。此次过程中，鄞州区东钱湖镇韩家岭村发生小型山体滑坡地质灾害，所幸无人员伤亡。系统对这次过程做出 3～4 级地质灾害气象风险预报（图 3.40），但预报区域发生偏离（发生地偏东 20 km 左右）。

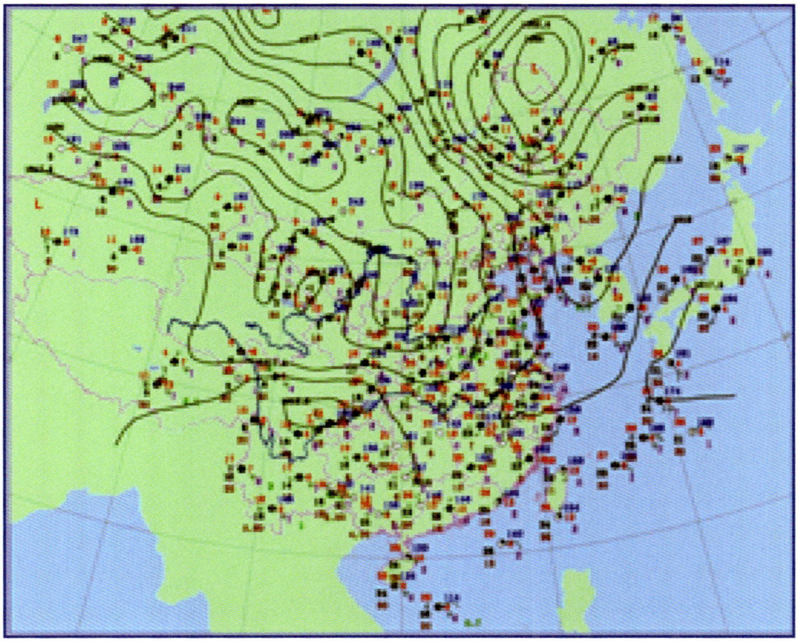

图 3.38　2004 年 9 月 18 日 08 时地面图
（宁波市气象台，2004）

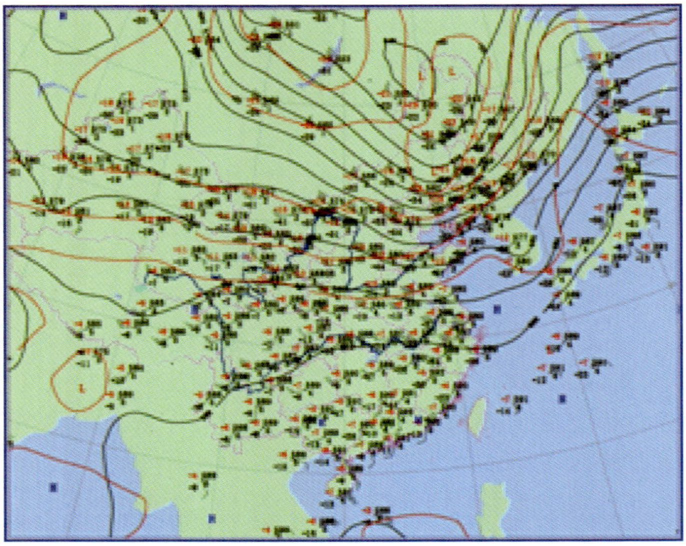

图 3.39　2004 年 9 月 18 日 08 时 500 hPa 天气图
（宁波市气象台，2004）

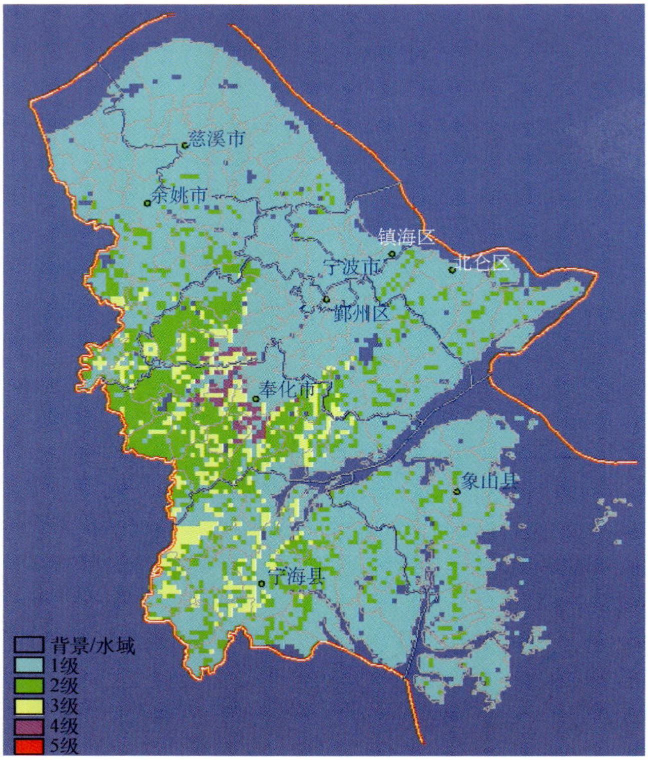

图 3.40　2004 年 9 月 18 日地质灾害等级预报
（宁波市气象台，宁波市国土资源局，2004）

实例二:2006 年 6 月 24 日短时强降水

宁波出梅以后往往迎来高温天气,但出梅初期副高势力刚刚加强,使宁波处于副高边缘,此时如有西风槽稍加强南压,宁波则午后会多雷阵雨。2006 年宁波梅雨期比常年明显偏短,6 月 13 日入梅以后,经过 5 d 梅雨,即于 6 月 23 日出梅。6 月 24 日下午受高空低槽影响(图 3.41、图 3.42),宁波部分地区出现了强对流天气,这次雷雨过程,宁波北郊慈城出现 29 m/s(11 级)雷暴大风,24 日 18 时宁海大佳何短时强雷雨,在短短 45 min 里雨量达到 106 mm,折算成小时雨强达到 140 mm/h。从雷达回波特征看,主要由 50 dBZ 的强雷雨回波在移经宁海大佳何时处于停滞,雷达剖面图显示回波顶高为 14 km,而 45 dBZ 垂直高度为 6 km,可见雷雨回波的降雨效率非常的高,雷达产品 VIL(液态水含量)也达到 50 kg/m^2,可见强降雨的 VIL 值已接近小冰雹的数值。

从服务上来看,对于上述短时强降雨主要还是依靠雷达的临近监测与服务,因为数值预报对于对流强降雨的预报准确性常常会与实际偏离较大,但对于雷达回波,通常能够对短时强降雨的监测及临近服务产生比较好的效果。

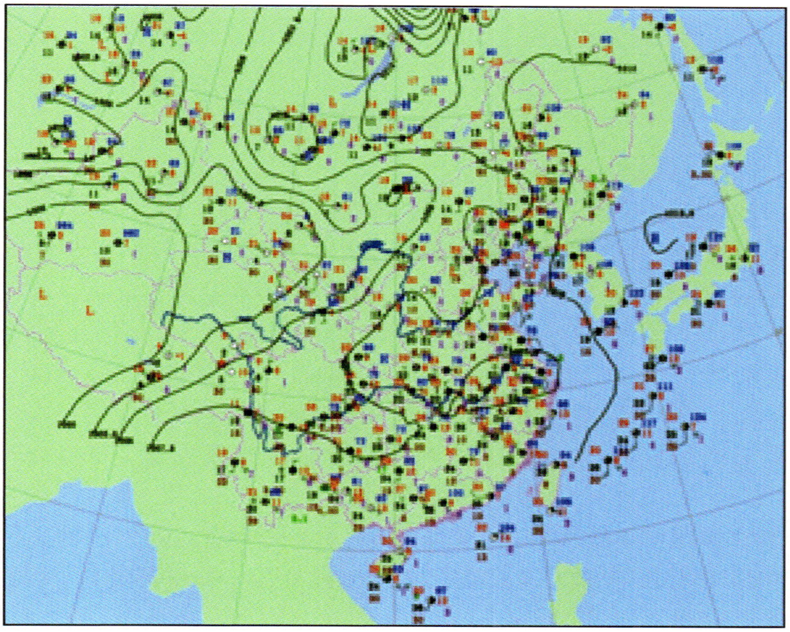

图 3.41　2012 年 7 月 16 日 08 时地面图

(宁波市气象台,2012)

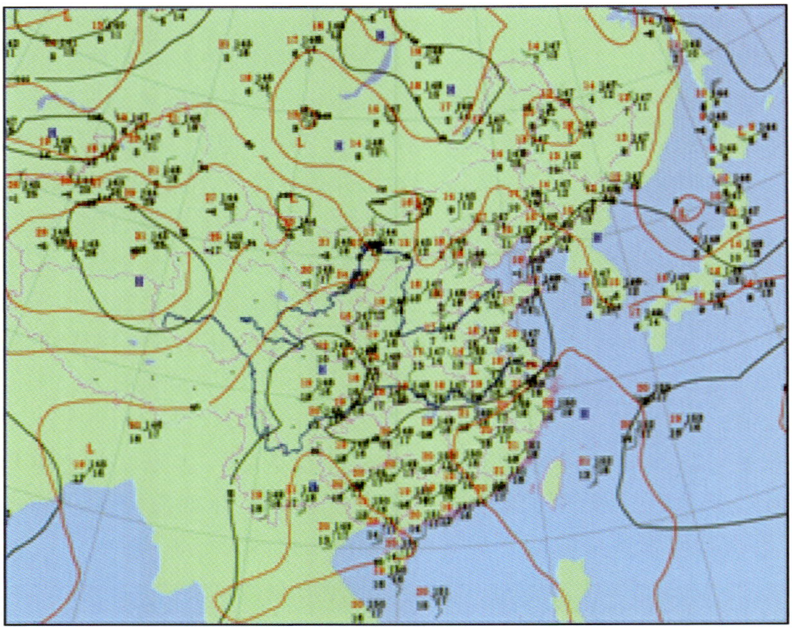

图 3.42　2012 年 7 月 16 日 08 时 850 hPa 天气图

（宁波市气象台，2012）

实例三：2012 年 7 月 16 日短时强降水

雷达回波和地面中尺度自动雨量站资料显示，2012 年 7 月 16 日午后，中等强度回波在宁波西部山区经过近 1 h 的发展，迅速加强并袭击鄞州西部、余姚南部和奉化北部等地区。鄞州西部龙观乡 3 h 降水量达 200 mm，其中最大 1 h 降水量为 98 mm，短时强降雨引发该地山洪暴发和小型泥石流灾害。16 日傍晚洪水从鄞州西部 012 县道荷梁线路边的山坡上倾泻而下，顷刻间有 10 多间民房和数座桥梁被毁坏，3000 余米的河坎遭遇重创，多处溪边公路发生崩塌，8000 多亩农田受灾，数个村庄进水。所幸相关部门事先接到大暴雨有关信息，并迅速安排人员提前转移，未发生人员伤亡。

2002 年宁波比常年提早半个月出梅，在随后半个月进入高温少雨天气，长时间高温为宁波西部大暴雨积聚了充沛的能量。16 日 08 时，杭州西侧有一低槽临近，16 日随着华北横槽转竖，北方冷空气迅速向南扩散并影响江南地区，上述形势特征为鄞州龙观“7.16”特大暴雨提供了有利的环境场（图 3.43、图 3.44）。

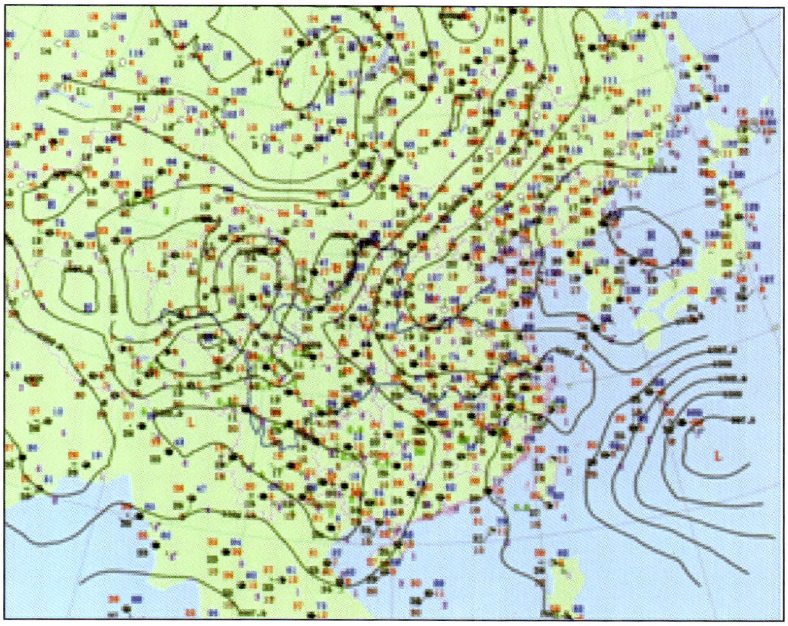

图 3.43　2012 年 7 月 16 日 08 时地面图

（宁波市气象台，2012）

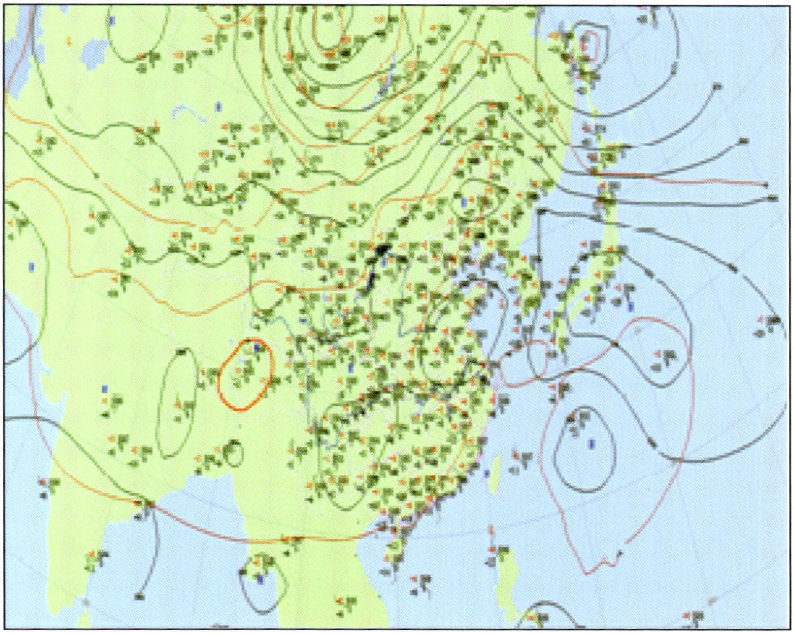

图 3.44　2012 年 7 月 16 日 08 时 850 hPa 天气图

（宁波市气象台，2012）

根据宁波新一代天气雷达资料分析，12:19 在宁波西部山区开始有对流单体回波形成，开始的回波强度在 35～45 dBZ，之后逐渐发展增强并少动，50 dBZ 强回波维持到 15:30，随后向偏东方向缓慢移动，并逐渐减弱，整个风暴生命史约 4 h。

“7.16”短时强降水为致灾性特大暴雨(图 3.45)，在临近预报上要力求预报准确、服务快速、措施有效。对于致灾性特大暴雨如不及时预警或措施迟缓，可能危及生命。

图 3.45　2012 年 7 月 16 日下午特大暴雨袭击鄞州西部山区冲垮山体公路
（宁波市气象台，2012）

对致灾性特大暴雨一旦发现前期征兆，应严密监测，并及时展开预警及服务。本次暴雨过程中，宁波市气象台在监测到可能发生暴雨袭击的第一时间与宁波市地质环境监测站电话会商，并用手机短信将即时雨量信息及山洪、地质灾害预警信息向强降水区域的信息员（联络员）发送，及时发挥预警信息作用，尽最大努力减少了强降雨可能造成的损失。

实例四:2015 年 8 月 22 日短时强降水

2015 年 8 月 22 日下午，镇海、北仑等东部地区出现短时强降水，自动站资料显示，多个测站降雨量超过 100 mm，最大镇海岚山达 142 mm，该区域最大 1 h 雨量达 61 mm。强降水主要成因是由西风带低槽临近与台风遥相关的共同作用造成的(图 3.46、图 3.47)，降水性质属于对流性强降水，对于这种台风远距离对流性降水有的也称为台前飑线强降水。强降水的动力机制在于台风环流偏东风与西风带低槽的西北气流辐合，同时，台风偏东风环流从海上带来充沛的水汽，为强降水提供较好的水汽输送。而西风带低槽存在提供了弱的冷空气，给大气造成不稳定层结。因此，远距离台风如果有西风槽相遇，也是造成强降水的一种非常好的机制，而对于这类环境场下出现的强降水通常比较难把握，而数值预报对于此类降水的预报误差通常也比较大。所以，对于台前飑线产生的对流性强降水主要还是依靠雷达的监测及服务。

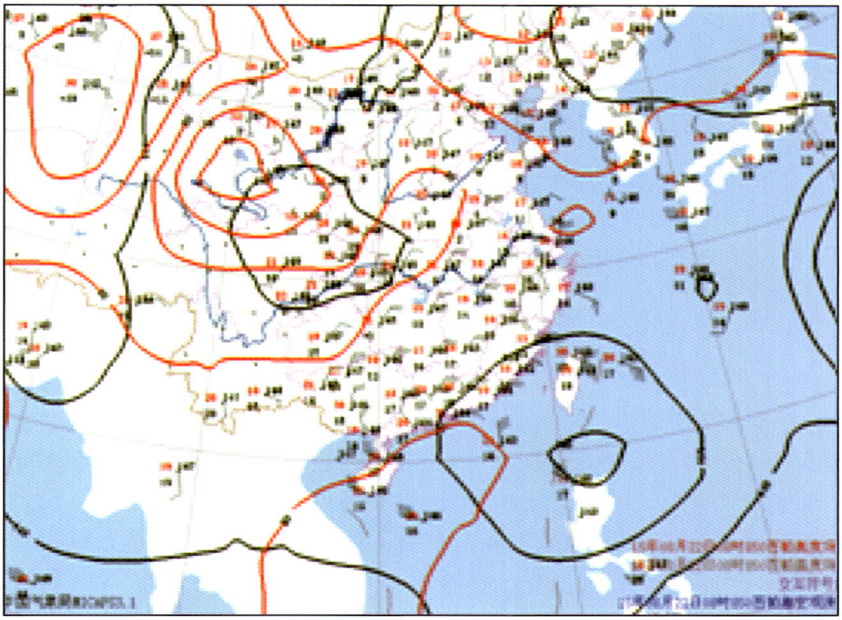

图 3.46 2015 年 8 月 22 日 08 时 850 hPa 天气图

（宁波市气象台，2015）

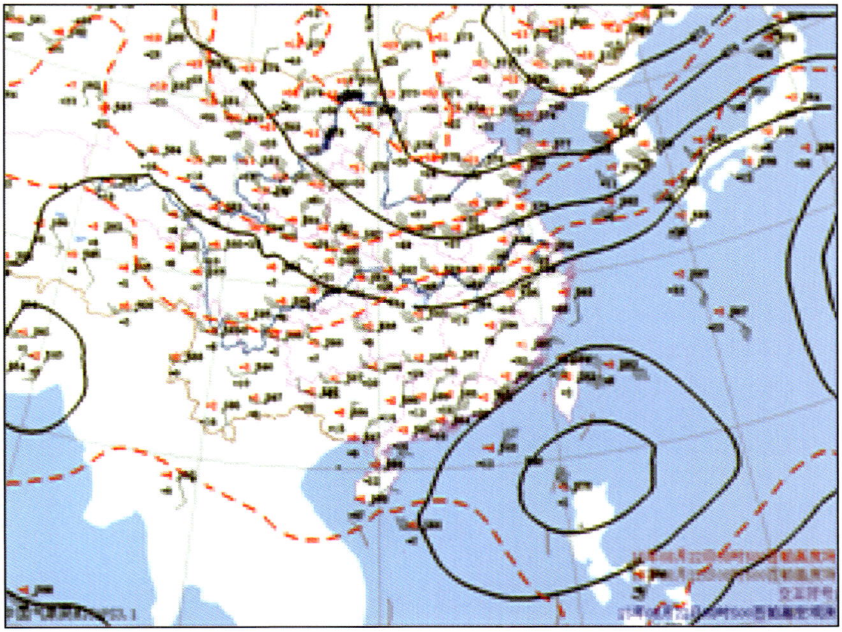

图 3.47 2015 年 8 月 22 日 08 时 500 hPa 天气图

（宁波市气象台，2015）

根据宁波市国土资源局提供的资料显示，在最近 8 年中，宁波市境内共发生山洪、地质灾害 172 起，其中有 154 起是由 24 h 内雨量≥100 mm 引发产生的，约占 89%(154/172)，在临近监测与预报服务中，根据统计结果总结出引发宁波本地的山洪、地质灾害雨量阈值为 100 mm，即当 24 h 内雨量≥100 mm，全市境内山区出现山洪、地质灾害的可能性较大。在临近监测与预报服务中也设立地质灾害临近气象服务指标：当雨量≥50 mm/h，或≥100 mm/24 h，或≥300 mm/7 d，市地质环境监测站和气象台双方立即启动电话应急会商。

3.3.2 短时突发强降水形势

短时突发强降水主要是指强对流产生的短时暴雨或大暴雨，这类强降水造成的地质灾害比例虽不高，但强对流具有突发性，生消快，预报难度大，短时强降水极易引发小范围局地性灾害。如 2012 年 7 月 16 日午后，宁波西部山区短时强降水，鄞州龙观乡 3 h 降水量达 200 mm，短时强降雨引发山洪和泥石流灾害，引发 10 多间民房倒塌，数座桥梁毁坏，多处溪边公路发生崩塌。可见，强对流造成的短时强降水有时可能引发山洪、泥石流等次生灾害，危害性极大。目前对于强对流主要还是依靠雷达、地面自动站等资料进行监测与临近预报。对于强对流降水，目前各种模式数值预报产品的误差往往很大，至今，强对流预报仍是全世界难题。

产生强对流必须具备三个条件：①大气层结不稳定；②水汽；③抬升触发机制。当上述三个条件同时具备时，产生强对流概率就会很大。深厚湿对流通常伴有雷暴，有时会伴有短时强降水以及雷暴大风、冰雹等天气。但有的对流性天气也可以不出现雷暴，而降水依然很大，雷达回波显示为对流性混合降水特征。

从天气形势分析，产生强对流通常有天气系统相配合，主要包括低槽、切变、低涡等天气系统。有利的天气形势为强对流发生发展提供有利条件，最主要是形成不稳定的大气层结条件。因此，在日常预报中，分析大气不稳定层结条件对预报强对流非常重要。从天气形势来看，通常情况下，对形成不稳定层结的有利条件是在 500 hPa高空是否有降温，或在 850 hPa 或以下低空是否有增温。在特殊情况下，虽然高空没有降温，但低空却强烈增温，或者虽低空没有增温，但高空却强烈降温，也能形成大气层结不稳定，而这一现象有时往往被人们忽视。根据宁波特点，有利于强对流产生的天气形势主要可概括为以下三种形势：低槽型、倒槽型、副高边缘型(如图 3.48a，b，c)。

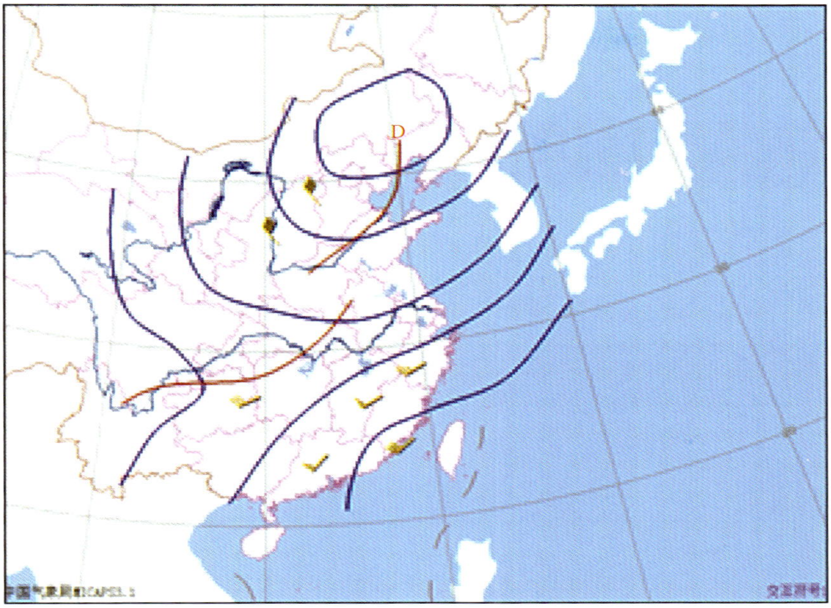

(a)

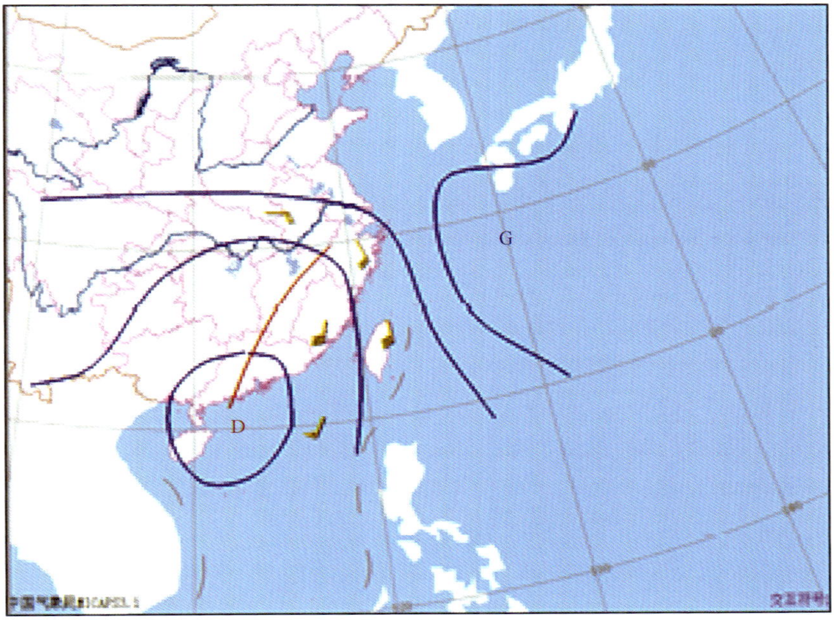

(b)

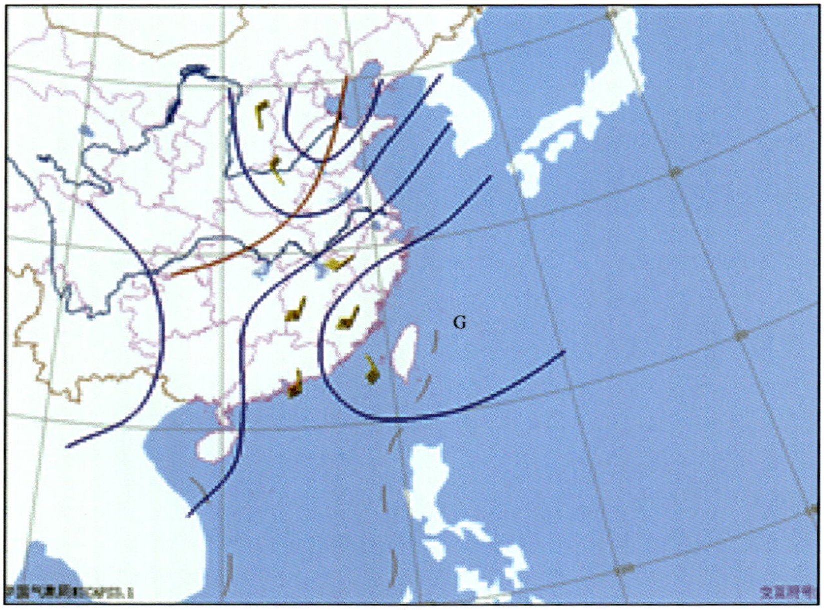

(c)

图 3.48　有利于产生强对流的三种天气形势
(a)低槽型;(b)倒槽型;(c)副高边缘型
(宁波市气象台,2015)

3.3.3　短时强降水物理量特征

3.3.3.1　短时强降水概率

选择 1980—2013 年 $\Delta\theta_{se}$(500—850)、ΔT(500—850)与宁波历史强对流样本进行比对,发现杭州(58457)、衢州(58633)探空指标站物理量在宁波强对流产生前出现明显的突升(或突降),这一现象多数在强对流产生前 4～12 h 已经出现,个别可提前 24 h 出现。指标站物理量对短时强降水的敏感性表明大气状态变化在先,短时强降水产生在后,物理量敏感性在春季强对流前 SWEAT 指数和 SI 指数出现突变表现得尤为明显,这一现象表明:当大气不稳定层结和触发扰动条件同时达到某一临界状态时短时强降水即被激发产生。因此,利用物理量敏感性可以用来诊断短时强降水,经资料比对发现,当筛选大气物理量处于临界状态的样本个例,使原来属于小概率天气事件的强对流成为大概率事件。

资料分析表明,产生短时强降水时大气内部的能量、水汽、不稳定、触发条件等存在互补现象,从大气层结条件和触发扰动条件分析,当大气处在强的不稳定层结时只需要弱的扰动就能触发产生短时强降水;而当大气处在弱的不稳定层结时却需要较强的扰动才能触发产生短时强降水,若将水汽、能量等条件一并考察情形类同。

物理量互补现象表明强对流诊断指标不是唯一的，由此增加了短时强降水的诊断难度，充分认识短时强降水物理量前期特征，对做好日常短时强降水诊断是很重要的。总结历史物理量特征并按照不同季节提炼出短时强降水物理量临界值，以此可作为宁波短时强降水概率参考指标（表3.11—表3.21）。

表3.11　3月份物理量临界值

K	*SI*	SWEAT	$\Delta\theta_{se}$	短时强降水概率（%）
＞35	＜−1	＞300	＜−5	78
＞33	＜−1	＞320	＜−3	75
＞20	＜−1.5	＞200	＜−5	74
＞32	＜1	＞350	＜−2.5	66
＞30	＜1.5	＞220	＜−5	65
＞30	＜0.5	＞220	＜−3	62

（宁波市气象台，2014）

表3.12　4月份物理量临界值

K	*SI*	SWEAT	$\Delta\theta_{se}$	短时强降水概率（%）
＞33	＜−3	＞260	＜−8	75
＞34	＜−1	＞240	＜−5	60
＞30	＜1	＞300	＜−5	52
＞34	＜0	＞300	＜−3	51
＞28	＜0	＞230	＜−5	46
＞29	＜2.5	＞270	＜−2	39

表3.13　5月份物理量临界值

K	*SI*	SWEAT	$\Delta\theta_{se}$	短时强降水概率（%）
＞35	＜−2.5	＞240	＜−10	53
＞38	＜−2	＞235	＜−2	52
＞34	＜−1	＞270	＜−5.5	44
＞36	＜0	＞310	＜−2.5	40
＞35	＜−2	＞250	＜−0	38
＞34	＜0.5	＞245	＜−1	22

表3.14　6月份物理量临界值

K	*SI*	SWEAT	$\Delta\theta_{se}$	短时强降水概率（%）
＞34.5	＜−1	＞240	＜−7.5	53
＞35	＜−1	＞260	＜−5	42
＞36	＜−0.5	＞225	＜−3	41
＞35	＜−1	＞300	＜−1	37
＞36	＜−0.5	＞300	＜−1.5	36
＞34	＜−1	＞350	＜−1	31

表 3.15　7—8 月 $K \geq 40$

K 值区间	SI	SWEAT	$\Delta\theta_{se}$	短时强降水概率(%)
$K \geq 40$			<−28	96
		>280	<−5	78
		>261	<−10	52
	<−1.2		<−9	27

表 3.16　7—8 月 $38 \leq K < 40$

K 值区间	SI	SWEAT	$\Delta\theta_{se}$	短时强降水概率(%)
$38 \leq K < 40$	<−1.2	>300	<−10	95
	<−1.2	>275	<−5	64
	<−1.2	>250	<−5	50
	<−1.2		<−9	25

表 3.17　7—8 月 $36 \leq K < 38$

K 值区间	SI	SWEAT	$\Delta\theta_{se}$	短时强降水概率(%)
$36 \leq K < 38$	<−1.2	>290	<−4.1	92
	<−1.4	>260	<−54.1	62
	<−2			50
		>230	<−1	47
	其余		<5	0

表 3.18　7—8 月 $33 \leq K < 36$

K 值区间	SI	SWEAT	$\Delta\theta_{se}$	短时强降水概率(%)
$33 \leq K < 36$	<−0.5	>253	<−10	66
	<0.5	>253	<−10	50
	<0	>225	<−7.5	45
	<−0.3		<−2.7	20
	其余			8

表 3.19　7—8 月 $28 \leq K < 33$

K 值区间	SI	SWEAT	$\Delta\theta_{se}$	短时强降水概率(%)
$28 \leq K < 33$	<−1	>260	<−10	60
	<−1	>247	<−10	52
		>280		40
	<−2			28
	其余			0

表 3.20　9 月 K 指数

K	SI	SWEAT	$\Delta\theta_{se}$	短时强降水概率(%)
$K \geq 39$	<−1	>275	<−5	85
$39 > K \geq 38$	<−1	>225	<−5	81
$38 > K \geq 37$	<−1	>250	<−10	80
$37 > K \geq 36$	<−0.5	>240	<−0	78
$37 > K \geq 36$	<−0	>210	<−6	76
$36 > K \geq 35$	<−1	>190	<−3	71

续表

K	SI	SWEAT	$\Delta\theta_{se}$	短时强降水概率(%)
$36>K\geqslant35$	<-0	>215	<0	70
$35>K\geqslant34$		>250	<-5	68
$34>K\geqslant32$	<1.3	>239	<4	60
$K>32$	<0	>225	<-8	58

表 3.21　10 月 *K* 指数

K	SI	SWEAT	$\Delta\theta_{se}$	短时强降水概率(%)
$K\geqslant36$	<-1	>240	<-7	95
$K\geqslant36$	<-0.5	>270	<-5	87
$36>K\geqslant33$	<-0.5	>290	<-3.5	65
$K<33$	<-1	>227	<-8	61

3.3.3.2　物理量时序图

选择与短时强降水相关性较好的六个物理量并分成两组：第一组选择与短时强降水呈正相关的 K 指数、SWEAT 指数和 CAPE 值作为监测水汽、能量和触发条件；第二组选择与短时强降水呈负相关的 SI 指数、$\Delta\theta_{se}$(500—850)、ΔT(500—850)值作为监测大气层结与冷空气活动状况。在强对流发生前，通常水汽、能量、风切变和层结不稳定增大，则上述物理量值将会不同程度出现增大(或减小)，当选取合适的坐标并分别设置短时强降水物理量阈值，就能够清楚地显示出物理量的变化特征，即在两组物理量中总会有部分成员同时向着相反方向变化，利用物理量对短时强降水的敏感性得到诊断需要的结果。由于各物理量的量纲不同，因此，不能在同一坐标中显示，表 3.22 设置每个物理量的坐标值、短时强降水物理量阈值，坐标中间关键区分别由两组物理量阈值构成。将各物理量值也按照表 3.22 设置合成并显示时间序列图，由此能够清楚显示出各物理量的共同特征。

表 3.22　物理量六线图坐标设置

物理量	纵坐标间隔	坐标中位值	阈值区
K	10	35	$\geqslant30$
SWEAT	60	300	$\geqslant270$
CAPE	800	2400	$\geqslant2000$
SI	6	-3	$\leqslant0$
$\Delta\theta_{se}$(500—850)	16	-16	$\leqslant-8$
ΔT(500—850)	6	-30	$\leqslant-27$

(宁波市气象台，2014)

从 2014 年 3—6 月的监测资料中看出(图 3.49 为 2014 年 4 月逐日 08、20 时物理量时间序列图)，短时强降水产生前，两组物理量中的部分成员分别产生突升(或突降)并进入关键区，短时强降水过程结束以后，两组物理量又会出现突降(或突升)并离开关键区，由此显示的物理量六线图物理意义明确，对区域短时强降水监测及展望效果较好。

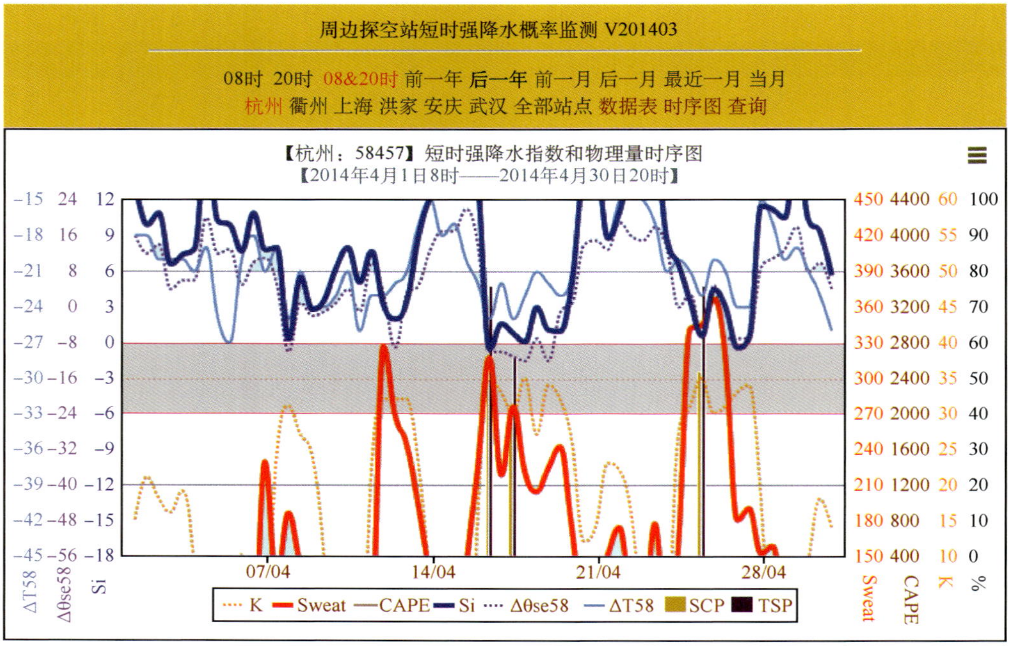

图 3.49　2014 年 4 月宁波市强对流物理量监视与诊断图

（宁波市气象台，2014）

根据历史资料分析，物理量中 K 指数随季节变化较大，通常 3—4 月和 9—10 月因气温降低，K 值要比 5—6 月低 5℃左右，因此，日常应用中应根据需要适当调整物理量阈值，设定合适的关键区物理量以得到理想的监视与预报效果。

3.3.3.3　短时强降水概率物理量监视诊断

由图 3.49 可见，坐标中间为物理量阈值关键区，当两组物理量同时进入关键区，表示大气状况对短时强降水产生有利，物理量未进入关键区则不利于短时强降水产生，物理量远离关键区则不易产生短时强降水，利用上述图形特征可清楚表达出短时强降水产生的可能性。在物理量监视中，还可以利用本地历史资料库制作短时强降水概率。根据强对流与 K、SWEAT、CAPE 值和 SI 指数、$\Delta\theta_{se}$（500—850）、ΔT（500—850）的相关关系，制作短时强降水概率时取当天指标站物理量值。①分别检索历史资料库：选取比当日指标站 K、SWEAT 值大，同时比 SI、$\Delta\theta_{se}$（500—850）值小的个例数；②比当日指标站 CAPE 值大，同时比 $\Delta\theta_{se}$（500—850）、ΔT（500—850）值小的个例数；然后根据每组检索的样本数与其中短时强降水和样本数计算出概率，多组概率中取概率最大的作为短时强降水展望预报概率。建立的历史逐日物理量资料库和对应的强对流个例库时间长度最好在十年以上，可以逐年追加。资料检索最好每月对应或季节相近使用，由此计算的短时强降水概率有较好的参考意义。

第 4 章

地质灾害气象风险区划

4.1 自然灾害风险概述

自然灾害风险(natural disaster risk)是指一定的区域和给定的时间段内,由于某一个自然灾害而引起的人们生命财产和经济活动的期望损失值。本章基于自然灾害风险形成机制,引用自然灾害风险法(NDRI),即从致灾因子危险性、孕灾环境敏感性、承灾体脆弱性和防灾减灾能力 4 个方面综合考虑。其数学计算公式为:

自然灾害风险度=危险性×敏感性×脆弱性×防灾减灾能力

4.1.1 风险评估的方法

本区划主要根据气象与气候学、地质灾害学、农业气象学、自然地理学、灾害学和自然灾害风险管理等基本理论,采用风险指数法、层次分析法、专家决策打分法、加权综合评分法等数量化方法,在 GIS 技术和遥感技术的支持下对宁波市地质灾害气象风险进行分析和评价,编制地质灾害气象风险区划图。(图 4.1 为宁波市台风、暴雨和地质灾害风险评估流程图)

4.1.2 数据来源

本区划所需的数据主要包括宁波市及其周边常规气象站和自动气象站的气象数据、气象灾害的灾情数据(如受灾面积、经济损失、人员伤亡等)、地理空间数据和遥感数据(土地利用现状、地形、地貌、地质构造、地层岩性、地质灾害发育程度、河网分布、DEM 等)、社会经济数据(如人口、GDP 等)。这些数据主要来自宁波市气象局、国土资源局、水利局、统计局、民政局等部门。

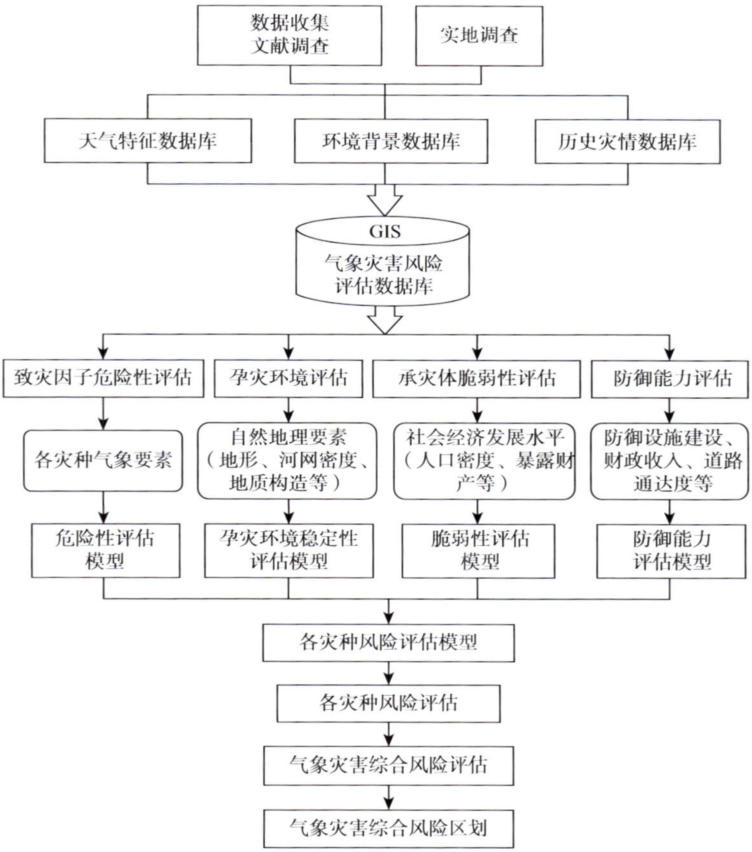

图 4.1 宁波市台风、暴雨和地质灾害风险评估流程图

4.2 地质灾害气象风险区划指标与风险模型

4.2.1 地质灾害气象风险区划评价指标的选取

台风和暴雨引发地质灾害的致灾因子主要是指能够引发地质灾害的气象事件，对台风和暴雨引发地质灾害的致灾因子进行分析，主要考虑引发地质灾害的气象事件出现的时间、地点和强度。灾害强度、出现概率来自宁波市境内常规气象站和自动站的气象要素资料，包括降水、温度、风等致灾因子的出现概率和分布。

孕灾环境与承灾体潜在易损性，包括人类社会所处的自然地理环境条件（地形地貌、地质构造、地层岩性、地质灾害发育程度、DEM、河流水系分布、土地利用现状），社会经济条件（人口分布、经济发展水平等），人类的防灾抗灾能力（防灾设施建设、灾害预报警报水平、减灾决策与组织实施的水平）。

4.2.2 地质灾害气象风险区划评价指标的量化

根据不同灾种风险概念框架选取不同的指标。由于所选指标的单位不同，为了便于计算，选用以下公式将各指标量化成可计算的 0～10 的无向量指标：

$$X'_{ij} = \frac{X_{ij} \times 10}{X_{i\max j}} \tag{4.1}$$

式中：X'_{ij} 与 X_{ij} 相应表示象元 j 上指标 i 的量化值和原始值，$X_{i\max j}$ 表示指标 i 在所有象元中的最大值。

4.2.3 地质灾害气象风险模型的建立

考虑致灾因子危险性、孕灾环境、承灾体脆弱性和灾害防御能力，建立如下地质灾害气象风险指数评估模型：

$$\begin{aligned} DRI &= (H^{W_H})(E^{W_E})(V^{W_V})[0.1(1-a)R + a] \\ H &= \sum W_{Hk} X_{Hk} \\ E &= \sum W_{Ek} X_{Ek} \\ V &= \sum W_{Vk} X_{Vk} \\ R &= \sum W_{Rk} X_{Rk} \end{aligned} \tag{4.2}$$

式中：DRI 是地质灾害气象风险指数；H、E、V、R 分别表示致灾因子危险性、孕灾环境、承灾体脆弱性和防御能力因子指数；W_H，W_E，W_V，W_R 相应地表示其权重；X_k 是指标 k 量化后的值；W_k 为指标 k 的权重，表示各指标对形成台风和暴雨引发地质灾害风险的主要因子的相对重要性；变量 α 是常数，用来描述防灾减灾能力对于减少总的 DRI 所起的作用，考虑宁波的实际情况，将 α 确定为 0.8。

利用灾情评估模型，结合历史灾情资料，在层次分析、统计聚类分析、专家决策打分等方法的基础上，确定台风和暴雨引发地质灾害风险等级所占面积比例。最终在 GIS(地理信息系统)技术的支持下，确定不同风险等级的空间分布状况，绘制地质灾害气象风险区划图。

4.2.4 地质灾害气象风险区划

根据上述的风险区划原则和方法，综合考虑致灾因子、孕灾环境、承灾体三个方面确立风险评价指标体系，在 GIS 支持下，对地质灾害进行气象风险区划。

台风和暴雨引发地质灾害的致灾因子主要选取年暴雨日数和日最大降雨量等指标，孕灾环境主要是指如地形地貌、地质构造、地层岩性、地质灾害发育程度、植被覆盖度等，承载体的易损性主要考虑人口密度和人均国民生产总值等。综合以上要素，得出地质灾害气象风险指数分布(图 4.2)，四明山区、宁海西部为灾害高风险区，余姚和慈溪北部、老三区、鄞州城区、镇海城区和北仑城区风险较低。

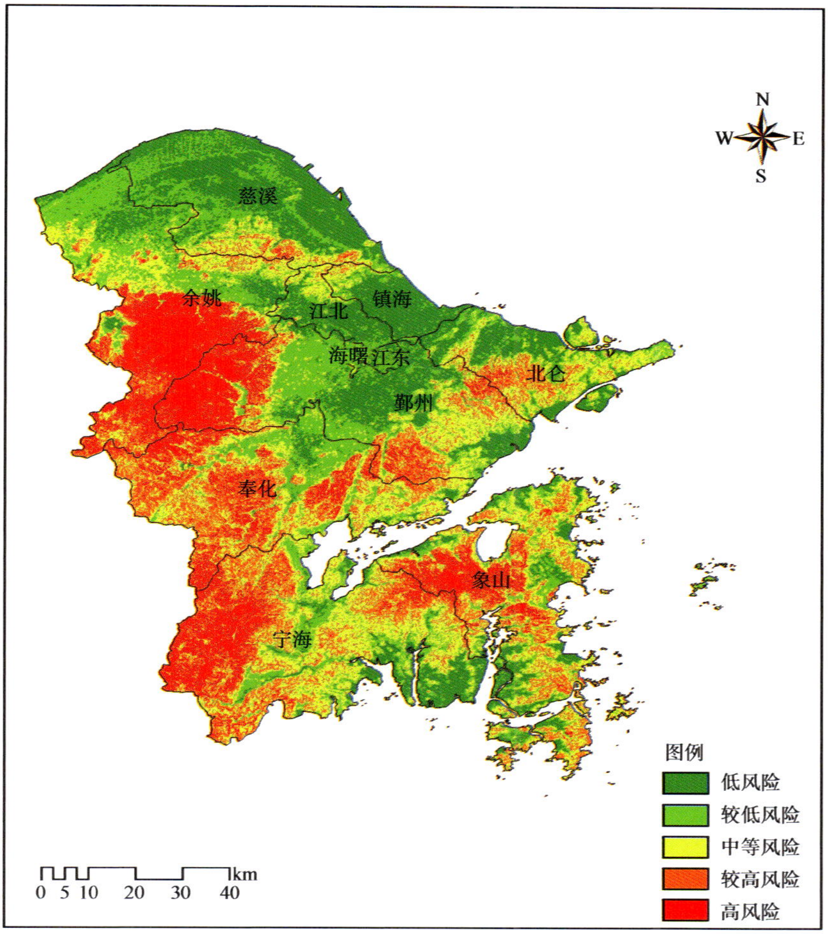

图 4.2 宁波市地质灾害气象风险区划等级地区分布

(宁波市气象台,2015)

第 5 章
宁波地质灾害气象风险预警实践

5.1 地质灾害气象风险预警目的与方法

地质灾害严重危害公民生命、财产和生存环境及重大工程的建设与安全。地质灾害气象风险预报预警系统的目的是服务于国土整治与开发规划，同时促进社会的可持续性发展，减轻突发性地质灾害所发引起的生命财产的危害。国务院《地质灾害防治条例》明确地质灾害防治重在预防，监测预警是地质灾害预防极为重要的措施。地质灾害预警要从影响因素分析考虑，宁波地区突发性地质灾害的主要引发因素是强降雨，因此，很有必要开展突发性地质灾害气象风险预警。

从危害程度上看，滑坡是仅次于地震的自然灾害，虽然发生概率大于地震，但其可抗拒性高于地震。提前适当时间给出发生地质灾害的可能程度，不但具有理论价值，而且对防灾避灾具有实际意义。因而，除形变监测外，国内外很多专家学者还致力于地质灾害预测研究。专家学者普遍认为，滑坡、崩塌和泥石流的发生是内因和外因共同作用的结果，内因概括为地形地貌、地层岩性、地质构造、水文特征、地表植被等若干类因素，外因也称诱发因素，主要是地震、降水和工程活动等。三类主要诱发因素中，地震预报本身难度极大，工程活动主观随机性强，对这两类因素诱发地质灾害的预测规律性认识不足，有效技术手段欠缺，目前主要以监测为主。

人类对自然现象进行的科学预测预报中，大气降水的预测预报无疑是比较成功的，这为进行降雨特别是强降雨诱发的地质灾害的预测预报提供有益前提，实践“由天预报地”哲学。一般认为，雨水入渗斜坡后破坏斜坡的应力平衡体系，孔隙水压力增大，产生渗流作用，有效应力减小，抗剪强度降低，以及水与岩土体的理化作用，是滑坡发生的主要机制。

除经验类方法外，降雨诱发地质灾害预测预报模型大致分为统计模型与力学模型两类。统计模型和动力模型都是建立在一定地质认识基础上的，统计模型主要方法基础是概率论与数理统计，由果索因思路，采用不确定性归纳方法，动力模型主要方法基础是岩土力学和水力学，由因索果思路，采用确定性分析方法。

统计建模寻求地质灾害与地质环境因素及降水之间的统计规律性。地质灾害成生机理对统计建模来说并不是最重要的，其关键是获得足够具有典型意义的地质灾害或隐患点样本。严格地说，通过对样本点与其地质环境因子和降雨因子之间的概率分析形成预测公式，这样方法是概率方法，而非数理统计方法，数理统计方法需要设计合理的统计量，并以其概率密度函数作为预测公式。比较著名的统计模型包括各种降雨阈值方法、各种信息量法、各种多元回归方法、各种神经网络方法等。早期，美国、日本等国专家学者采用各种概率统计方法研究降雨阈值，包括临界雨量对数模型、临界雨量经验公式等。近十年来，一批国内专家学者陆续提出降雨强度、历时、最值、有效累计等与地质灾害发生的统计关系。国内正在运行的地质灾害气象预报预警系统中，国家级系统使用多元线性回归方法，浙江省系统使用多元线性回归方法和自组织神经网络方法，福建省系统使用Logistic回归方法，四川省系统使用综合信息量法。统计建模操作性强，适应性弱，样本选择对预测结果影响较大。

动力建模基于斜坡的水文过程和力学分析，通常需要掌握斜坡所处局部地质环境（包括地形、植被、水文、地下水等）和坡体结构面与物质组成（如基岩面、软弱面、岩性等），以及岩土物理力学性质（如抗剪强度、渗透系数、孔隙率等）。一般认为，动力建模试图建立水循环与应力场的耦合。降雨除了影响斜坡自重外，其入渗、冲刷作用也引发地表及地下水位波动和岩土含水量变化，继而斜坡整体应力状况发生变化，这种变化可能带来斜坡应力达到极限。动力建模关注上述过程的每一个细节，需要找到每一个细节的物理规律和定量关系。比较著名的水文模型方法包括SHE等各类分布式水文模型，比较著名的稳定性分析模型方法包括各类极限平衡方法、各类有限单元方法、各类有限差分方法等。国内正在运行的地质灾害气象警报预警系统尚无采用动力模型的。动力建模专业要求高，参数准确取值难，适应性强。

近年来，地质灾害预测预报研究进展趋缓。一些投入运行的统计模型预测预报结果与实际存在差距，模型优化和研究更适用的模型是缩小这种差距两个基本方向。模型优化是当前使用较多的，主要包括两类途径，一类是地质环境因子的优化和样本的优化，另一类是利用反馈的地质灾害修正模型有关参数，而新模型方法的研究难度较大，但是未来研究发展的重要方向。在对滑坡等的成生机理缺乏准确认识的情况下，动力模型很难建立起来，尤其是工作区内的动力规律，当前主要工作是对若干典型滑坡的预测、监测。地质灾害预测预报的另一个方向是风险预报预警，着眼于地质灾害对生命、健康、财产或环境产生的不利影响的概率和严重程度，考虑到了自然和社会两重属性，但由于风险预警建立在预测和承载体状况的基础上，因此难题还是落在预测模型上。

根据地质环境条件、地质灾害特征、降水特点及地质灾害发生与降水之间的关系，宁波山区突发性地质灾害的发生与降水相关性显著，特别是台风暴雨期间及梅雨等时期持续降水期间极易因降水引发地质灾害，这些客观规律是开展地质灾害气象风险预警的基础。据有关文献，降雨型滑坡地质灾害的气象风险预警方法与模型有单纯考虑地质灾害与降雨关系的隐式统计学方法、考虑地质环境等因素的显式降雨阈值方法、基于 GIS 的人工神经网络(ANN)模型的“暗箱”系统方法及前期土壤含水量模型、水文学—斜坡稳定性模型等。宁波市第一代预警系统于 2004 年开始应用的是基于 GIS 的人工神经网络(ANN)模型的“暗箱”系统方法(LAPS),第二代预警系统于 2014 年开始应用的是基于斜坡单元考虑地质环境等因素的显式降雨阈值方法。

5.2 宁波地质灾害气象风险预警协作

宁波市国土资源局和宁波市气象局于 2004 年签署协议,决定双方在每年汛期的 4—9 月份联合开展突发性地质灾害气象预报预警工作。2004 年,由宁波市气象台、宁波市国土资源局地质矿产处和浙江省国土资源厅地质环境监测总站的有关技术人员组成课题组联合攻关,研制《宁波市引发突发性地质灾害的主要气象条件研究及预报预警》系统,该课题项目经宁波市科学技术局批准立项。双方技术合作的工作任务是:共同研制宁波市地质灾害气象预报预警系统;国土资源局提供全市的山地特征资料,在易发区附近安装部分雨量监测站,气象局提供宁波市未来 24 h 雨量预报和过去 24 h 各气象站雨量实况资料并负责系统日常运行。

为了进一步深化、扩大合作领域,加大合作力度,在宁波防灾减灾各项工作中发挥更大的作用,2010 年 2 月 4 日,市气象局与市国土资源局签订业务合作协议(图 5.1),双方以“发挥优势、相互促进、长期合作、互利共赢”和“共建、共享、共研”的原则,在地质灾害气象预报预警业务合作的基础上,整合优势资源,开展全面业务合

图 5.1 2010 年 2 月 4 日,宁波市气象局和国土资源局业务合作签字仪式

作。合作的主要内容：一是有计划地在宁波市地质灾害易发点建立自动气象观测站；二是共同建设宁波市汛期地质灾害气象等级预报预警系统和预警信息发布平台，由市气象局提供网络技术支持；三是建立地质灾害气象条件会商机制、联合发布预警信息机制和重大地质气象灾情联合调查机制；四是根据业务需要，共享宁波市中尺度地面观测站网实时监测资料和地质灾害易发点相关信息；五是共同建设基层防灾体系，共享人员资源，共同开展相关培训；六是双方根据自身业务和服务需要，凝练项目，通过联合申报、部门立项等多种形式设立重大研究开发项目，加强应用技术开发研究，共享有关科研成果，进一步深化宁波市地质灾害气象预报预警技术研究。协议还强调，要加强双方相互之间的协商和沟通，保证合作项目的落实，明确建立局领导沟通制度和业务部门联系制度，每年举行一次联席会议。

5.3 地质灾害气象风险预警服务

2004年起，每年汛期4月15日至10月15日，由市气象台负责运行地质灾害气象概率预报预警系统并制作宁波市地质灾害气象预报预警产品，此项工作分工是根据市气象台和市环境监测站签署的宁波市汛期地质灾害气象等级预(警)报系统产品制作及信息发布工作协议，工作协议内容如下：

(1)在每年汛期，每天制作宁波市24 h地质灾害气象等级预报，预报范围包括全宁波市，精度至各县(市)、区乡镇(街道)一级。及时将预报结果上传至www.qx121.com网和www.nblr.gov.cn网。

(2)当预报结果出现地质灾害时，及时开展技术会商，制作地质灾害气象预(警)报电视节目在宁波电视台发布，同时向全市地质灾害防范相关人员手机发送短信。

(3)做好气象预(警)报系统硬件和网络等设备的维护工作，保证系统的正常运行。

(4)双方参与对区域内地质灾害实况现场调查及信息采集工作。

汛期中，地质灾害产品发布主要由以下两种方式进行：

(1)当预报有地质灾害气象等级三级或以上时，在www.qx121.com网和www.nblr.gov.cn网发布结果。

(2)制作地质灾害气象等级图像产品，当晚在宁波电视台气象预报节目上播出。

5.4 地质灾害气象风险预警等级及防范

2004—2012年市气象局和市国土资源局运行宁波市地质灾害气象概率预报(警)系统，联合向社会公众发布的1～5级地质灾害等级，对突发性地质灾害的预报(警)分为五个等级，表5.1是五个等级的技术含义及预防措施。在日常发布的地质灾害效果图上，五个等级用颜色表示，即1级用蓝色表示，2级用绿色表示，3级用土黄色表示，4 级用咖啡色表示，5 级用深咖啡色表示（表 5.1）。其中 1～2 级表示地质灾害发生概率在 40%及以下，即地质灾害发生可能性较小或很小。3～5 级表示地质灾害发生概率在 40%～100%，即地质灾害发生可能性较大、大和很大。

从 2013 年 5 月 1 日起，中国气象局应急减灾与公共服务司、国土资源部地质环境司发布关于调整地质灾害气象预报预警业务的函（气减函〔2013〕39 号），将原来规定的地质灾害一级（蓝色）最低，五级（深咖啡色）最高进行调整，新的地质灾害气象风险预报（警）等级调整为一级（红色）最高，四级最低（蓝色）（表 5.2）。

表 5.1　宁波市地质灾害气象概率预报(警)等级与相应措施

级别	概率	含义	发布情况	预防措施
一级 （蓝色）	0.0～0.2	灾害发生的可能性很小	不发布	
二级 （绿色）	0.2～0.4	灾害发生的可能性较小	不发布	
三级 （土黄色）	0.4～0.6	灾害发生的可能性较大（注意）	发布	采取防御措施，提醒灾害易发地点附近的居民、厂矿、学校、企事业单位密切关注天气预报，以防天气突然恶化
四级 （咖啡色）	0.6～0.8	灾害发生可能性大（预警）	发布	暂停灾害易发地点附近的户外作业，各有关单位值班指挥人员到岗准备应急措施。组织抢险队伍，转移危险地带居民，密切注意雨情变化
五级 （深咖啡色）	0.8～1.0	灾害发生的可能性很大（警报）	不发布	紧急疏散灾害易发地点附近的居民、学生、厂矿、企事业单位人员，关闭有关道路，组织人员准备抢险

（国土资源部 中国气象局，2004）

表 5.2　宁波市地质灾害气象风险预报(警)系统等级与响应措施

等级	预警指数	致灾风险	含义	预防措施
四级 （蓝色）	＜5.0	较低		
三级 （黄色）	5.0～12.0	较高	发生地质灾害的气象风险较高	提醒灾害点附近和高中易发区人员密切关注降雨情况，加强巡查、监测，避免地质灾害造成人员伤亡
二级 （橙色）	12.0～20.0	高	发生地质灾害的气象风险高	停止灾害隐患点附近的户外作业，落实应急措施，组织抢险队伍，密切注意当地雨情变化，做好受地质灾害威胁居民转移准备工作
一级 （红色）	≥20.0	很高	发生地质灾害的气象风险很高	紧急疏散受地质灾害威胁的人员，实施危险区段交通管制，组织人员准备应急抢险

（国土资源部 中国气象局，2013）

5.5 地质灾害气象风险预警效果检验

表5.3检验了从2004年开展地质灾害预警到2015年十二年间的地质灾害气象风险预报预警效果，检验量包括预报击中率、漏报率和空报率，分数范围为0～100。

预报击中率：

$$TS_k = \frac{NA_k}{NS_k} \tag{5.1}$$

漏报率：

$$PO_k = \frac{NC_k}{NA_k + NC_k} \tag{5.2}$$

空报率：

$$FAR_k = \frac{NB_k}{NA_k + NB_k} \tag{5.3}$$

式中：NS_k 为地质灾害发生次数、NA_k 为预报击中次数、NB_k 为空报次数、NC_k 为漏报次数。所谓正确，即预报有发生地质灾害可能性，实况确实出现地质灾害；所谓空报，即预报有发生地质灾害可能性，实况无实际地质灾害上报；所谓漏报，即预报无发生地质灾害可能性，实况出现地质灾害。

表5.3 2004—2015年地质灾害预报预警效果检验

项目/年份	预警次数	发生次数	击中次数	空报次数	漏报次数	预报击中率	空报率	漏报率
2004	31	11	9	22	2	81.8%	70.9%	18.2%
2005	21	11	9	12	2	81.8%	57.1%	18.2%
2006	17	1	0	17	1	0	100%	100%
2007	18	3	2	16	1	66.7%	88.9%	33.3%
2008	19	当年无相关地质灾害资料上报						
2009	16	6	3	13	3	50%	81.3%	50%
2010	17	2	1	16	1	50%	94.1%	50%
2011	16	2	2	14	0	100%	87.5%	0
2012	21	6	6	15	0	100%	71.4%	0
2013	18	5	5	13	0	100%	72.2%	0
2014	19	3	3	16	0	100%	84.2%	0
2015	14	4	4	10	0	100%	71.4%	0
合计	208	54	44	164	10	81.5%	78.8%	18.5%

5.5.1 击中率

2004—2015年地质灾害发生54次，成功预报了其中的44次，平均地质灾害预报击中率为81.5%（图5.2）。由于气象雨量预报准确率逐渐提高，地质灾害点调查情况更加详细，预报击中率也逐年提高。

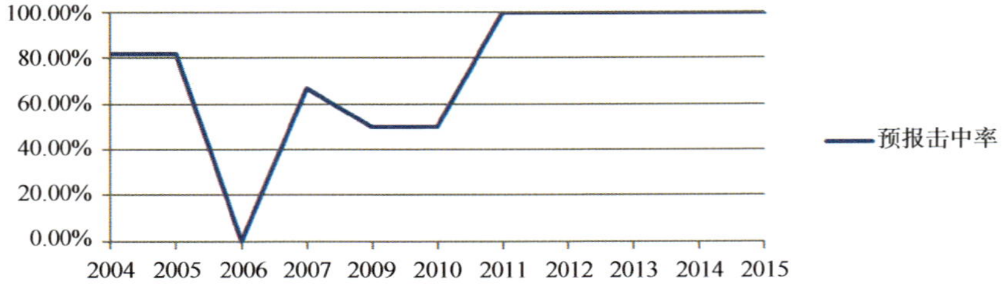

图 5.2　地质灾害预报击中率逐年变化图

5.5.2　空报率

2004—2015 年地质灾害预报预警总计 208 次，空报次数达 164 次，平均空报率为 78.8%(图 5.3)。原因主要是起报地质灾害发生的雨量阈值较低，针对这一问题，对地质灾害气象预报预警系统的部分参数与起报雨量门槛值进行了调整，逐年空报率也呈下降趋势。

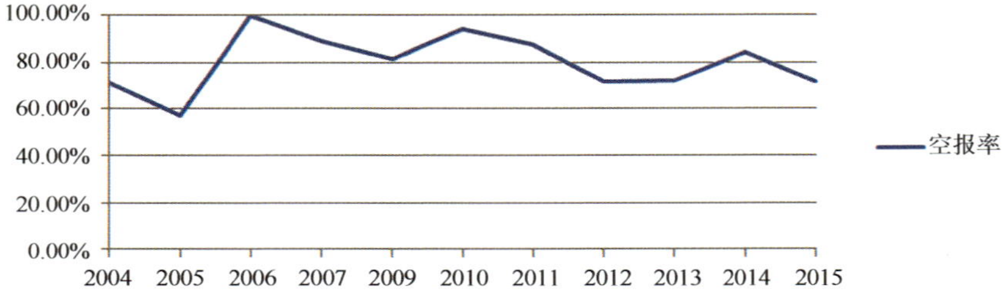

图 5.3　地质灾害空报率逐年变化图

5.5.3　漏报率

2004—2015 年地质灾害发生 54 次，其中有 8 次为非降水原因引起的地质灾害，1 次出现在冬季非汛期地质灾害预警停报时，由气象原因造成的地质灾害漏报率为 2.2%(图 5.4)。2010 年 7 月 14 日午后局部雷阵雨，雨量预报与实况吻合，但未达到地质灾害起报阈值，因此系统没有对这次地质灾害进行预报。

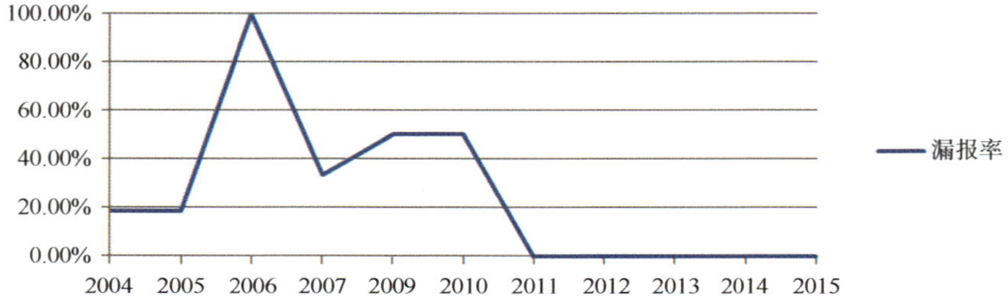

图 5.4　地质灾害漏报率逐年变化图

5.5.4 综合评价

(1)从击中率、漏报率、空报率分析,地质灾害气象预警效果总体较理想,具有较高的应用价值。

(2)汛期内由气象原因造成的地质灾害漏报率低,仅有的一次由突发强雷雨造成。由于采取宁空勿漏的原则,地质灾害气象预警空报率有些偏高,但逐年仍呈下降趋势,尤其是2006年以后效果明显。

(3)从落区的准确度分析,仍存有一定偏差。

第6章

宁波地质灾害气象概率预报（警）系统（LAPS）

该系统于2004年至2013年应用于宁波市地质灾害气象概率预报(警),是基于GIS和ANN的滑坡灾害概率预报(警)系统(landslide hazard probability prediction system based on GIS and ANN),简称LAPS,是解决以降雨为主要诱发因素时所用的地质灾害预报(警)模型,使合理利用气象数据来进行地质灾害的预警预报成了一种可能。

6.1 基于GIS的ANN型地质灾害概率预警预报方法

6.1.1 原理和方法

设计正确的灾害预警预报模型是实现突发性地质灾害预警预报成败的关键之一。滑坡灾害的孕育与发生是由多种因素组合而成,虽然滑坡灾害尤其是由降雨诱发的滑坡灾害看起来似乎简单,其实内在的各种因素之间的相互作用是非常复杂的,目前还难以用几个确定的参数进行解析表达。因此,如何寻找一种能在已知的客观条件的情况下,可以自动学习和调整预警预报能力的一个可行途径,因而成为人们关注的一个重要课题。

人工神经网络(artificial neural network),简称ANN,是近年来迅速发展的一种模拟人脑机理和功能的新型计算机和人工智能技术,是当前国际上一个非常活跃的边缘学科。它与传统的专家系统、模糊理论等人工智能技术相比具有很多突出的优点:①由于ANN采用自适应算法,使其较之专家系统固定的推理方式及传统计算机的指令程序更能适应环境的变化;②具有自组织、自学习功能及归纳能力;③在数据处理中可以避免数据分析和建模中的困难,采用拟人化的方法进行处理,特别适合不确定性和非结构化信息的处理;④具有较强的容错能力。ANN具有的这些显而易见的优点,使其在突发性地质灾害的预报评价中具有很大的应用前景。

应用ANN技术必须要有数据源。应用GIS在多种有关滑坡灾害信息的基础上进行操作获得的各种结果,可以作为ANN的输入和训练条件,同时ANN的输出又可以作为GIS的资源来管理和进行新的操作。因此,在滑坡等突发性地质灾害预警预报系统中联结 GIS 和 ANN,可以使这两种新技术相得益彰,获得更好的应用效果。GIS 与 ANN 两者之间的关系如图 6.1 所示。

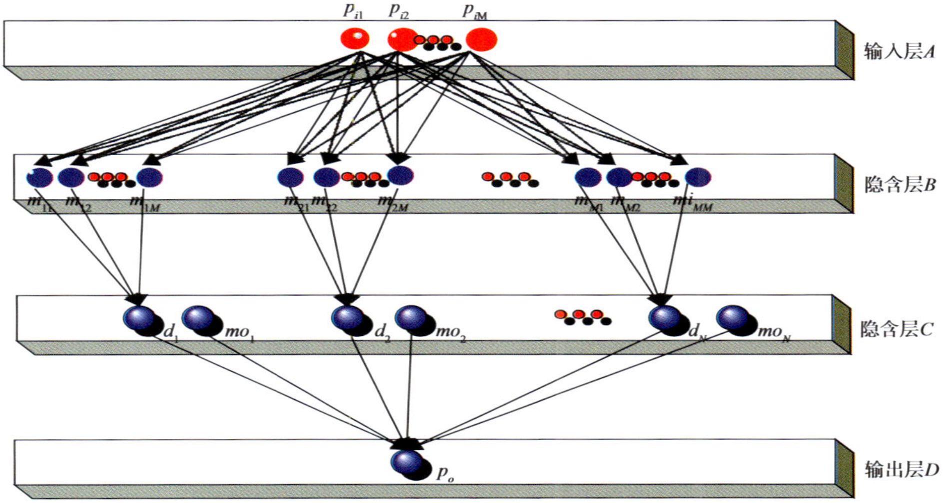

图 6.1 SPV-ANN 示意图

图中:p—预测向量,m—模型向量(隐含层向量),i—输入变量的下标,o—输出变量的下标,N—模型向量的数量,M—输入变量的个数(李长江 等,2008)

SPV-ANN 模型(李长江 等,1999)是一种与邻域法相似,但属于自组织系统与概率型及平行向量法结合的神经网络,它与反馈型神经网络不同。

采用基于 GIS 的 SPV-ANN 系统进行突发性地质灾害预警预报,具有以下几个特点:①具有动态性、自适应性和自学习功能,即该模型不是一成不变的,而是可以随着有关数据的精度和质量的改善与实时更新,不断提高系统预测的准确程度;②具有客观性,即预测过程和预测结果都不是人为决定和由人工随意改变,一旦输入数据确定后,所获得的结果不会因人而异;③具有现时性,当系统通过网络与气象、水文地面观测站相连通后,系统可以根据实时的降雨预报和雨量观测数据,对全市区域范围内滑坡灾害发生的概率进行快速评价,对已知的滑坡灾害危险点进行逐点搜索评价,自动编制和输出滑坡灾害发生概率分布图,实现对滑坡灾害发生的空间范围、强度及其分布概率的临灾预警预报,通过该系统,可进一步实现在因特网上发布滑坡灾害预报信息。

在 LAPS 网络系统中,影响系统训练效果的最关键的因子或对系统约束的量是惩罚因子 PC(penalty coefficient)。所以选择和优化 PC 因子就成为 LAPS 的关键因素。

同时我们亦认识到,对于突发性地质灾害的发生,与降雨这一因素密切相关,在同等的环境下,其历史的累积降雨量和降雨强度对诱发地质灾害起到关键的作用。

6.1.2 预报所需的数据

根据突发性滑坡(泥石流)灾害分布特点及对触发因素的分析,我们以地形(坡度和形态等),断裂构造及地层岩性信息,第四纪覆盖层类型(土壤类型、土地利用类型),土壤湿度、土壤含水量、植被/裸露地作为LAPS的输入变量,把当前已知的有具体发生日期和位置记载的滑坡灾害点作为输出变量。上述输入信息可以在GIS平台上从数字高程模型(DEM),遥感数据,地质图、土壤图、土地利用现状图数据库中自动获取。而相对于滑坡(泥石流)等突发性的地质灾害而言,其他的一些因素相对降雨因素而言可以认为是基本固定的,而降雨相对来说是主要的变化和主导因素,所以,对于降雨这一关键因素的掌握可以说是实现地质灾害预报的重要前提。

6.1.3 预报方法

应用建立好的LAPS对滑坡灾害进行概率预报时,只要通过一条专线连接国土资源管理部门和气象台,把气象台对某地区发生的实时降雨预报和气象站点或水文观测部门雨量遥测站的降水量作为输入变量,输入LAPS,即可实现对该地区可能发生的滑坡灾害进行预报(警),并且可以把对滑坡灾害的预报结果以位图格式提供给气象部门,统一制作到当天的天气预报产品中,供电视台发布播出或者在互联网上发布。图6.2为群发性滑坡灾害概率预报(警)模式。

6.2 LAPS系统预报(警)产品和预报(警)级别

将实时的降雨预报和降水量数据输入LAPS系统,该系统输出的预报(警)结果以滑坡灾害发生的空间分布概率(0～1)表示,并制作出地质灾害气象概率预报(警)图。当时地质灾害发生气象概率与预报(警)分五个等级(表6.1)。

表6.1 地质灾害发生气象概率与预报(警)等级表①

级别	一级	二级	三级	四级	五级
概率	0.0～0.2	0.2～0.4	0.4～0.5	0.5～0.8	0.8～1.0
可能性	小	较小	较大	大	很大

(李长江 等,2008)

① 此处仍沿用2004年的标准(表5.1),表5.2(2013)尚未颁布

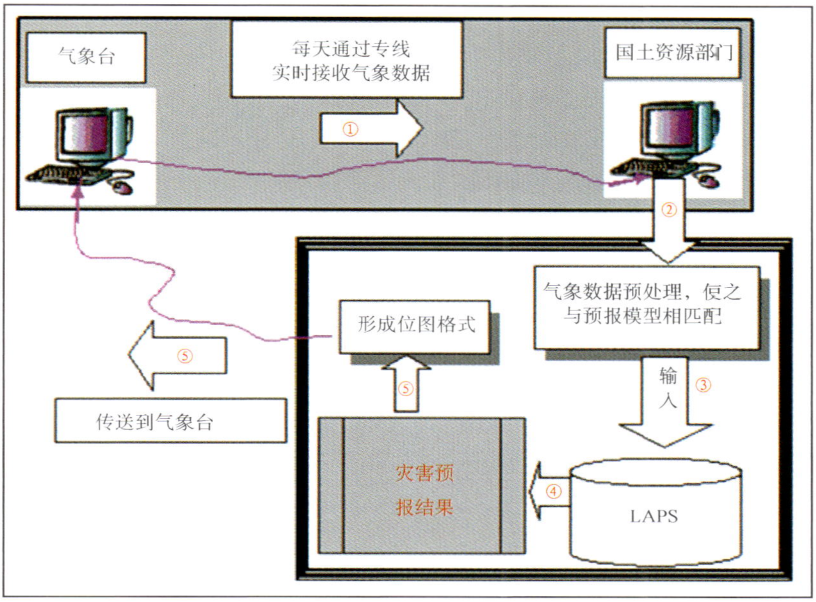

图6.2 群发性滑坡灾害概率预报(警)模式
(李长江 等,2008)

6.3 LAPS基于WebGIS的显示系统

6.3.1 系统研制主要技术路线

LAPS系统预报(警)产品以图片静态显示，仅提供预报结果的浏览，这严重限制了地质灾害预警预报信息广泛认知。随着WebGIS的快速发展和广泛应用，我们研发了基于WebGIS的宁波市地质灾害气象概率预报预警显示系统。它基于地理信息技术，以Access 2003为非空间数据库平台，File Geodatabase为空间数据库平台，建立宁波市地质灾害信息基础数据库。在后台，利用C#＋ArcEngine对原始数据格式进行解析、渲染、压缩，并利用GIS空间分析功能提取当天地质灾害易发点信息；在前台，以Flex Builder 3开发平台为基础，利用ArcCatalog进行地图发布，引入ArcGIS API for Flex，利用ArcGIS Server的空间显示、查询、统计等功能实现地质灾害分布点信息的查询与显示，同时生成手机版的宁波市地质灾害气象概率等级分布图，不仅能在电视、内外网上使用，也能在宁波市气象局“气象通”手机软件上使用。

6.3.2 系统的开发环境

“基于WebGIS的宁波市地质灾害气象概率预报预警显示系统”分为后台数据

预处理和前台结果显示两部分。

（1）后台数据预处理采用微软的 Net 框架以及 ESRI 的 ArcGIS Engine 技术。平台使用面向对象的，采用事件驱动编程机制的 C# 高级程序设计语言作为二次开发语言。

（2）前台数据显示分为网页版本显示和手机版本显示两种。网页版本的显示以 WebGIS 技术为基础，分别采用 Google Maps API for Flash 和 ArcGIS API for Flex 两种方式进行开发。

6.3.3 宁波市地质灾害后台处理系统

（1）读取原始图像

原始图像是宁波地质灾害气象概率预报（警）系统生成的产品。该图像没有地理坐标信息，通过“读取原始图像”功能，能加载最新的“宁波地质灾害气象概率预报（警）系统”生成的产品，并赋予对应的地理坐标信息。

（2）生成栅格图像

在宁波市地质灾害后台处理系统中加载的原始图像格式是“宁波地质灾害气象概率预报（警）系统”生成的产品格式，该格式不能在 ArcGIS Engine 开发的软件中进行空间分析，通过“生成栅格图像”功能，将原始图像的 rst 格式转换为 ArcGIS 中的 grid 栅格格式，并将原始图像的坐标系统转换成 WGS84 坐标系，这样既使其能对图像进行后续的空间分析处理，又能使最后生成的图片在 Google Maps API for Flash 和 ArcGIS API for Flex 两种方式开发的 WebGIS 中以正确的坐标系统显示。与此同时，对栅格图像进行色彩渲染，使其显示成规范的灾害等级颜色（图 6.3）。

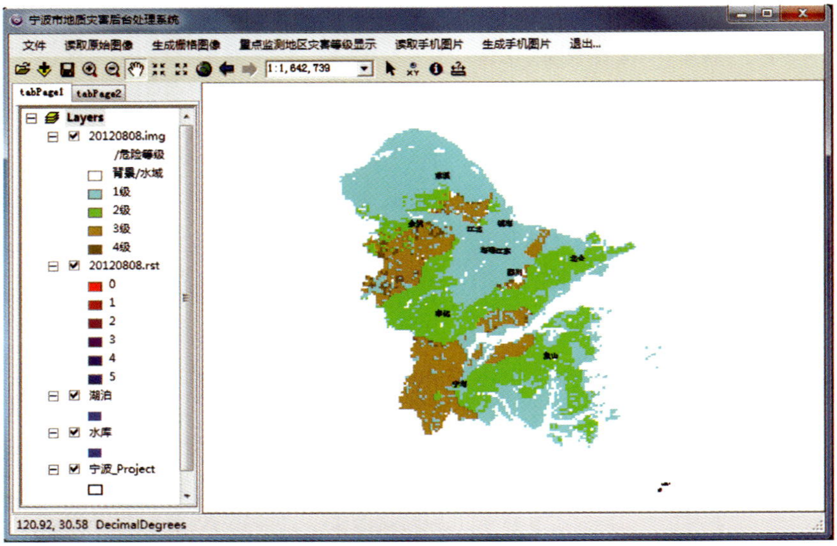

图 6.3　宁波市地质灾害显式预警系统后台处理系统主界面

（宁波市地质环境监测站，2012）

(3)重点监测地区灾害等级显示

利用已建立的宁波市地质灾害信息基础数据库，对易受灾地区进行空间分析和处理。通过已有的宁波市地质灾害信息基础数据库，逐一提取易受灾地区地理信息，将该地理信息与灾害等级图进行空间分析，判断易受灾地区的地质灾害等级，并将灾害等级大于或等于3级的地质灾害点提取出来，同时提取该灾害点的详细信息，如受灾人口、受灾方式等，并将这些信息保存为 xml 文件，以供前台显示系统使用。同时将地质灾害等级图压缩成 gif 格式，并将 gif 文件和 xml 文件保存到指定目录。

(4)读取手机图片

对已经渲染的地质灾害等级图和经过空间分析得到的灾害点信息，利用便于在手机上显示的方式先在系统后台加以显示，如图 6.4 所示。

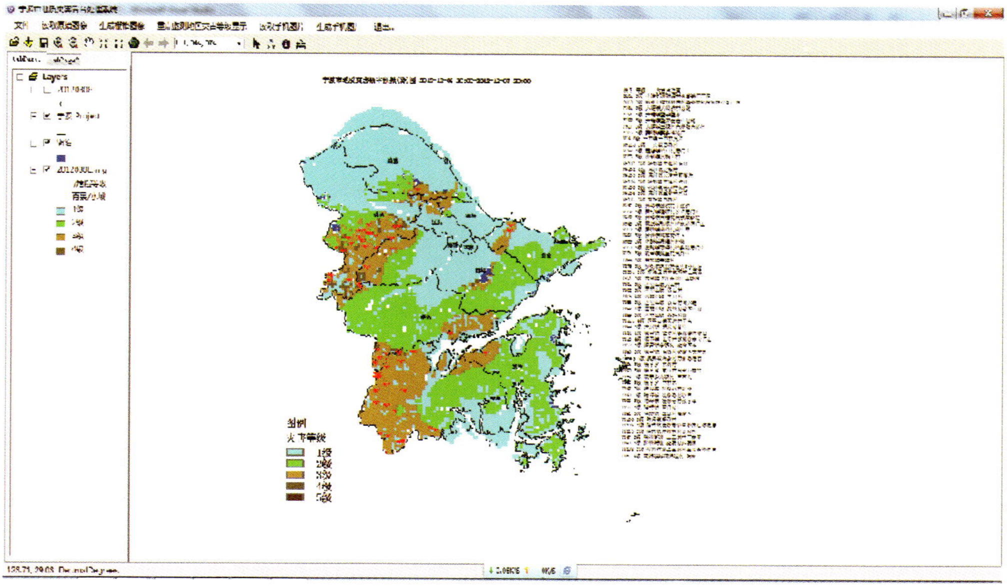

图 6.4　读取手机图片界面

(宁波市地质环境监测站，2012)

(5)生成手机图片

对“读取手机图片”提取的信息加以确认，如没有错误，则生成手机图片。生成的图片如图 6.5 所示。

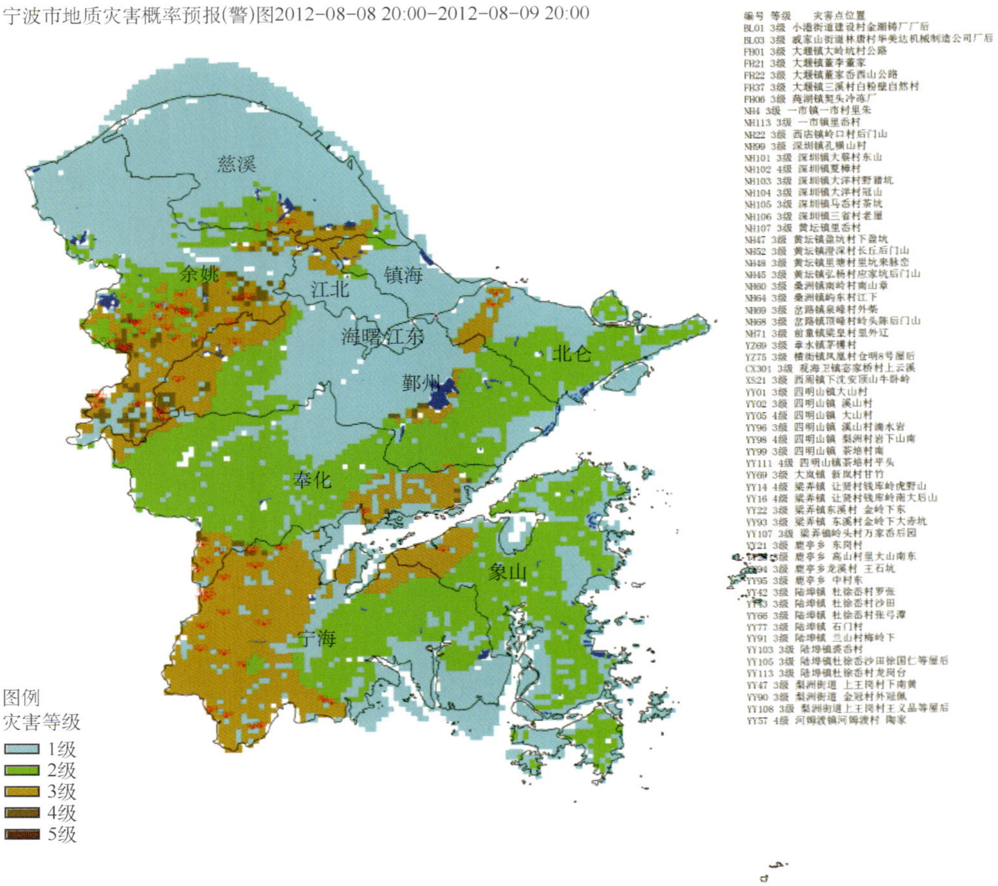

图 6.5 生成手机版图片

(宁波市地质环境监测站,2012)

6.3.4 宁波市地质灾害前台显示系统

(1)基于 Google Maps API for Flash 开发的前台显示(图 6.6)。

(2)基于 ArcGIS API for Flex 开发的前台显示(图 6.7)。

(3)基于 Android 手机的前台显示(图 6.8)。

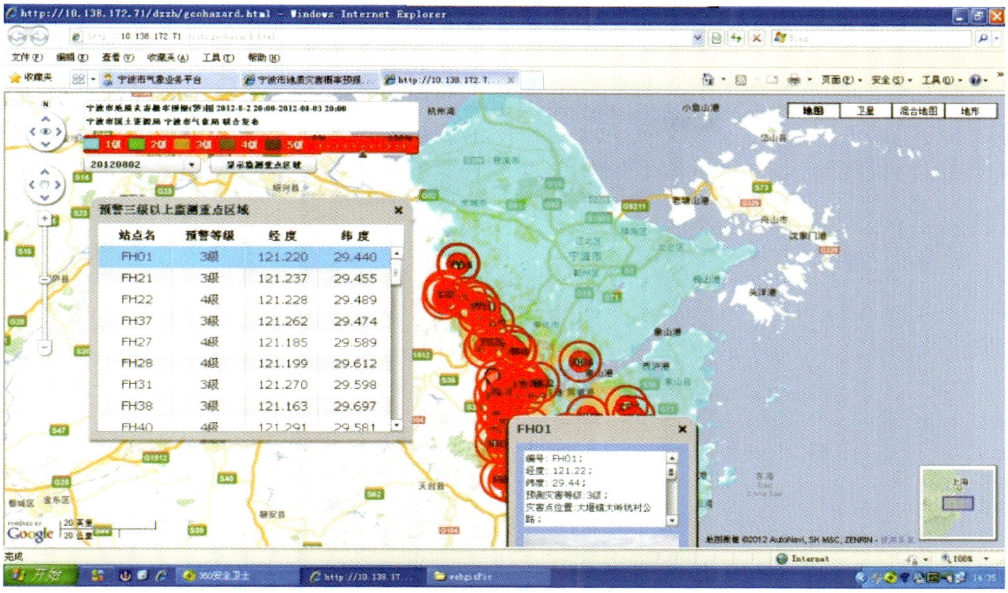

图 6.6 Google Maps API for Flash 开发的前台显示

(宁波市地质环境监测站，2012)

图 6.7 ArcGIS API for Flex 开发的前台显示

(宁波市地质环境监测站，2012)

图 6.8　Android 手机的前台显示
（宁波市地质环境监测站，2012）

6.4　雨量实况数据处理

在地质、土壤、土地利用类型、岩石构造、地形地势等因子变化相对缓慢的条件下，降雨是一个变化相对较为敏感的因子。地质灾害的主要诱因是强降雨或连续性降雨，据国内专家对我国 290 个县(市)已发生的突发性地质灾害进行统计显示，90% 是直接或间接由大降水引起的，因此雨量资料在地质灾害气象预报预警系统中是非常关键的输入因子，这些资料主要包括两类：第一类是实况雨量资料；第二类是预报雨量格点资料。

6.4.1　实况雨量处理

实况雨量资料主要来自于宁波市中尺度区域自动观测系统，该系统自 2005 年下半年开始启动，十余年时间从最初的 8 个站发展到目前全市境内的 300 个以上自动气象观测站(站点统计表如表 6.2 所示)，从而达到了全国先进水平，目前宁波境内地面观测站间距从原来的 50 km×50 km 加密到了目前的 5.7 km×5.7 km。这使实况雨量精度有了很大的提高。

表 6.2 宁波市气象雨量站点统计表

	站点	地点		站点	地点		站点	地点
1	达蓬山	三北镇	35	台塑	霞浦台塑企业内	69	塘溪	塘溪镇塘溪中学
2	南郊水厂	南门街道	36	远东码头	白峰远东码头	70	画龙村	东吴镇
3	姚江公园	文教街道	37	石油码头	小港中石油码头内	71	燕玲小学	鄞江镇燕玲小学
4	信宜小学	望春街道	38	大榭东	大榭岛观景台	72	集仕港	集仕港中学
5	工程学院	西门街道	39	小港实验	小港实验学校	73	岐阳村	高桥镇
6	福明公园	福明街道	40	大榭二桥	大榭二桥	74	五龙潭	龙观乡
7	儿童公园	东柳街道	41	东盘山		75	爱中	横街
8	软件学院	新明街道	42	九峰山		76	南头渔村	咸祥镇南头渔村
9	新河路（宁波东）	白鹤街道	43	洋沙山		77	百梁桥	洞桥镇垃圾场
10	日湖	白沙街道	44	高桥	高桥镇	78	东南小学	
11	慈城	慈城镇	45	大雷	横街道	79	吴徐	横溪
12	英雄水库	慈城镇	46	五乡	五乡镇	80	皎口水库	章水
13	洪塘	洪塘镇	47	古林	古林镇	81	横河（环卫所）	横河镇
14	澥浦	澥浦镇	48	周公宅	章水镇	82	新区	庵东镇
15	汶溪	九龙湖镇	49	龙观	龙观乡	83	桥头镇	桥头镇
16	清水湖	骆驼街道	50	洞桥	洞桥镇	84	掌起	掌起镇
17	庄市	庄市街道	51	东钱湖	东钱湖镇	85	庵东	庵东镇
18	后海塘	招宝山街道	52	天童	东吴镇	86	胜山镇	胜山镇
19	新泓口	蛟川街道	53	姜山（黎山后村）	姜山镇	87	长河镇	长河镇
20	岚山	宁波石化区	54	横溪	横溪镇	88	周巷镇	周巷镇
21	九龙湖	九龙湖田顾村	55	瞻岐镇	瞻岐镇	89	观海卫	观海卫镇三塘头
22	炮台山	戚家山街道	56	咸祥	咸祥镇	90	附海小学	附海镇
23	新碶	新碶街道	57	田陇	横溪镇	91	五磊寺	观海卫镇
24	峙头	白锋镇	58	童村	塘溪镇	92	小施山	观海卫镇
25	柴桥	柴桥街道	59	福泉山	东钱湖镇	93	逍林	逍林镇
26	茅洋山	小港街道	60	鄞州中学	邱隘镇	94	新浦	新浦镇
27	梅山	梅山乡	61	鄞江	鄞江镇	95	崇寿	崇寿镇
28	春晓镇	春晓镇	62	章水（长潭）	章水镇	96	天元	天元镇
29	鲍家洋	小港街道	63	东吴	东吴镇	97	匡堰	匡堰镇
30	新路村	大碶街道	64	下应	下应街道天宫庄园	98	大山	大山村
31	南门村	白峰镇	65	中河街道	中河街道	99	长溪	长溪村
32	大榭南		66	钟公庙	钟公庙街道钟公庙小学	100	慈溪基地（0.5）	
33	大榭北	大榭开发区	67	石碶	石碶街道雅戈尔中学	101	梅湖水库	横河镇
34	上阳小学	白峰镇上阳学校	68	云龙	云龙镇云龙中学	102	坎墩	坎墩街道

续表

	站点	地点		站点	地点		站点	地点
103	浒山	浒山街道	136	朗霞	朗霞街道	169	金田岭	尚田镇
104	宗汉	宗汉街道	137	文山	凤山街道	170	莼湖	莼湖镇
105	上横街	观海卫	138	森林公园	四明山镇	171	黄贤	裘村镇
106	白洋村	观海卫	139	临山	临山镇	172	松岙	松岙镇
107	高家	匡堰	140	马渚	马渚镇	173	南溪口	大堰镇
108	上林小学	匡堰	141	丈亭	丈亭镇	174	董家	大堰镇
109	子陵村	横河	142	陆埠水库	陆埠镇	175	岳林	岳林街道
110	小安	周巷	143	梁辉水库	梁辉镇	176	尚田龚原	尚田镇
111	湿地公园	杭州湾新区	144	大池墩	三七市镇	177	方桥	江口街道
112	西二	庵东	145	相岙水库	三七市镇	178	袁家岙	萧王庙街道
113	水云浦		146	海涂水库	小曹娥镇	179	剡源	溪口镇
114	海黄山		147	万家岙	梁弄镇	180	石门	溪口镇
115	郑家浦	附海	148	东岗	鹿亭乡	181	裘村	裘村镇
116	农垦场	农垦场	149	溪山	四明山镇溪山村	182	山门	大堰镇山门村
117	龙山	龙山	150	五车堰	莫家埠五车堰	183	许江岸	溪口镇
118	建民	小曹娥镇	151	天华小学	朗霞街道天华村	184	升纲	
119	横塘	黄家埠镇	152	树下	泗门镇	185	岩坑	
120	青港	牟山镇	153	江中	河姆渡镇	186	界岭	
121	芝山	阳明街道	154	二六市	三七市镇	187	中峰	
122	三七市	三七市镇	155	双溪口	大隐镇双溪口水库	188	横山	
123	沈湾	兰江街道	156	味香园	临山镇味香园葡萄基地	189	塘头	
124	沿溪（水库大坝）	陆埠镇	157	蜀山大闸	凤山街道	190	余家坝	
125	大隐	大隐镇	158	农业园区		191	海沿	
126	梁弄	梁弄镇	159	郭姆		192	陶坑	
127	上王岗	梨洲街道	160	金钟塔		193	新桥下	
128	上庄	鹿亭乡	161	雪窦寺	溪口镇	194	慈林	
129	丁家畈	大岚镇	162	溪口	溪口镇	195	桐照	
130	棠溪	四明山镇	163	萧王庙	萧王庙街道	196	西店	西店镇
131	向家弄	梨洲街道	164	商量岗	溪口镇	197	峡山	强蛟镇
132	青龙山	河姆渡镇	165	西坞	西坞街道	198	深甽	深甽镇
133	泗门	泗门镇	166	晦溪	溪口镇	199	茶山	力洋镇
134	华山	大岚镇	167	塔下	溪口镇	200	望海岗	深甽镇
135	黄湖	低塘街道	168	九龙	尚田镇	201	茶院	茶院乡

续表

	站点	地点		站点	地点		站点	地点
202	黄坛	黄坛镇	235	欢乐佳田	长街镇	268	美人山	茅洋乡
203	枇杷山	越溪乡	236	下洋涂	长街镇	269	林港	高塘岛乡
204	胡陈	胡陈乡	237	洋溪		270	石浦渔港	石浦镇
205	长街	长街镇	238	山洋		271	小东屿山	涂茨镇
206	大佳何	大佳何镇	239	越溪		272	银洋	茅洋乡银洋村
207	王爱	岔路镇	240	双盘涂		273	大徐	大徐镇
208	前童镇	前童镇	241	岔路		274	珠溪	贤庠镇
209	蛇蟠涂	一市镇	242	杜鹃步道		275	程家屿	贤庠镇
210	明港	长街镇	243	仇家		276	寒山	西周镇
211	桑州	桑洲镇	244	百鸟岩		277	土村	西周镇
212	雷虎	深甽镇	245	里山		278	三联农庄	
213	梅林	梅林街道	246	力洋		279	谢家	
214	大壳岛	长街镇	247	长山	贤庠镇	280	岙岭下	
215	蓝田庵	岔路镇	248	黄泥桥	西周镇	281	九顷	
216	鸡垄山	茶院乡	249	外高泥	黄避岙乡	282	里岙	
217	白石山岛	强蛟镇	250	下沈	西周镇	283	双下湾	
218	车岙港	长街镇	251	墙头	墙头镇	284	龙盛	
219	洞门	力洋镇	252	泗洲头	泗洲头镇	285	浙象	
220	杨染	黄坛镇	253	东陈	东陈乡	286	高速黄坛	
221	东岙	一市镇	254	新桥	新桥镇	287	高速宁海南	
222	夏樟	深甽镇夏樟村	255	昌国盐场	石浦镇	288	高速溪口东	
223	南岭	南岭村	256	定塘镇	定塘镇	289	高速宁波北	
224	宁东	力洋镇 三门湾新区	257	檀头山	石浦镇	290	高速余姚	
225	柘浦街	茶叶乡	258	高塘	高塘岛乡	291	高速慈溪	
226	桥头胡	大佳何镇	259	杨柳坑	鹤浦镇	292	高速横街	
227	双溪	跃龙街道	260	南韭山	爵溪街道	293	高速朝阳	
228	骆家坑	强蛟镇	261	北渔山	石浦镇	294	石浦站	
229	石门	大佳何镇	262	山头王	新桥镇	295	象山站	
230	下洋陈	一市镇	263	泊戈洋	涂茨镇	296	慈溪站	
231	山上方	一市镇	264	爵溪	爵溪街道	297	余姚站	
232	岭口	西店镇	265	麦地山	新桥镇	298	鄞州站	
233	张韩	胡陈乡	266	蒲湾	石浦镇	299	奉化站	
234	联胜	胡陈乡	267	白玉湾	晓塘乡	300	宁海站	

上述自动气象观测站数据可以及时存入宁波市气象资料数据库，在提供给宁波市地质灾害预警预报系统使用前，由气象台后台程序处理成气象通用第3类格式数据

（MICAPS 第 3 类数据，存放通用填图和离散点等值线数据，以 diamond 3 开头，需特别注意的是该类数据中一定不能有经纬度相同的站点，否则生成三角网时将出错）。

MICAPS 第 3 类数据格式通用填图和离散点等值线，具体格式如下：

文件头：

diamond　3　数据说明(字符串)　年　月　日　时次　层次

等值线条数(均为整数)　等值线值 1　等值线值 2　平滑系数　加粗线值(均为浮点数)

剪切区域边缘线上的点数(整数)　边缘线上各点的经度值 1　纬度值 1　经度值 2　纬度值 2(均为浮点数)

单站填图要素的个数　总站点数(均为整数)

注：

①此类数据主要用于非规范的站点填图。填图目前是单要素的。

②此类数据除用于填图外，还可根据站点数据用有限元法直接画等值线(只要等值线条数大于 0)。各等值线的值由文件头中的等值线值 1、等值线值 2 来决定。在这些等值线值中可选出一个为加粗线值。

③等值线可以被限制在一个剪切区域内。剪切区域由一个闭合折线定义，该折线构成剪切区域的边缘。这个折线由剪切区域边缘线上的点数及各点的经纬度决定。

④当填的是地面要素时，文件头中的“层次”变为控制填图格式的标志：

－1 表示填 6 h 降水量。当降水量为 0.0 mm 时填 T，当降水量为 0.1～0.9 mm 时填一位小数，当降水量大于 1 时只填整数。

－2 表示填 24 h 降水量。当降水量小于 1 mm 时不填，大于等于 1 mm 时只填整数。

－3 表示填温度。只填整数。

数据：

区站号(长整数)　经度　纬度　海拔高度(均为浮点数)　站点值 1　站点值 2(均为字符串)

注意按照 MICAPS 3.2 扩展的数据格式定义，在 6 h 雨量中，0.0 表示微量降水，而不是无降水，上述类别数据填图属性中设置小数位数不起作用。考虑到实际业务中使用的数据格式，修改为 0.0 时表示无降水，大于 0 并且小于 0.1 为微量降水。任意使用负值或 9999 表示降水为 0，可能会导致数据分析中出现异常结果。

例子：

diamond 3　2014 年 4 月 21 日 8 时到 12 时累计降水量　20　4　21　12　－1　0

0.0　0.0　0

1　292

58467　121.266670　30.200001　0　0.0

58468	121.166664	30.049999	0	0.0
58561	121.605835	29.978056	0	0.0
58562	121.550003	29.783333	0	0.0
58563	121.833336	29.883333	0	0.0
58565	121.433334	29.683332	0	0.1
58566	121.883331	29.466667	0	0.0
58567	121.433334	29.316668	0	0.0
58569	121.949997	29.200001	0	0.0

宁波市地质灾害预警预报系统运行中需要获取 9 d 雨量资料，即前 7 d 雨量实况资料、当天雨量资料和未来 24 h 预报雨量资料，系统最初运行时将前 7 d 的实况雨量、当天雨量和未来预报雨量资料进行合成处理。系统运行时，将站点位置和对应的实况雨量和预报雨量导入系统数据库，然后将数据库降雨数据赋值给出空间坐标点，对这些空间信息使用降雨数据进行插值，生成实况降雨栅格图。

在充分考虑上述累计过程雨量对突发性地质灾害发生影响的基础上，使用了有效雨量的概念。有效雨量是考虑宁波境内的地形、植被、降雨蒸发和地下渗透等因素，也就是滑坡发生的前 n 天的降雨量对本次可能产生的滑坡的影响程度。

根据对历史滑坡数据和相关降雨数据的分析，考虑前 n 天(实际是取前 7 d，可作修改)对当天可能产生的滑坡的影响程度作为一个因素来考虑。根据资料分析，降雨时间越接近对引发地质灾害的贡献越大，反之亦然。因此有效雨量定义为：

$$Ra = \sum 0.8L\ RL \text{（系数可作修改）}$$

目前已为宁波市地质灾害预警预报系统提供了标准化数据格式的逐日 08 时 24 h实况累计雨量、当天 08—12 时实况累计雨量、有效雨量等，系统运行时间设定为每天中午 12 时 10 分，可以第一时间获取到所需的实况雨量，速度快捷，实时性强，一般在 12 时 30 分前可以得到初步的地质灾害预报结果，预报及时。

6.4.2 WRF 模式释用数据处理

WRF(The Weather Research&Forecast Modeling System)模式是国内最先进的中尺度区域预报模式产品之一，粗网格区域范围约在 19°～40°N，106°～133°E，中心位于(30°N，120°E)，水平分辨率 15 km×15 km，格点数为 161×161×31(31 是垂直层数，细网格同)，面积 576 万 km^2；细网格区域，位于 28.8°～30.9°N，120.5°～123°E，水平分辨率 5 km×5 km，格点数为 49×49×31，面积为 5.76 万 km^2，是母网格的 1%，图 6.9 是母网格区域和子网格区域及地形图，时间步长 100 s。宁波 WRF 模式是从 2003 年 7 月开始在市气象台并行机上安装调试，同年 10 月实现准业务运行。

宁波市气象局配备了高性能计算机，运行了本地化的 WRF 数值预报模式(NB-WRF)，释用 NB-WRF 模式已稳定运行多年，且在不断完善，能提供高时空分辨率的数值预报产品，空间分辨率可达 10 km×10 km，时间上可提供 72 h 内逐 3 h 滚动的雨量预报产品。

WRF 雨量产品经模式运算出来后，通过后台程序转换成气象通用第 4 类数据格式（数据以 diamond 4 开头），属于格式数据，该类数据格式具体如下：

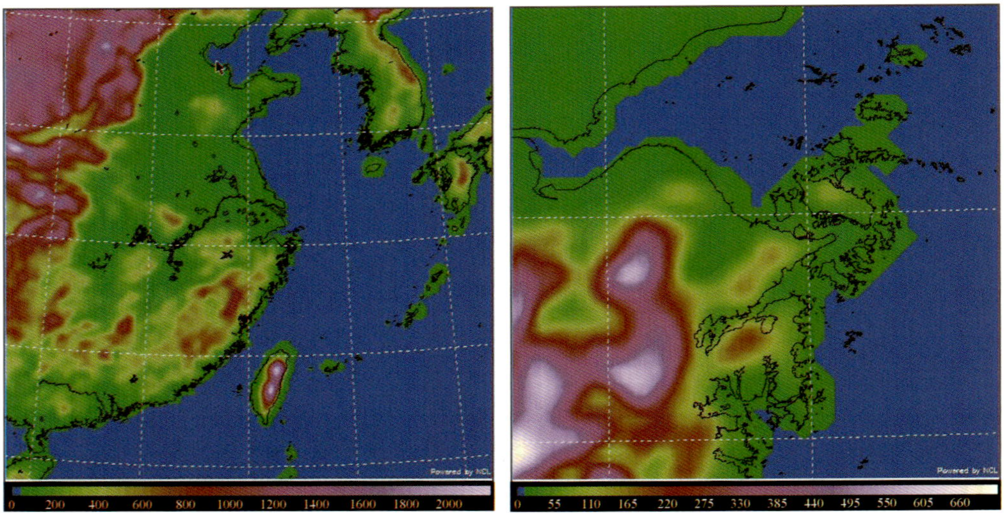

图 6.9　母网格区域和子网格区域及地形

文件头：

diamond　4　数据说明（字符串）　年　月　日　时次　时效　层次（均为整数）　经度格距　纬度格距　起始经度　终止经度　起始纬度　终止纬度（均为浮点数）　纬向格点数　经向格点数（均为整数）　等值线间隔　等值线起始值　终止值　平滑系数　加粗线值（均为浮点数）

注：此类数据用于画格点数据的等值线。网格可以为经纬度网格，也可以为直角坐标网格。

1. 当使用直角坐标网格数据时：①将等值线终止值改为－1（直角坐标在兰勃托投影下）或－2（直角坐标在麦开托投影下）或－3（直角坐标在北半球投影下）；②把网格经度间隔和纬度间隔改为格点数据第一行最后一个点的经纬度；③把起始经度和起始纬度改为格点数据第一行第一个点的经纬度；④把终止经度和终止纬度改为格点数据最后一行最后一个点的经纬度。

2. 第 4 类数据文件可以直接用于填格点值。文件头中可以指定填图方式。指定方法为：①加粗线值改为－1，表示画等值线同时填图；②改为－2 表示只填图，不画等值线。

数据：

数据按先纬向后经向放(直角坐标网格时为先 X 方向后 Y 方向)，均为浮点数。

例子：

diamond 4 wrf_15 km 2014 年 04 月 22 日 08 时 24 h 降水量 23 日 08 时预报
14 4 21 8 48 −2
123.0071 31.1848 120.0000 122.9301 31.2186 28.6131 20 20
5.0 0.0 −1.0 1.0 −1.0
0.05 0.05 0.11 0.17 0.19 0.26 0.32 0.26 0.17 0.12 0.08
0.06 0.07 0.09 0.10 0.12 0.13 0.15 0.16 0.16
0.16 0.05 0.10 0.17 0.24 0.26 0.30 0.35 0.33 0.24 0.16
0.11 0.08 0.09 0.15 0.21 0.24 0.24 0.21 0.17
0.07 0.08 0.09 0.12 0.19 0.29 0.33 0.33 0.26 0.20 0.18
0.18 0.20 0.23 0.31 0.40 0.39 0.31 0.22 0.16
0.07 0.13 0.20 0.21 0.24 0.36 0.45 0.43 0.40 0.38 0.35
0.31 0.28 0.27 0.27 0.30 0.29 0.25 0.25 0.26
0.18 0.23 0.21 0.14 0.16 0.22 0.33 0.52 0.62 0.59 0.51
0.44 0.38 0.33 0.30 0.30 0.31 0.28 0.26 0.25
0.15 0.17 0.19 0.14 0.14 0.17 0.21 0.29 0.44 0.53 0.46
0.41 0.37 0.34 0.33 0.38 0.45 0.47 0.42 0.35
0.16 0.27 0.28 0.32 0.36 0.37 0.33 0.36 0.47 0.57 0.51
0.46 0.42 0.39 0.35 0.35 0.48 0.58 0.57 0.49
0.28 0.28 0.28 0.35 0.42 0.40 0.45 0.47 0.50 0.68 0.73
0.62 0.53 0.43 0.41 0.50 0.61 0.67 0.67 0.64
0.32 0.35 0.27 0.26 0.36 0.38 0.49 0.56 0.60 0.64 0.73
0.61 0.52 0.49 0.51 0.58 0.59 0.61 0.62 0.59
0.35 0.59 0.43 0.42 0.43 0.49 0.48 0.43 0.55 0.64 0.69
0.65 0.62 0.60 0.58 0.62 0.58 0.57 0.53 0.50
0.41 0.62 0.54 0.52 0.63 0.78 0.55 0.45 0.75 0.72 0.49
0.51 0.48 0.48 0.51 0.48 0.45 0.39 0.39 0.35
0.44 0.70 0.55 0.53 0.69 0.81 0.73 0.41 0.83 0.98 0.60
0.59 0.55 0.50 0.35 0.30 0.30 0.24 0.17 0.14
0.46 0.82 0.56 0.53 0.70 0.85 0.72 0.57 0.85 0.88 0.96
0.72 0.69 0.51 0.36 0.27 0.20 0.14 0.11 0.10
0.46 0.55 0.48 0.62 0.78 0.59 0.66 0.68 0.66 1.05 1.24
0.86 0.77 0.64 0.43 0.29 0.20 0.15 0.12 0.11
0.46 0.53 0.58 0.58 0.59 0.68 0.66 0.89 0.59 1.02 1.27

0.80 0.79 0.80 0.51 0.40 0.34 0.30 0.27 0.31

0.44 0.65 0.69 0.48 0.56 0.78 0.81 0.56 0.57 0.86 1.17
0.72 0.70 0.84 0.68 0.50 0.47 0.53 0.69 0.92

0.47 0.72 0.76 0.60 0.80 0.89 0.80 0.73 0.63 0.92 0.98
1.12 0.73 0.73 0.78 0.73 0.79 1.02 1.34 1.62

0.64 0.80 0.96 0.72 0.86 1.03 1.08 0.71 0.42 0.57 0.85
1.19 0.88 0.78 0.89 0.93 1.00 1.15 1.27 1.36

0.83 1.04 1.26 1.18 0.78 0.76 0.79 0.82 0.76 0.60 0.63
0.95 0.92 0.81 0.87 0.93 1.02 1.16 1.28 1.50

0.60 0.93 0.89 0.96 0.83 0.78 0.91 0.81 0.73 0.69 0.77
0.97 0.95 0.84 0.89 1.01 1.26 1.54 1.67 1.89

根据宁波市地质灾害预报预警系统日常运行所需，提供了 WRF 6 h(当日 14—20 时)和 24 h(当日 20 时—次日 20 时)降水预报数据，其他时效数据如有需要，可进一步协商。所有 WRF 预报数据与实况雨量数据经打包后由气象数据处理平台上传至国土、气象共享平台。所有预报数据在均可进行主观订正。

6.4.3 业务运行保障

地质灾害的主要预报预警时段是当日 20 时—次日 20 时，在每天 14 时运行系统时输入前日 08 时—当日 20 时实况雨量资料，系统目前分三段获取雨量数据，即从中尺度地面观测系统中分别获取前日 08 时—当日 08 时和当日 08—14 时的实况雨量，当日 14—20 时的雨量使用 WRF 预报雨量产品再经人工订正，而当日 20 时—次日 20 时雨量使用 WRF 数值预报释用产品，所有预报雨量数据均可进行预报员主观订正。

对 WRF 释用产品的误差订正采用人工订正方法，预报人员根据新一代天气雷达资料、卫星云图、数值预报资料以及预报会商意见进行修改。为实现对 WRF 的 400 个预报数据进行快速修改，设法把 WRF 的雨量格点产品以 MICAPS 4 类数据格式输出(图 6.10)，预报员根据主观分析及其他客观预报结果，可对 WRF 格点雨量进行可视化的系统性修改，可以实现诸如大雨量中心整体移动，全场或局部雨量同时增大或缩小等功能，可实现对 400 个 WRF 格点产品进行快速修改。

目前提供宁波市未来 24 h 雨量格点预报和过去 24 h 雨量实况资料，为及时、高效完成数据提供工作，开发了关于实况雨量及 WRF 预报雨量的预警系统气象数据处理平台，通过后台程序每天定点执行，每天 14 时前可做出全市地质灾害气象预报等级，并提交会商服务器并启动会商，所有雨量资料与地质灾害预警图像产品通过网络进行传递。

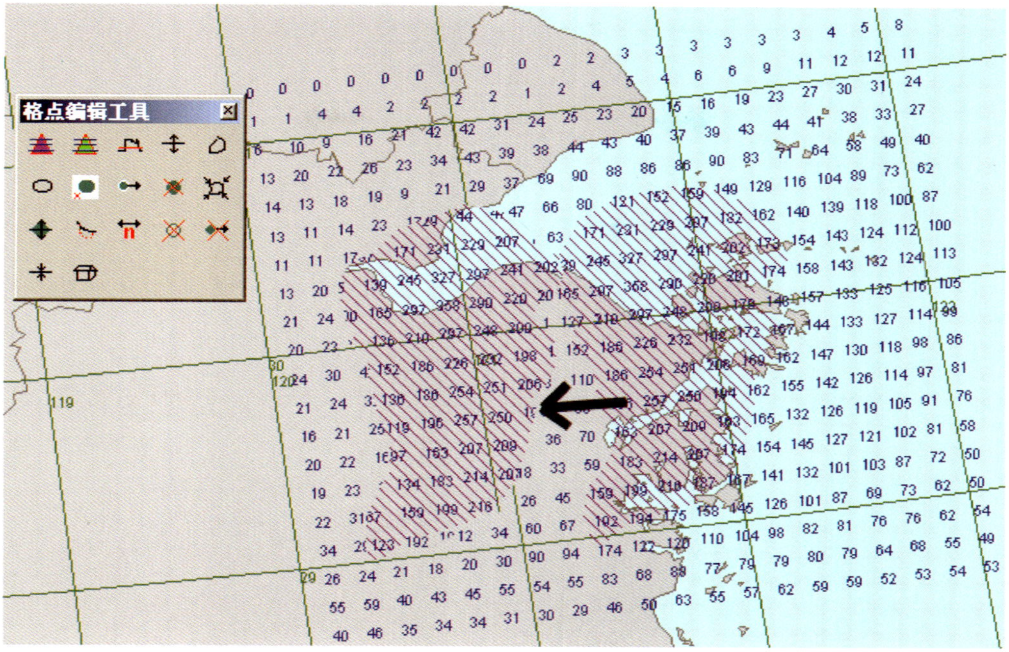

图 6.10 MICAPS 系统上雨量移动前后对比图

第 7 章

基于斜坡单元的联合概率预警法

7.1 斜坡单元法的基本思路

7.1.1 斜坡单元的基础作用

宁波市降雨诱发地质灾害以台风、梅雨诱发浅表层滑塌为主，区内调查监测工作覆盖面广，资料丰富，地质灾害预报预警业务开展较早，因此，降雨诱发地质灾害预报预警模型方法研究重在提高预报预警结果质量。需要通过思路和方法创新，在空间上提高预报区精准命中地质灾害“靶区”的能力，在时间上提高预报预警方法对任意预报时长的适应能力。

宁波市地质灾害预报预警是从区域到点过渡的一类预报预警，虽然本质上还是区域问题，但已经与具体的斜坡等产生直接联系了，建立这种过渡状态下的预报预警模型方法是一个重要的研究目标，具有广泛的意义。

以斜坡单元为基本研究对象，合理设置变量，建立斜坡单元的地质环境背景条件、降雨状况的定量表达，通过概率统计学分析，以联合概率表达斜坡单元的预警指数，建立宁波市降雨诱发地质灾害预警指数计算方法。

7.1.2 斜坡单元的划分

预报预警单元主要类型有栅格单元和概念单元。栅格单元是对研究空间的几何划分，一般采用矩形栅格。概念单元是按照某一种概念规定进行划分单元，一般具有物理意义。

宁波市低山丘陵地区约占全市陆域面积的一半，数据比例尺 1∶1 万～1∶20 万，如果采用栅格划分，那么需要 50 m×50 m 或更细密的栅格单元，这样规格的划分带来大量冗余单元，栅格单元之间存在的联系也非常复杂，建立栅格单元与已有地质灾害及隐患点之间直接自然的联系也比较困难。

斜坡单元属于物理单元，建立在现有地形基础上，与工程地质、地质灾害研究对象是一致的。斜坡单元内部条件具有最大均一性，同时斜坡单元之间存在明显差异性的。斜坡单元是区域到点预报预警的重要桥梁，在预报预警中起到基础性作用。

7.1.3 地质环境条件的定量表达

影响斜坡的地质环境因素很多，这些地质环境因素以定性描述为主，如地层岩性等，建议更多地使用物理量表达地质环境条件及其某一方面的特征。地质环境因子变量设置需要既能反映某些地质环境的属性，又能给模型方法带来恰如其分的区分度。

7.1.4 与时间有关的降雨作用

降雨是连续的自然过程，降雨对岩土的入渗和冲刷也随着时间变化而变化，因此，降雨诱发地质灾害必然也是连续的过程。在这个连续过程中，岩土、应力、雨强等数据随着时间发生变化，模型参数也应当随之发生变化。

7.1.5 方法的评价与修正

预报预警模型方法存在如何提高质量的问题，因而需要对方法进行效果评价，在这样的评价结果基础上进行方法的修正。由于宁波市已经建立了地质灾害及隐患点速报机制，一次预报的效果评价是可以做到的，但如何在一段时间的效果评价基础上实现方法的修正是一个需要研究的课题。能够回答评价和修正环节的基本问题，预报预警方法才可能有方向可循。

7.2 地质灾害潜势度

7.2.1 基本原理

地质灾害受多因素控制，发生规律复杂，不同区域不同时间，这种控制也不尽相同，利用概率与数理统计的方法来认识这样一个复杂问题，由果索因，可以避开其过于复杂成因的细节。很多事实显示降雨可能引发地质灾害，也可能没有引发地质灾害，雨大则发生地质灾害的可能性就大，雨小则发生地质灾害的可能性就小。降雨诱发滑坡、崩塌和泥石流灾害是一个概率事件，这种概率基于以下三点认识：

(1)地球系统自身运动产生斜坡，由于构造、岩土不同和重力等复杂内力作用，斜坡形成时就存在滑塌的可能性。

(2)降雨带来的是斜坡滑塌可能性的增加，但这种可能性的增加显然受制于斜坡本身性质和降雨状况。

(3)准确无误地预测发生滑塌的时间空间是一个理想目标，能够给出发生滑塌的时间空间上的可能性更具有实际意义。

依据以上基本认识，不难得出以下模型公式：

$$P = P_0 + \Delta P \tag{7.1}$$

式中 P 是斜坡发生滑塌的概率，P_0 是排除降雨诱发的情况下斜坡自身发生滑塌的概率，ΔP 是概率增量，这个增量与斜坡自身和降雨都有关，(7.1)式中，

$$\Delta P = f(G,R) \tag{7.2}$$

式中 G 是斜坡自身稳定性指标，R 是降雨状况指标。既然 P_0 和 G 意义一致，可以以 P_0 表达 G，即：

$$\Delta P = f(P_0,R) \tag{7.3}$$

一般认为，地质环境背景与多年年均雨量关系更密切，而与降雨实况相关性较小，那么，首先直接考察雨量与斜坡发生滑塌可能性之间的关系。建立坐标系，横坐标是累计雨量，单位 mm，纵坐标降雨强度，单位 mm/h，采用与宁波市地质环境相似，水文气象条件相当的香港地质灾害样本作为研究对象进行类比，样本容量 65。图 7.1 可以看出，地质灾害发生的频数 y 与累计雨量 x 总体上正相关，接近线性关系，通过线性回归分析得到一条趋势线，$R^2=0.9711$（此处 R 为相关系数，易与雨量 R 相混，可用 r 表示），说明这条趋势线是可靠的。

接下来用 R/R_{MAX} 去掉 R 的量纲而介于 0 和 1 之间，其中 R_{MAX} 是一个区域化常量，表示该区域历史较大雨量，甚至可以是历史最大雨量。但是，这个比值还不能反映出一个基本认识：地质环境条件越好，诱发地质灾害所需要的雨强或雨量就越大，地质环境条件越恶劣，较小的雨强或雨量就可能引发地质灾害。为此引入 P_0：

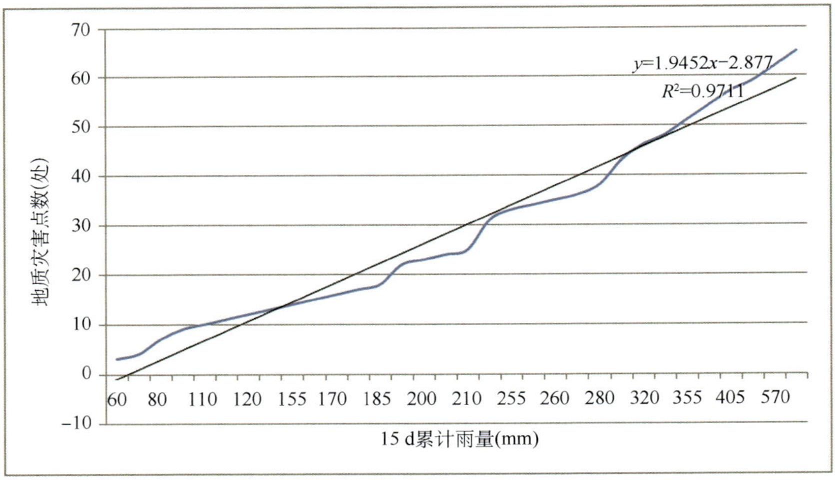

图 7.1　累计雨量与地质灾害频数的关系图

$$\Delta P = k \cdot P_0 \cdot \frac{R}{R_{MAX}} \tag{7.4}$$

式中 k 是调整系数，(7.4)式可以继续简化为：

$$\Delta P = \frac{k}{R_{\text{MAX}}} \cdot P_0 \cdot R = KP_0R \tag{7.5}$$

从而，

$$P = P_0(1 + KR) \tag{7.6}$$

7.2.2 潜势度

地质灾害潜势度可以反映一定地质环境内斜坡自身发生滑崩的可能性，进行适当处理可用于表达概率 P_0。

宁波市地质灾害潜势度计算方法描述如下：

(1)收集区内 2014 年度地质灾害及隐患点共 252 处，考虑到泥石流灾害特殊性，剔除其中泥石流灾害点 46 处，再剔除其中资料不明的 30 处，共选取 176 个点参与计算。

(2)收集整理全区高程、坡度、高差、岩性、断层、残坡积风化层厚度、公路 7 个相关因子数据。因区内水系发达，空间区分度不大，没有选取这个因子。植被类型相对单一，空间区分度不大，没有选取这个因子。

(3)对相关因子进行量化和分类，计算区内地质灾害发生的先验概率与条件概率。全域地质灾害先验概率 $P(H)=176/160827=0.001094$，其中 176 为参与计算的地质灾害点数，160827 为选定的斜坡单元数。利用以下 Certainty Factors 模型 CF 函数计算每类数据的确定性因子 CF，CF 为正值时，表示地质环境条件差，发生地质灾害的确定性高，而 CF 为负值时，表示地质环境条件好，发生地质灾害的确定性低，而 CF 接近 0 时，不能确定地质环境的优劣。

表 7.1 各因子分类和地质灾害及隐患点分布数据表计算的 CF 值高低，与经验认识的地质环境因子及地质灾害发生的相关性有一定的出入，出现这种情况可能与地质灾害点统计样本、斜坡单元划分、低高程低坡度低高差人为活动较为频繁、预警系统地质环境因子大数据处理等因素有关，需要今后进一步分析评价研究，使得 CF 值高低与经验认识的地质环境因子与地质灾害发生的相关性更为接近。如图 7.2 所示。

表 7.1 各因子分类和地质灾害及隐患点分布数据表

因子	分类数	类别	灾害点数	斜坡单元数	条件概率	*CF*
高程	5	50 m 以下	72	24491	0.002940	0.628561
		50～150 m	36	44559	0.000808	−0.261713
		150～300 m	30	41453	0.000724	−0.338718
		300～500 m	26	28821	0.000902	−0.175551
		500 m 以上	12	21252	0.000565	−0.484137

续表

因子	分类数	类别	灾害点数	斜坡单元数	条件概率	CF
坡度	5	20°以下	61	44214	0.001380	0.207274
		20°～30°	16	8432	0.001898	0.423926
		30°～45°	50	56266	0.000889	−0.187885
		45°～60°	38	44927	0.000846	−0.227051
		60°以上	11	6988	0.001574	0.305346
高差	5	40 m以下	32	22807	0.001403	0.220527
		40～100 m	56	60334	0.000928	−0.151725
		100～200 m	59	60738	0.000971	−0.112188
		200～350 m	24	15682	0.001530	0.285474
		350 m以上	5	1266	0.003949	0.723791
岩性	12	白垩统粉砂岩、泥岩	10	9626	0.001039	−0.050461
		白垩统砂岩、砂砾岩	21	20827	0.001008	−0.078409
		第三系玄武岩	9	694	0.012968	0.916643
		各期侵入岩类	15	12232	0.001226	0.107998
		上侏罗统晶、玻屑凝灰岩	17	46320	0.000367	−0.664767
		上侏罗统流纹岩	6	16548	0.000363	−0.668815
		上侏罗统凝灰质碎屑岩	8	2929	0.002731	0.600116
		上侏罗统熔结凝灰岩	47	28367	0.001657	0.340085
		松散的砾石类土	1	1114	0.000898	−0.179626
		松散的砂石土	1	418	0.002392	0.543302
		松散的黏性土	41	7867	0.005212	0.790951
		其他	0	3985	0.000000	0
断层	2	有	36	16632	0.002165	0.495114
		无	140	144195	0.000971	−0.112625
厚度	5	0.2 m以下	0	7382	0.000000	0
		0.2～0.5 m	81	98041	0.000826	−0.245006
		0.5～1 m	53	46409	0.001142	0.042094
		1～10 m	2	1156	0.001730	0.368071
		10 m以上	40	7839	0.005103	0.786464
公路	2	有	63	26131	0.002411	0.546831
		无	113	134696	0.000839	−0.233353

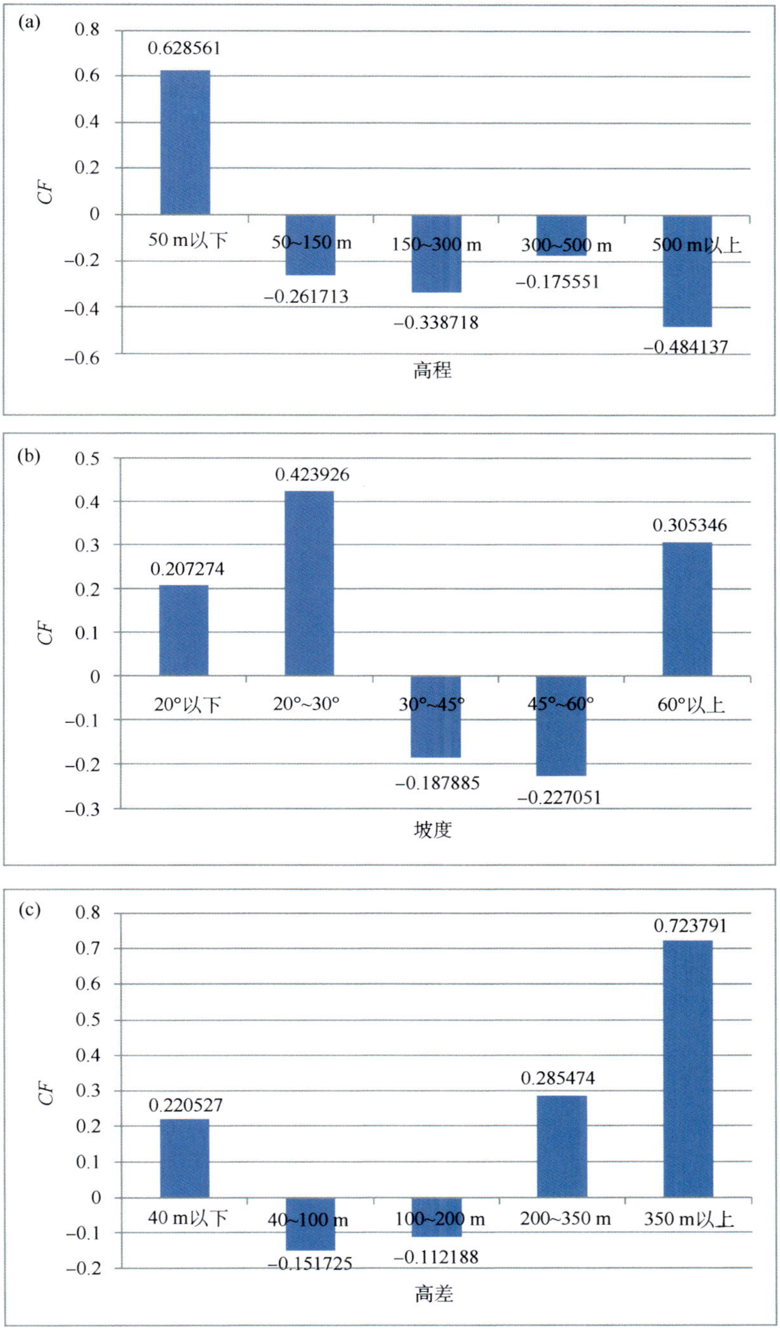
(a)
0.8
0.6
0.4
0.2
0
−0.2
−0.4
−0.6
CF
0.628561
−0.261713
−0.338718
−0.175551
−0.484137
50 m以下
50~150 m
150~300 m
300~500 m
500 m以上
高程
(b)
0.5
0.4
0.3
0.2
0.1
0
−0.1
−0.2
−0.3
CF
0.207274
0.423926
−0.187885
−0.227051
0.305346
20°以下
20°~30°
30°~45°
45°~60°
60°以上
坡度
(c)
0.8
0.7
0.6
0.5
0.4
0.3
0.2
0.1
0
−0.1
−0.2
CF
0.220527
−0.151725
−0.112188
0.285474
0.723791
40 m以下
40~100 m
100~200 m
200~350 m
350 m以上
高差

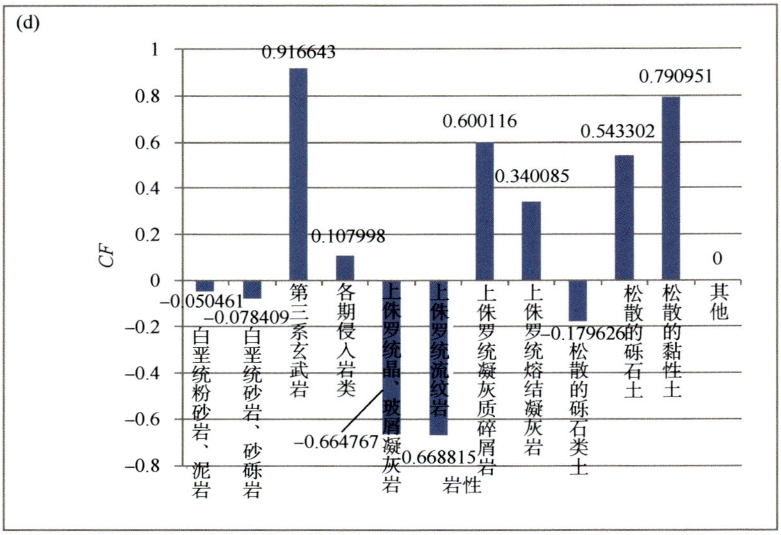
(d)
CF
1
0.8
0.6
0.4
0.2
0
−0.2
−0.4
−0.6
−0.8
−0.050461
−0.078409
0.916643
0.107998
−0.664767
−0.668815
0.600116
0.340085
−0.179626
0.543302
0.790951
0
白垩统粉砂岩、泥岩
白垩统砂岩、砂砾岩
第三系玄武岩
各期侵入岩类
上侏罗统晶、玻屑凝灰岩
上侏罗统流纹岩
上侏罗统凝灰质碎屑岩
上侏罗统熔结凝灰岩
松散的砾石类土
松散的砾石土
松散的黏性土
其他
岩性

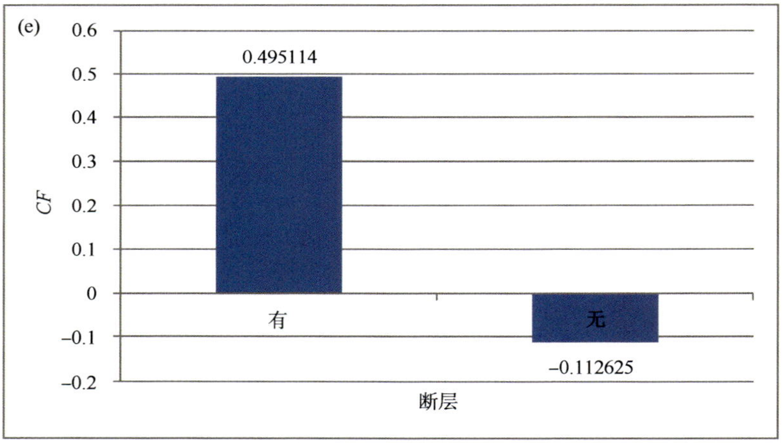
(e)
CF
0.6
0.5
0.4
0.3
0.2
0.1
0
−0.1
−0.2
0.495114
−0.112625
有
无
断层

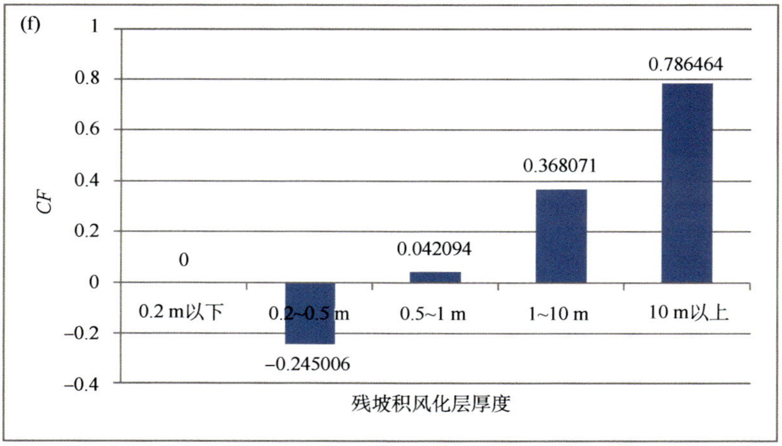
(f)
CF
1
0.8
0.6
0.4
0.2
0
−0.2
−0.4
0
−0.245006
0.042094
0.368071
0.786464
0.2 m以下
0.2~0.5 m
0.5~1 m
1~10 m
10 m以上
残坡积风化层厚度

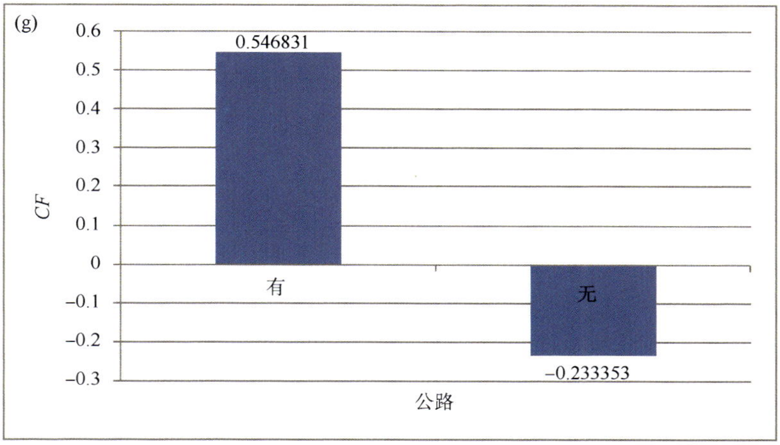

图 7.2 地质环境因子与 CF 关系图

$$CF_{ij}=\begin{cases}\dfrac{P(H\mid G_{ij})-P(H)}{P(H\mid G_{ij})P(\overline{H})}, P(H\mid G_{ij})\geqslant P(H)\\[2ex]\dfrac{P(H\mid G_{ij})-P(H)}{P(\overline{H}\mid G_{ij})P(H)}, P(H\mid G_{i,j})<P(H)\end{cases}\tag{7.7}$$

其中，CF_{ij} 表示第 i 个因子第 j 类的 CF 值，当 G_i 的第 j 类 G_{ij}（$j=1,2,\cdots,m_i$，m_i 是 G_i 分类数）出现时发生地质灾害的条件概率 $P(H|G_{ij})$。

(4)对每一个斜坡单元，利用以下 Certainty Factors 模型 parallel-combination 函数按照岩性、断层、高程、高差、坡度、厚度、公路的次序逐个因子地累计因子的影响。

$$CF=\begin{cases}CF_1+CF_2-CF_1\cdot CF_2 \quad (CF_1\cdot CF_2\geqslant 0)\\ CF_1+CF_2+CF_1\cdot CF_2 \quad (CF_1\cdot CF_2>0)\\ \dfrac{CF_1+CF_2}{1-\min(|CF_1|,|CF_2|)} \quad (CF_1\cdot CF_2<0)\end{cases}\tag{7.8}$$

(5)对每一次累计得到 CF，按照表 7.2 进行分段统计，并以百分比形式列表，如表 7.3 所示。

表 7.2 CF 分段统计说明表

序号	范围	说明
1	<−0.6	对地质灾害发生的贡献小
2	−0.6～−0.2	对地质灾害发生的贡献较小
3	−0.2～0.2	对地质灾害发生的贡献不定
4	0.2～0.6	对地质灾害发生的贡献较大
5	≥0.6	对地质灾害发生的贡献大

表 7.3 累计 Z 值分段百分比表

	岩性	+坡度	+高差	+高程	+厚度	+公路	+断层
<−0.6	39.09	26.44	32.84	35.00	33.10	37.85	38.85
−0.6～−0.2	0.00	28.34	20.25	25.62	19.14	18.86	20.17
−0.2～0.2	29.71	19.51	20.48	16.92	17.06	15.65	13.36
0.2～0.6	24.05	18.48	18.17	11.51	17.01	12.47	12.80
≥0.6	7.14	7.23	8.26	10.96	13.69	15.18	14.83

(6)考查各因子 Z 值分段变化量，如表 7.4 和图 7.3 所示，从图中可以直观看出岩性、高程、坡度是变化量最大的三个因子。

表 7.4 各因子累计 Z 值分段变化量表

	岩性	+坡度	+高差	+高程	+厚度	+公路	+断层
<−0.6	0.24	−12.65	6.41	2.15	−1.89	4.75	0.99
−0.6～−0.2	−20.17	28.34	−8.09	5.37	−6.48	−0.29	1.31
−0.2～0.2	16.35	−10.20	0.97	−3.57	0.14	−1.41	−2.29
0.2～0.6	11.26	−5.57	−0.31	−6.66	5.50	−4.55	0.33
≥0.6	−7.68	0.09	1.02	2.70	2.73	1.49	−0.35

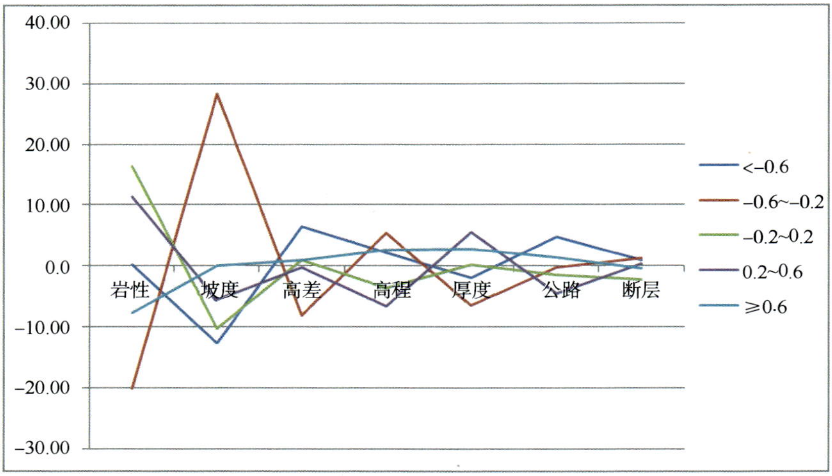

图 7.3 各因子累计 Z 值分段变化量图

(7)因子权重计算如表 7.5 所示，各因子变化量的绝对值求和作为分子，所有因子变化总量作为分母，可以得到各个因子的权重。图 7.4 为因子权重图。

表 7.5 因子权重表

	岩性	坡度	高差	高程	厚度	公路	断层
<−0.6	0.24	12.65	6.41	2.15	1.89	4.75	0.99
−0.6～−0.2	20.17	28.34	8.09	5.37	6.48	0.29	1.31
−0.2～0.2	16.35	10.20	0.97	3.57	0.14	1.41	2.29
0.2～0.6	11.26	5.57	0.31	6.66	5.50	4.55	0.33
≥0.6	7.68	0.09	1.02	2.70	2.73	1.49	0.35
$\sum$	55.70	56.85	16.80	20.45	16.74	12.48	5.28
$\sum$				184.30			
权重	0.302222	0.308464	0.091173	0.11097	0.090815	0.067712	0.028637
次序	2	1	4	3	5	6	7

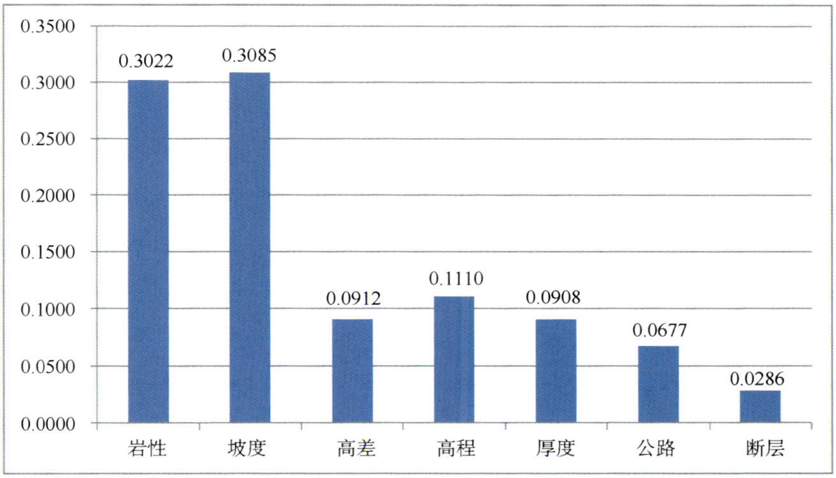

图 7.4 因子权重图

从结果来看，对地质灾害潜势度影响依次是坡度、岩性、高程、高差、厚度、公路、断层（按经验，厚度权重会较大）。

(8)采用下式计算斜坡单元的潜势度。

$$P = \sum_{i=1}^{7} W_i CF_{ij} \tag{7.9}$$

(9)根据因子权重计算斜坡单元潜势度,绘制潜势度图(图 7.5)。

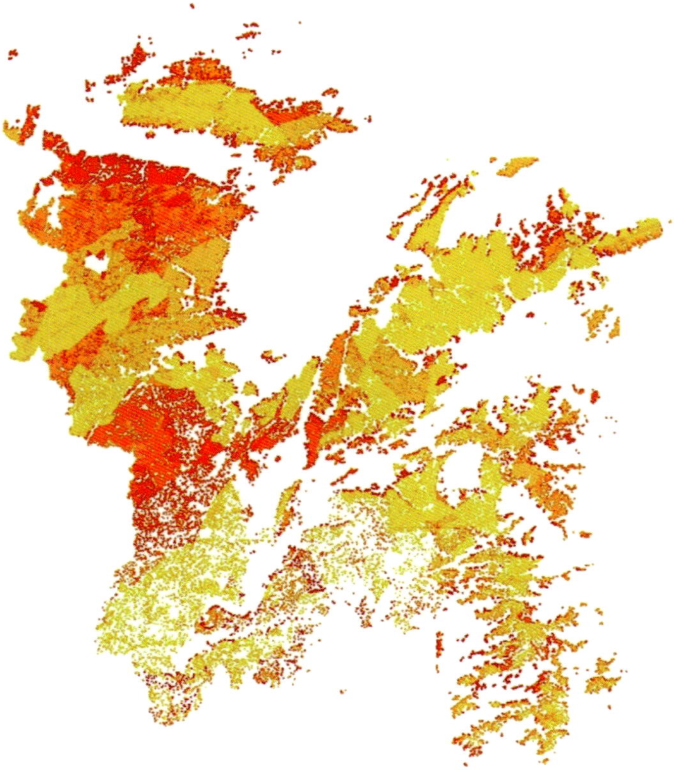

图 7.5 潜势度图

7.2.3 降雨

(1)雨量数据采集

雨量数据来源于气象和水利部门分布在宁波全市域的野外自动监测站,这些野外站能够提供实时雨量信息。气象监测站主要依据行政区划部署在与人类生活紧密的区域,水利监测站更多地部署在河流、湖泊、水库等水系、水体附近,两者具有一定互补性,部署在低山丘陵区内的监测站点共 491 个,其中高易发区、中易发区内共部署了 62 个。

(2)降雨类型

宁波市境内存在台风暴雨和梅雨锋暴雨,还存在对流暴雨和地形雨。

台风暴雨出现在 5—10 月,以 8—9 月最多,每年 2～4 个,是地质灾害预报预警首要应对的灾害性天气,历时长、雨量大、危害大,大暴雨持续时间 12～18 h,特大暴雨持续时间 8～14 h,梅雨锋暴雨主要分布在 6—7 月,持续时间较长,雨量较小,出现

6 h大暴雨的频率低。

强对流暴雨发生于夏季,每年约 30 d,持续时间极短,总雨量小,有些时候瞬时雨量却很大,常伴雷电,预报时效短,预报难度大。

地形雨发生在山区迎风坡,主要是山区迎风坡增雨作用。因为时间和雨量的变化率不同,所以通过对雨量数据的分析能够判断降雨类型(图 7.6)。

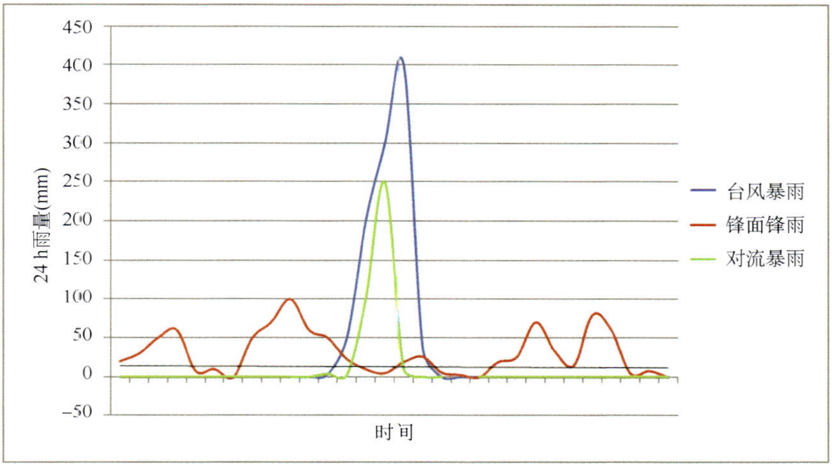

图 7.6　雨量与雨型关系模式图

(3)前期雨量

预报预警模型采用雨量作为降雨诱发因素的定量表征,影响地质灾害形成的主要是前期降雨。累计雨量表示前期降雨的雨量合计,有效累计雨量对预报预警计算来说更准确。

假设当前时刻为 t_0,进行未来 Δt_+ 时间段的地质灾害预报预警,那么当 t_0 时刻降雨过程尚未结束时累计雨量为 $R_c(t_0) = \int(t_0 - \Delta t_-, t_0) r_c(t)\mathrm{d}t$,其中 Δt_- 是本次降雨过程从开始到 t_0 时刻已经持续的时间,$r_c(t)$ 是降雨过程雨量函数。当 t_0 时刻降雨过程已经结束,那么累计雨量 $R_c(t_0) = 0$。因为有效累计雨量考虑到了大气降水对岩土体渗透过程以及地表径流等因素,有效累计雨量比累计雨量的更符合实际情况,定义有效累计雨量为 $R_v(t_0) = \int(t_0 - \Delta t_-, t_0) k(t) r_v(t)\mathrm{d}t$,其中 $r_v(t)$ 是降雨过程雨量函数,$k(t)$ 是有效雨量衰减函数。实际应用中,通常 Δt_- 取值24 h的整数倍即若干天,并取 $k(t) = k^t$,其中 k 是介于 0 和 1 之间的经验系数,也可称为衰减系数。

宁波市的衰减系数通常取 0.5～0.8。例如某预警单元连续降雨 3 d,前天降雨 50 mm,昨天 100 mm,今天 60 mm,那么现有预警模型累计雨量为 210 mm,改进后,取衰减系数 0.5,有效雨量为 122.5 mm,更准确地表达出了对岩土可能产生影响的雨量。

2012 年 8 月 5—10 日“海葵”台风登陆前后，宁波市山地丘陵地区日雨量如图 7.7 所示，2012 年 8 月 5—12 日有效累计雨量如图 7.8 所示。

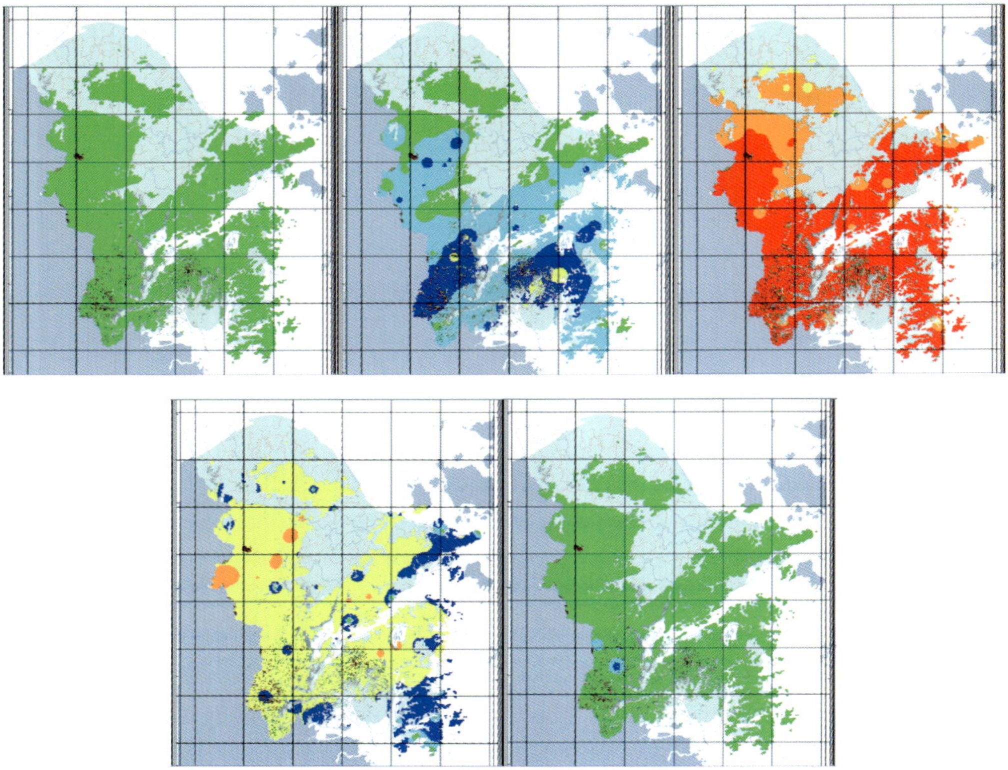

图 7.7　2012 年 8 月 5—10 日“海葵”台风登陆前后日雨量变化图

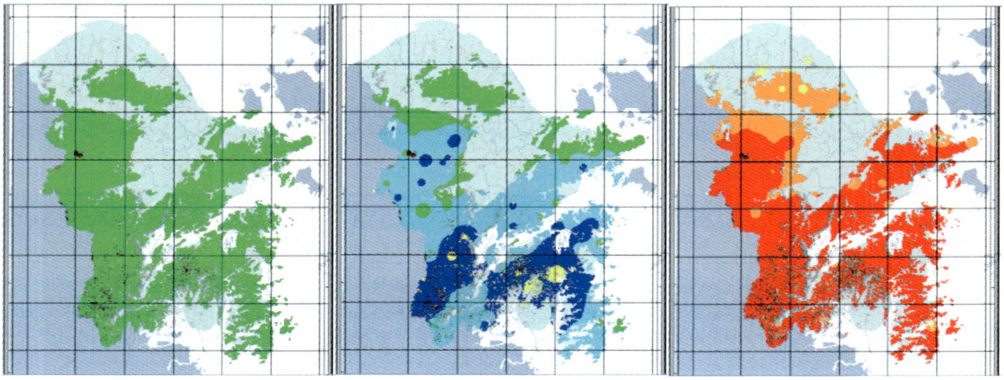

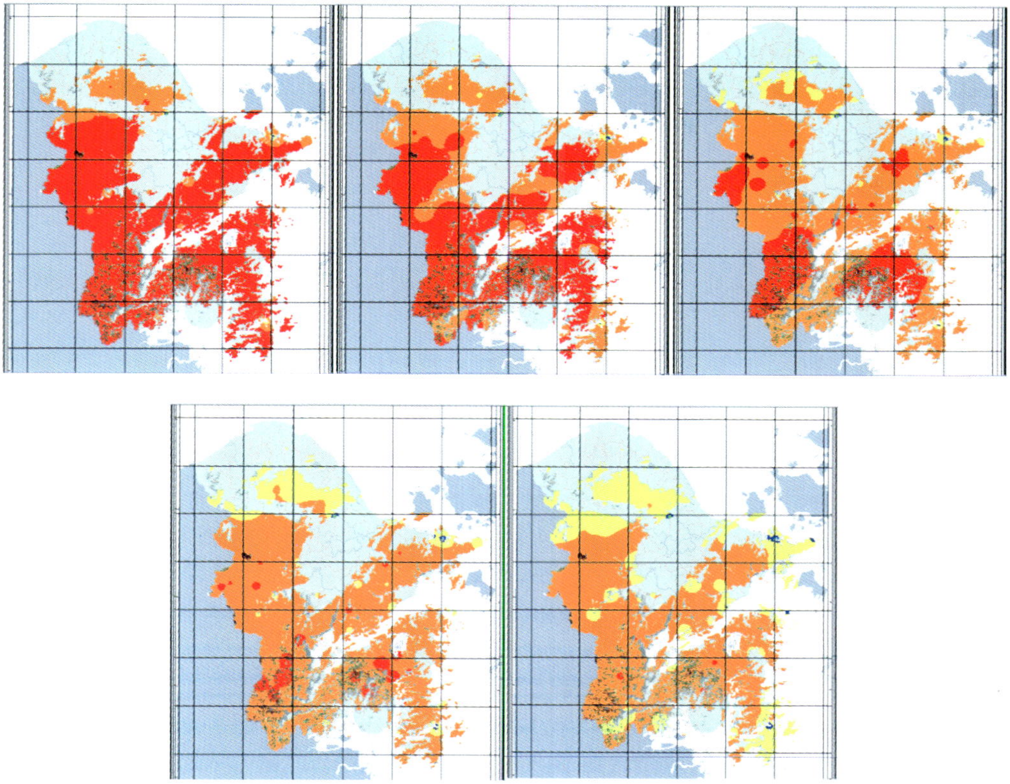

图 7.8　2012 年 8 月 5—12 日“海葵”台风登陆前后有效累计雨量变化图

根据浙江省地质灾害资料显示，一定区域内地质灾害点密度与前期降雨量存在以下关系，与图 7.9 相一致，因此可以使用联合概率法的模型公式。

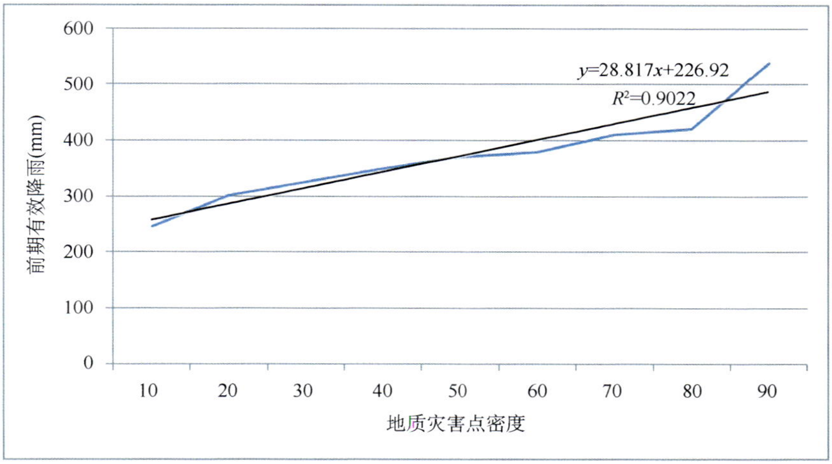

图 7.9　前期雨量与地质灾害的关系示意图

需要注意的是，台风暴雨诱发地质灾害时，实时雨量起主要作用，台风中后期和之后的 2～3 d，前期雨量诱发作用更大。锋面雨诱发地质灾害时，前期雨量起着主要作用。

(4)预报雨量

从 t_0 时刻开始未来 Δt_+ 时间段预报雨量为 $R_f(t_0,\Delta t_+) = P(\Delta T = \Delta t_+)\int(t_0, t_0 + \Delta t_+) r_f(t)\mathrm{d}t$，其中 $r_f(t)$ 是降雨过程预测雨量函数，$P(\Delta T = \Delta t_+)$ 是进行未来 Δt_+ 时间段雨量预报概率函数。实际应用中，通常 Δt_+ 取值即 24 h，Δt_- 取值 24 h 的整数倍即若干天。

除实况雨量外，气象部门提供的预报雨量对地质灾害的预报预警也有重要意义。通常，台风的气象预报通常提前若干天，如果在预报预警模型中不引入预报雨量，在临界状态时，地质灾害预报往往是存在失误的。例如，2009 年 8 月 8 日，市气象台开始预报："莫拉克"台风明天登陆，并给出了明日预报雨量。如果在进行当天地质灾害预报时，不考虑第二天台风可能带来的降雨，显然预报结果是没有意义的。

综合起来，预报预警模型设计了前期雨量和预报雨量两个与大气降雨相关的变量：累计雨量反映已经发生的降雨雨量；预报雨量反映在预报时间段内可能的降雨雨量。预报雨量的可信度一般是低于前期雨量的，因此在对预报预警模型进行改造时需要控制前期雨量和预报雨量可信度的差异。

在没有考虑预报雨量的情形下，有

$$P = P_0(1 + KR) \tag{7.10}$$

现在引入预报雨量，此时，把上述联合概率作为基底，用同样的思路分析，很容易得到

$$P = P_0(1 + KR)(1 + LR_f) \tag{7.11}$$

其中，L 与 K 类似，是区域化常数。

(5)雨量的区域化处理

预报预警模型计算的基本单元是斜坡单元，但前面对降雨的讨论是针对雨量监测站的，需要通过区域化变量的办法由雨量监测站的降雨推算出斜坡单元的降雨，即空间变量的区域化。

通常，采用考虑地形的雨量区域化方法的得到的结果要优于不考虑地形的，但由于宁波市诱发因素以台风雨和锋面雨为主，因此没有采用考虑地形的区域化方法，而是直接使用距离加权反比法进行区域化，其中添加了限制搜索半径和阶梯赋值的约束，使得方法更加合理(图 7.10)。

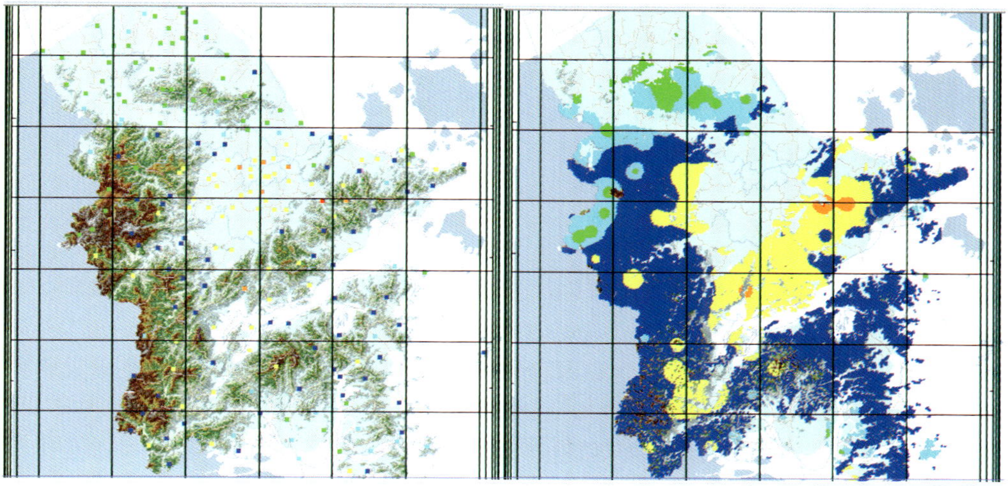

图 7.10 雨量的区域化处理图

7.2.4 预报时段与参数

根据雨量数据采集的特点和工作安排，日常进行 12:00 24 h 预报，气象部门有灾害性天气预报时进行 6/3/1 h 预报。

确定参数的方法是在地质灾害预警基本认识的基础上通过设置变量的边界值估计参数取值。通常，如果 $P>0.5$，则表示可能会发生地质灾害，因此以 0.5 为预警指数的一个边界值。

(1)24 h 预报预警指数

$P=P_0(1+KR)(1+LR_f)$，根据宁波市水文站资料，柴桥站 2005 年 8 月 6 日 8:00—2005 年 8 月 7 日 12:00 24 h 降雨 589 mm，这次台风雨是宁波市日降雨量之最，取，这是一个偏大的估计值，用于台风雨的计算较合理，但用于平时预报时会出现 K 值偏小，通过设定参数 k 来进行，通过多次采样测试，取 $K=0.0006$。

(2)6/3/1 h 预报

6/3/1 h 短时预报时，预警指数

$$P = P_0(1 + KR)$$

上式一般应用于台风雨期间，根据对浙江省台风降雨诱发地质灾害的估算，取 $K=0.002$。

7.3 模型应用

7.3.1 24 h 预警模型

7.3.1.1 基本认识

以预警指数表征斜坡单元未来 24 h 发生地质灾害的可能性,具有概率含义。

与预警指数相关的变量,包括潜势度、有效累计雨量和预报雨量。

潜势度表达在没有降雨等诱发因素情况下地球表面自身蕴含发生地质灾害的可能性。一旦降雨出现,作用于地球表面,共同作用引发地质灾害,这种情况下,地质灾害发生的可能性会在潜势度基础上增加,这种概率增量是地球和降雨相互作用产生的。

24 h 预警模型一般形式:

预警指数=潜势度+增量

降雨通过冲刷及入渗改变岩土含水状况,使得岩土体力平衡发生改变,当这种改变达到一定程度,可能引发地质灾害,因此,上述模型中的增量并非是岩土体和降雨共同作用产生的,即增量与潜势度和雨量有关。岩土体和降雨的这种共同作用是复杂的,一般认为,潜势度越大(小),临界雨量就越小(大)。

7.3.1.2 计算公式

24 h 预警模型公式:

预警指数=系数 1×潜势度×(1+系数 2×有效累计雨量)×
(1+系数 3×预报雨量)+常数

其中,

系数 1:潜势度系数,默认值 1.0。

系数 2:有效累计雨量系数,默认值 0.0006。

系数 3:预报雨量系数,默认值 0.002。

常数:系统修正值,默认值 0.0。

在默认值下,24 h 预警模型公式:

预警指数=潜势度×(1+0.0006×有效累计雨量)×(1+0.002×预报雨量)

潜势度由系统提供。

有效累计雨量计算公式:

有效累计雨量=系数^{0}×当天实况雨量+系数^{1}×昨天实况雨量+…+
系数^{6}×倒数第 6 天实况雨量

其中,系数称为影响衰减系数,默认值 0.8。

在默认值下，有效累计雨量计算公式：

有效累计雨量＝当天实况雨量＋0.8×昨天实况雨量＋…＋0.8^6×倒数第6天实况雨量

7.3.2 6/3/1 h 预警模型

7.3.2.1 基本认识

以预警指数表征未来6/3/1 h内发生地质灾害的可能性，具有概率含义。

与6/3/1 h预警指数相关的变量包括潜势度、有效累计雨量。

6/3/1 h预警模型一般形式：

预警指数＝潜势度＋增量

7.3.2.2 计算公式

6/3/1 h预警模型公式：

预警指数＝系数1×潜势度×(1＋系数2×有效累计雨量)＋常数

其中，

系数1：潜势度系数，默认值1.0。

系数2：有效累计雨量系数，默认值0.0062/0.0062/0.0011。

常数：系统修正值，默认值0。

在默认值下，6/3/1 h预警模型公式：

预警指数＝潜势度×(1＋0.0062/0.0062/0.0011×有效累计雨量)

潜势度由系统提供。

有效累计雨量计算公式：

有效累计雨量＝$系数^0$×当天实况雨量＋$系数^1$×昨天实况雨量＋…＋$系数^6$×倒数第6天实况雨量

其中，系数称为影响衰减系数。默认值0.8。

在默认值下，有效累计雨量计算公式：

有效累计雨量＝当天实况雨量＋0.8×昨天实况雨量＋…＋0.8^6×倒数第6天实况雨量

7.3.2.3 模型参数

可以通过在“参数设置”窗格中修改模型系数，实现模型的校正。

“预警等级线最小周长”值能够在生成预报结果时，减少面积特别小的预报区。默认值150.0。

7.4 降水数值预报模型及预报结果评价方法探索

预报产品评价包括时间、空间与强度三要素的评价与检验，本项目只进行空间

评价。预报结果空间评价综合指标是准确度，准确度与落入预报区的地质灾害点数成正比，与预报区面积成反比。定义准确度为

$$准确度=\frac{\dfrac{落入预报区的地质灾害点数}{地质灾害点总数}}{\dfrac{预报区面积}{总面积}}$$

准确度值大于或等于零，准确度值越大，表示预报结果越准确。

通常，还可以准确率、漏报率、空报率来衡量

$$准确率=\frac{落入预报区的地质灾害点数}{地质灾害点总数}$$

$$漏报率=\frac{未落入预报区的地质灾害点数}{地质灾害点总数}$$

$$空报率=\frac{不包含任何地质灾害点的预报区面积}{总面积}$$

已知：预报结果如图 7.11 所示，共 7 个预报区，面积如表 7.6 所示，全区域面积 858575.256678。反馈灾害点后如图 7.12 所示，共 8 个灾害点。

求：此次预报的准确度、准确率、漏报率和空报率。

表 7.6　预报结果统计表

区序号	等级	面积
1	黄色	31137.129034
2	橙色	7172.951191
3	黄色	30076.080316
4	橙色	1659.957024
5	橙色	1628.034774
6	黄色	3277.969703
7	黄色	8266.679151

解：

准确率＝5/8＝0.625

漏报率＝3/8＝0.375

空报率＝(1628.034774＋3277.969703＋8266.679151)/858575.256678
　　＝0.0153425

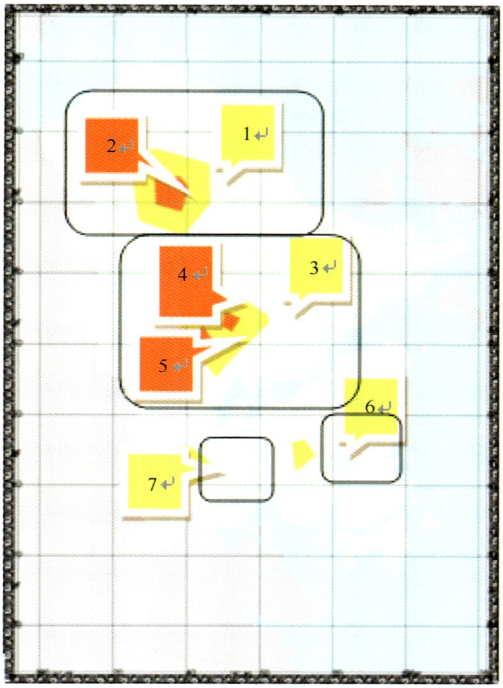

图 7.11 预报结果图

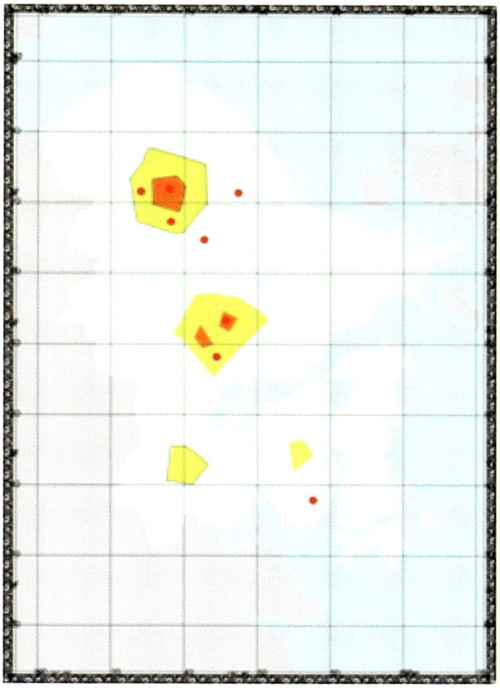

图 7.12 反馈灾害点分布图

准确度 = 0.625/[(31137.129034 + 7172.951191 + 30076.080316 + 1659.957024+1628.034774−3277.969703+8266.679151)/858575.256678]

=0.625/[83218.801193/858575.256678]

=0.625/0.0969266=6.448176649

7.5 斜坡单元系统预警产品制作及发布

7.5.1 总体框架

升级后的地质灾害预警预报产品与发布的总体框架如图 7.13 所示，预报产品发布模块中主要算法是空间叠加分析算法，通过这个算法实现预报区域所在的县级、乡级行政区的识别，并反映到预报词中。预报结果发布模块中手机短信发送的实现还依赖于运营商提供短信发送服务的正常运行。图 7.13 表示预报结果发布模型的主要类对象及其关系，信息发布主要面向政府各有关部门、各级专业用户，地质灾害预报预警产品信息通过互联网、局域网、手机短信等发布各类产品。

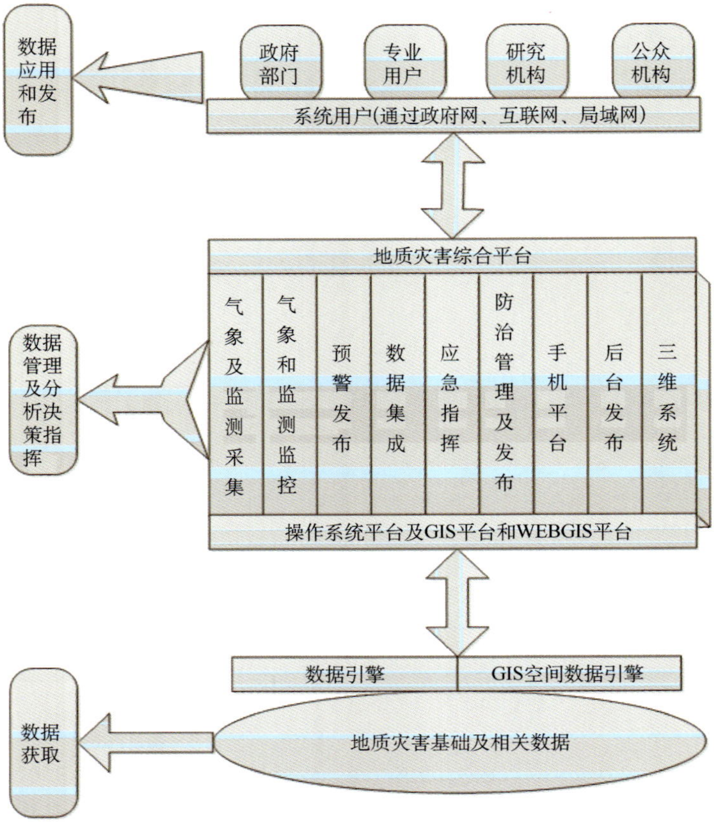

图 7.13　总体架构图

7.5.2　功能介绍

系统选用 DMGIS 作为基础 GIS 开发平台(图 7.14),提供一个基础地理信息数据平台,包括以下 9 个方面的系统建设:气象及监测采集系统、气象和监测控制系统、数据集成系统、预警预报发布系统、防治管理系统、应急指挥系统、手机平台、三维分析系统、后台发布系统。

7.5.3　地质灾害信息展示

地质灾害预报预警产品主要是通过地质灾害预报等级区域以及预报区域展示,模块主要实现对灾点信息的统计及根据统计方式生成相应图表进行输出(图 7.15),可生成直方图、饼图和线形图。

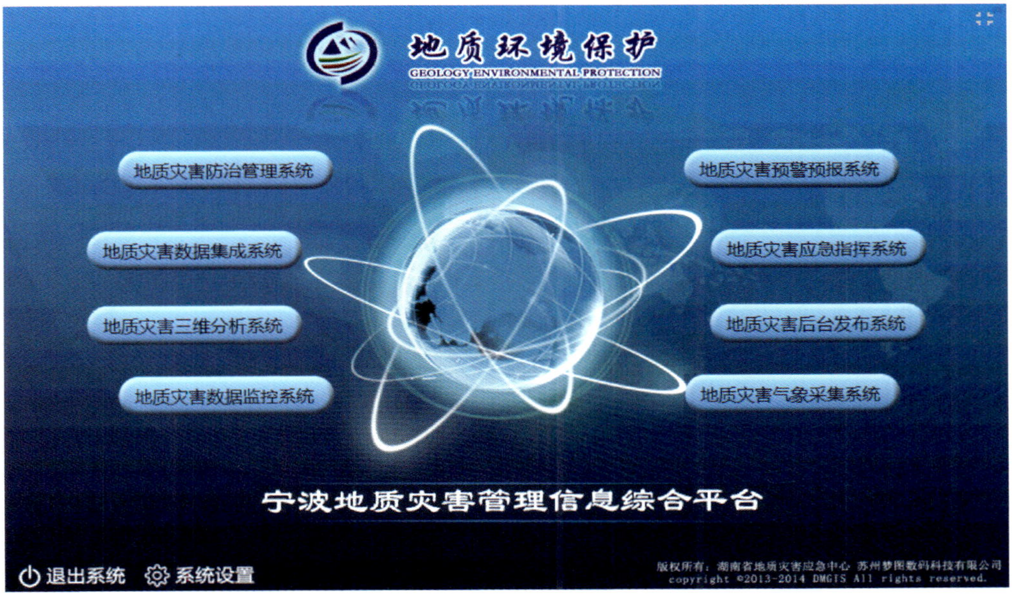

图 7.14　系统主界面

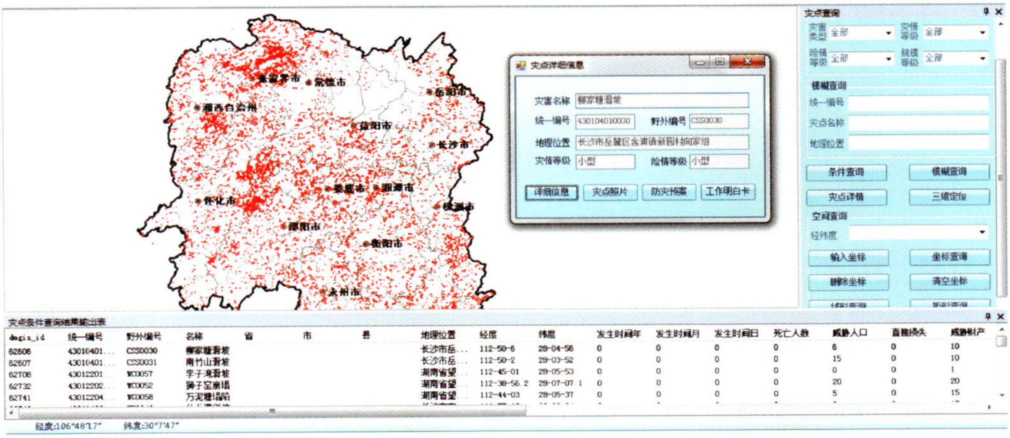

图 7.15　灾点信息查询

7.5.4　行政区域专题预报产品

7.5.4.1　地质灾害统计

地质灾害预报预警产品主要是通过地质灾害预报等级区域以及预报区域展示，模块主要实现对灾点信息的统计及根据统计方式生成相应图表进行输出（图 7.16、图 7.17），可生成直方图、饼图和线形图。

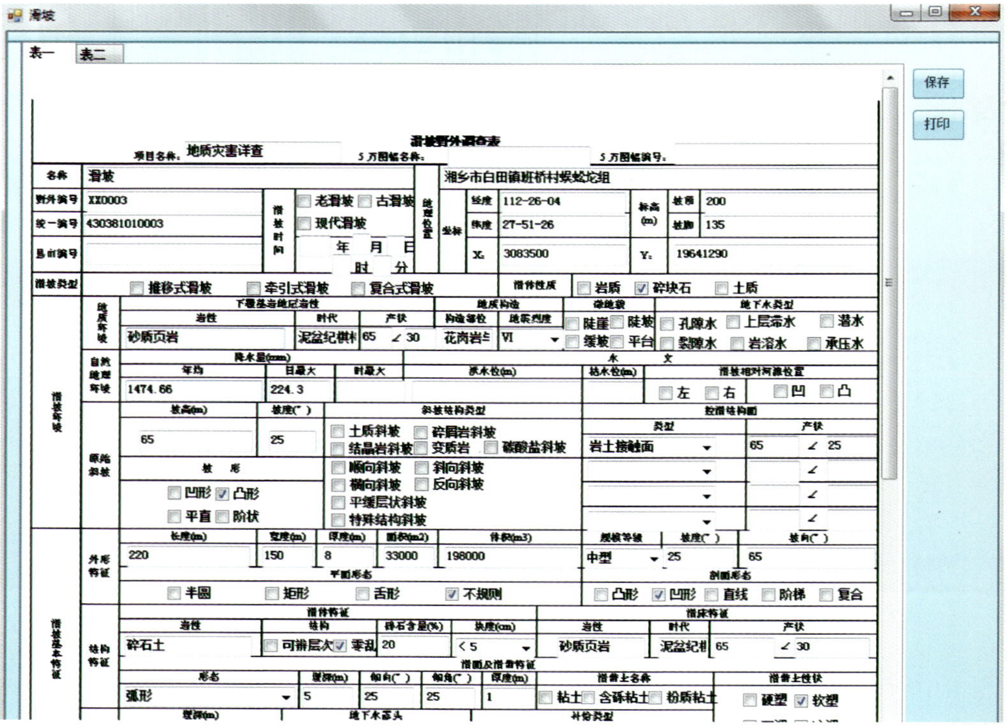

图 7.16　灾点详细信息

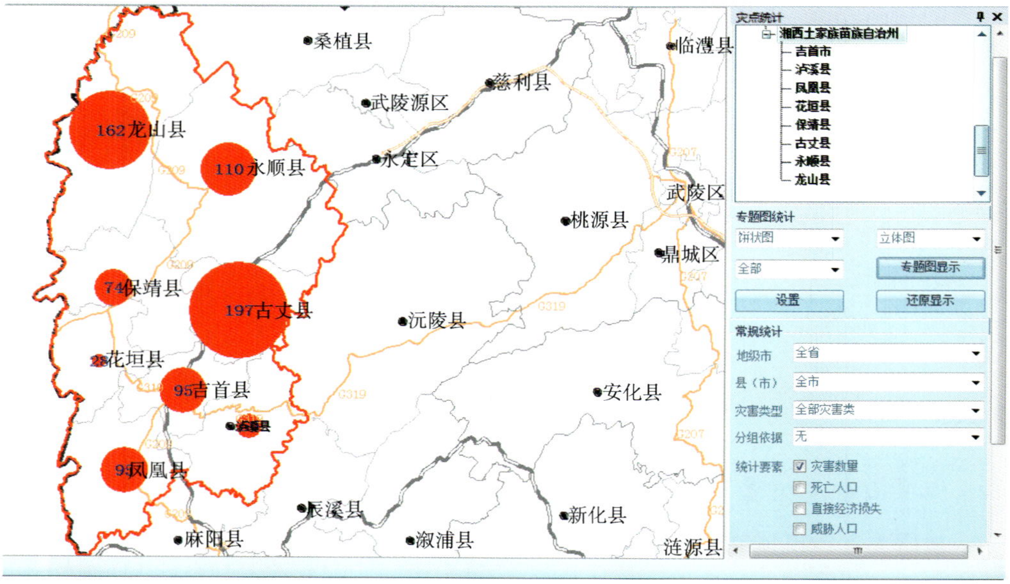

图 7.17　灾点统计图

7.5.4.2 预警预报产品

预警预报模块是系统的主要功能模块(图7.18、图7.19),主要实现对区域内可能的发生地质灾害的区域进行预警预报,生成预警信号,并且实现对预警信号的发送。在进行预警预报后可对预警信号进行发布,主要手段为短信和传真。

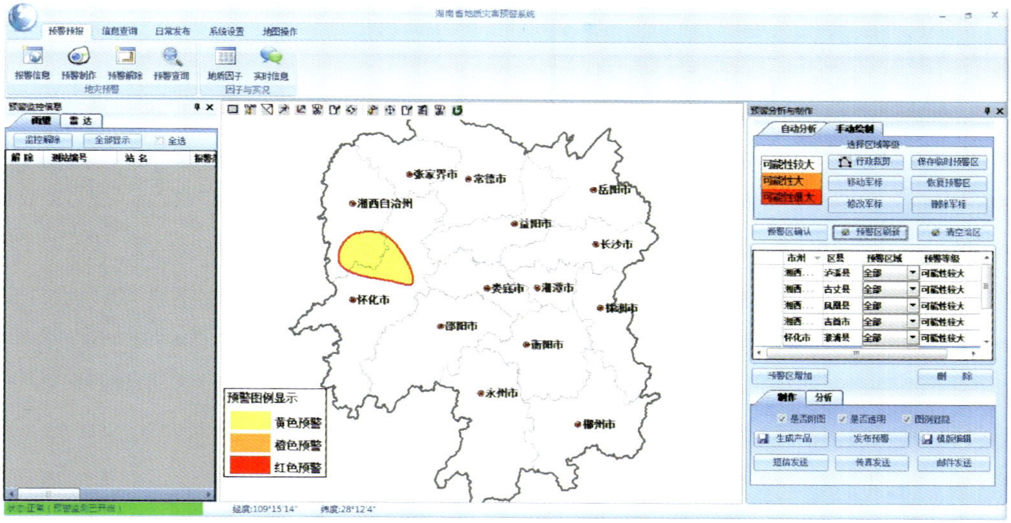

图7.18 获取预警区域

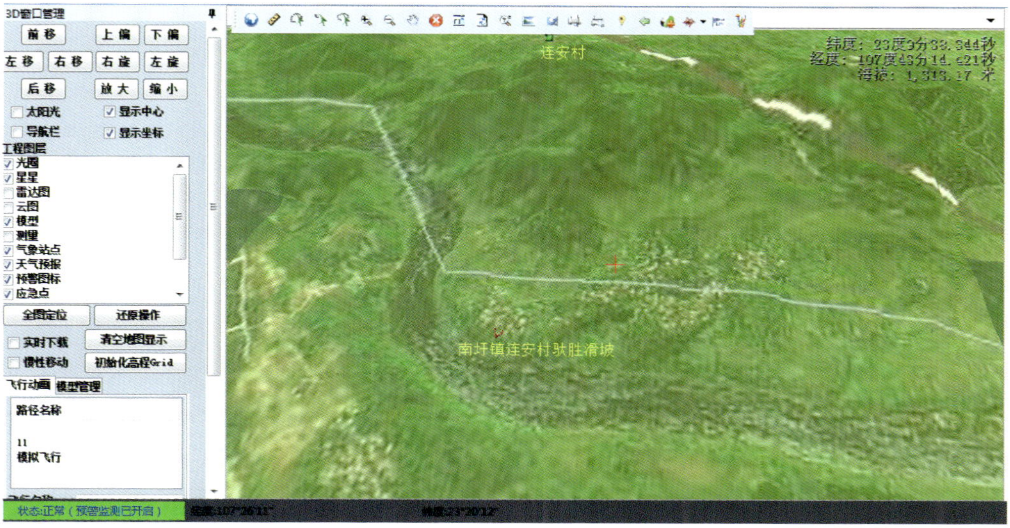

图7.19 三维地图上查看预警区域

7.5.4.3 预警分析

系统选择一个预警信息,可对预警信息进行辅助标绘和分析(图7.20,地理信息分析和气象信息分析)。气象信息包括中小尺度、精细预报、雷达图、云图。如图7.20是对预警区域中的灾害点进行分析。可以对预警产品进行信息发送,发送之前先要对文档进行发布。

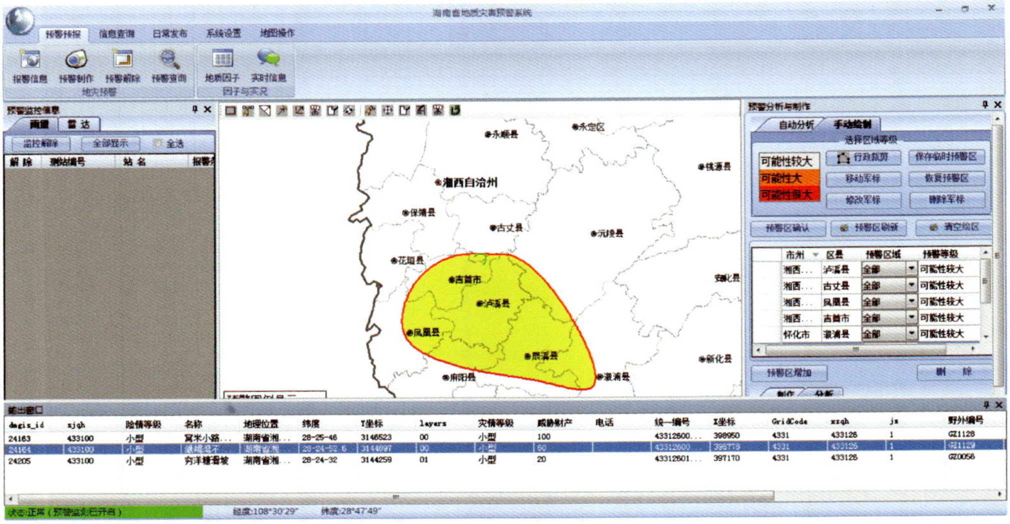

图 7.20　预警分析

7.5.4.4　气象信息查询

在气象信息模块可查看实况雨量、乡镇预报、城镇预报、雷达图、云图等信息,为预警预报做参考(图 7.21、图 7.22)。

图 7.21　雨量查询

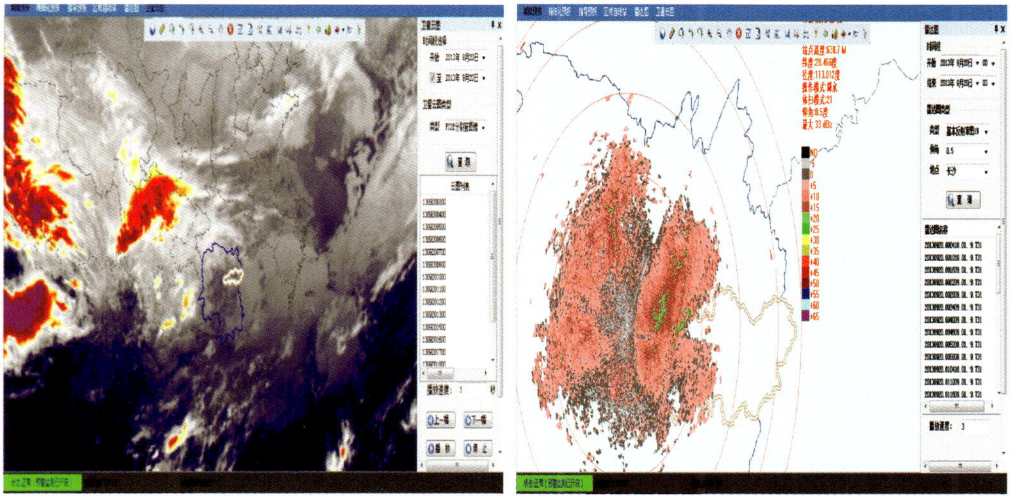

图 7.22　卫星云图、雷达图查询

7.5.4.5　灾害信息查询功能

通过查询可以同时对空间和属性数据进行方便、灵活、准确的查询与定位，查看各个灾害点（包含发生过灾害）的灾害点简图、灾害点详细地形图、撤离路线、防灾信息（防治方案、应急预案、防治规划、转移预案）等信息（图 7.23），对发生过灾害的灾害点有灾后总结，使用户能很好地深入研究地质灾害防治管理。另外系统增强了对各级行政区的定位功能。

图 7.23　灾点信息

7.5.4.6 灾害信息统计

按统计灾害的类型、防治规划等和按预案类别(市级、县级)统计灾害的类型、数量、预报成功数量等信息进行统计(图 7.24)。

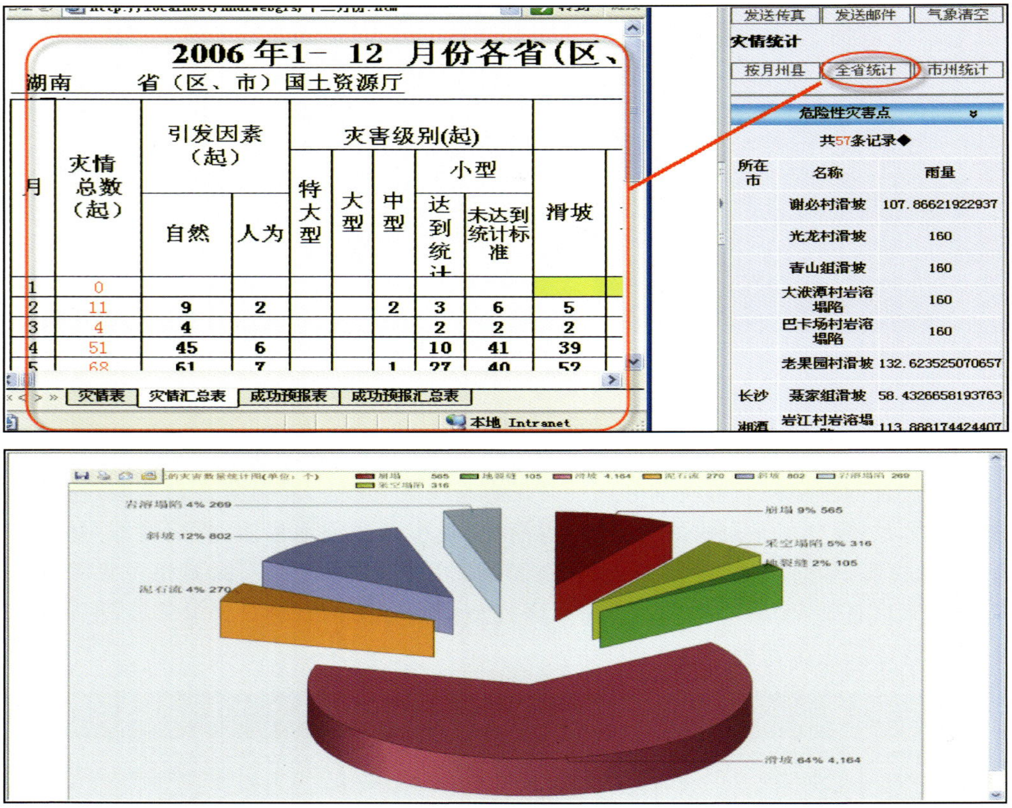

图 7.24 灾点统计

7.5.5 特定对象专题预报产品

7.5.5.1 应急指挥系统

充分利用计算机和通信技术,建设一个具有准确、快速、高效地处理和传输信息的支撑平台,为指挥人员提供详尽的资料和科学指挥决策的依据,能快速调取应急预案,提供快速应急处置的各类通信手段,实现可听、可视、可讲的有效指挥调度,同时还能满足平时各种信息的查询分析。

系统将事发地点在地图中加以显示(可以进行各种模糊定位查找),让接警人员能及时地了解到出事地点,能够将灾点信息在地图中展示,并可以二维或三维切换查看(图 7.25)。

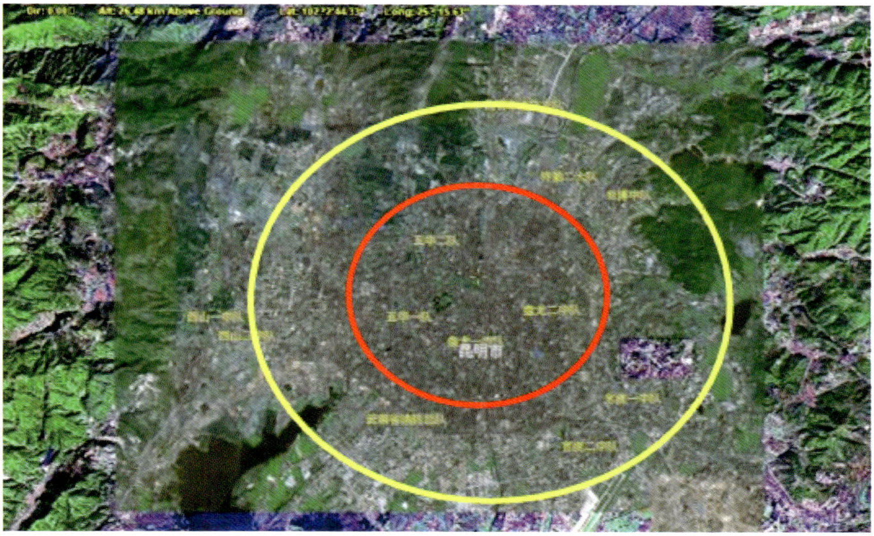

图 7.25 灾害地区定位

7.5.5.2 指挥调度

经过前面分析或视频会商后,系统自动调用应急预案并结合当时的实际情况产生应急处理方案,指挥人员可通过可视化调度指挥系统及时响应,迅速指挥调度各方应急队伍进行救援抢险,包括医疗队、调查队、工程队等,另外系统可规划出出动人数、车辆数量以及出发路线等(图 7.26)。

7.5.5.3 三维分析系统

在三维系统不仅可以三维界面的放大、缩小、移动等基本操作,制作动画的飞行,完成叠加分析显示,还可查看预警区域的地形地貌,结合预警查看预警区信息(图 7.27)。

7.5.6 产品发布

7.5.6.1 后台发布系统

后台发布系统旨在实现所有发布手段的一键式发布(图 7.28),在操作界面启动相应的发布手段后,实现该手段所有的信息发布,同时可查看所有信息的发布状态。

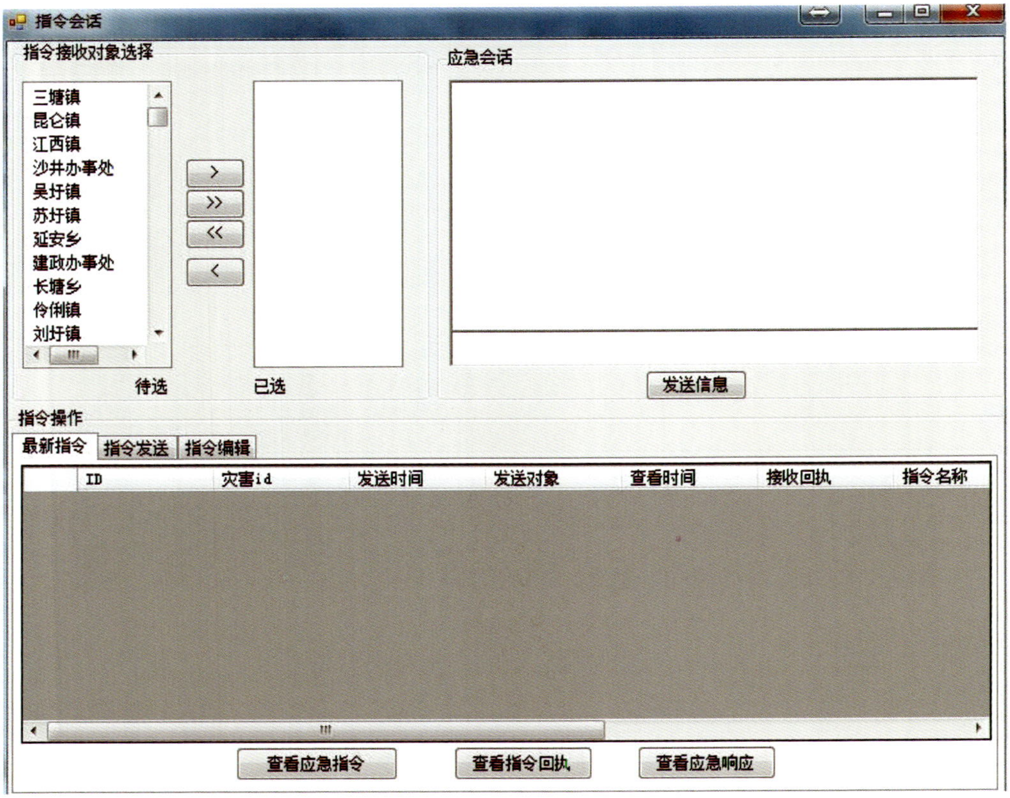

图 7.26　应急会话

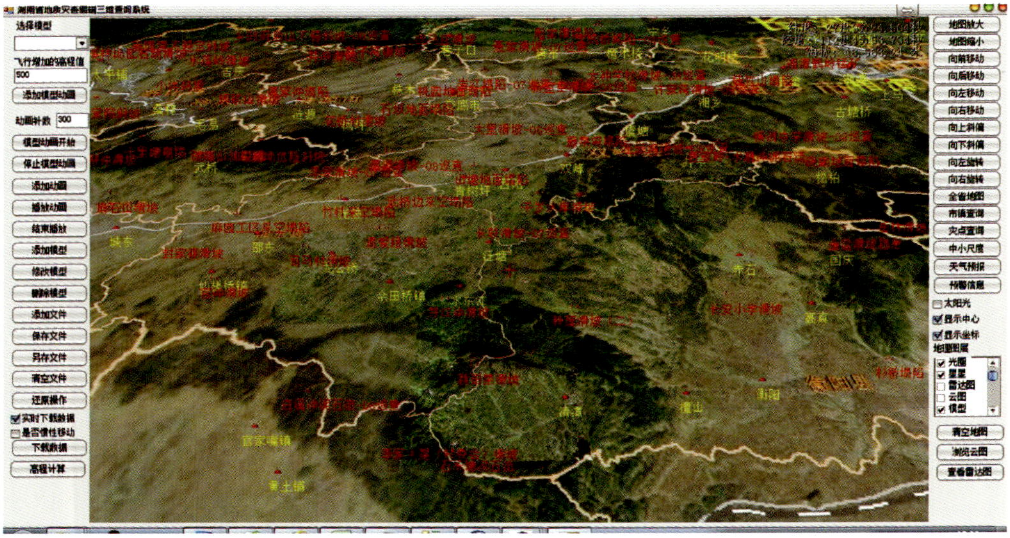

图 7.27　预警区信息

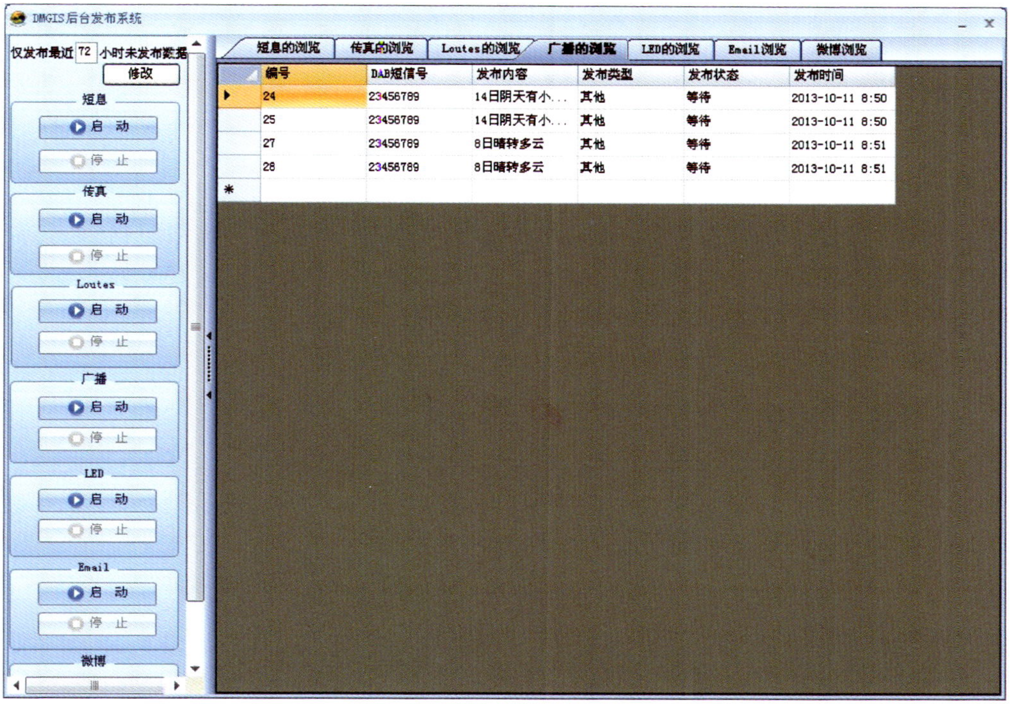

图 7.28　后台发布界面

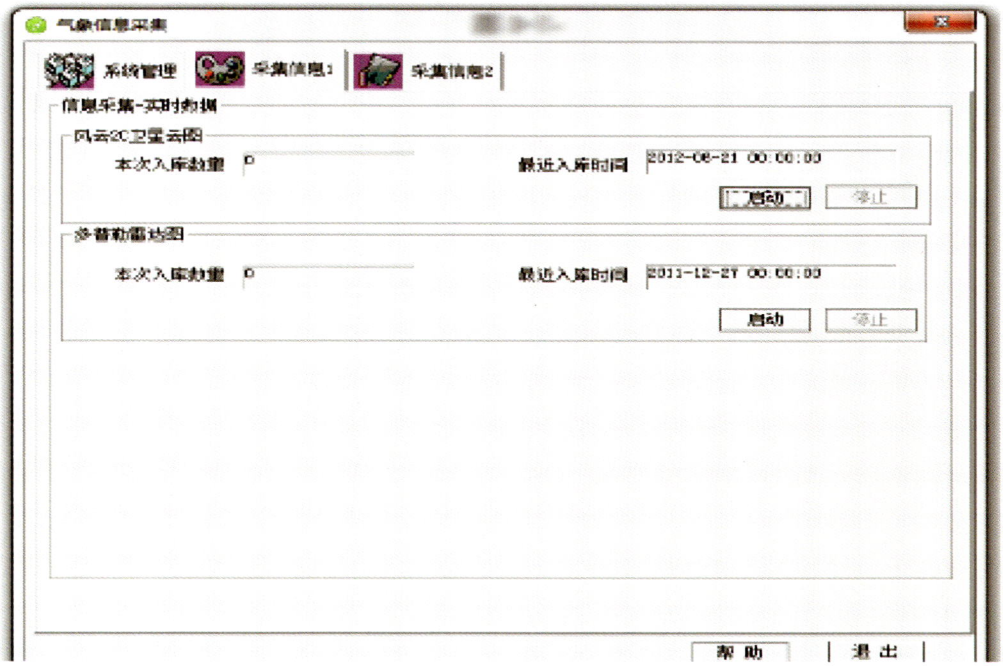

图 7.29　数据采集

7.5.6.2 手机平台

手机平台主要实现气象预报数据查看、气象实况信息查询、灾害点信息查询、预警信息好看、灾情上报等功能。

7.5.6.3 气象及监测采集系统

气象及监测采集系统主要负责采集各类气象数据、地质灾害监测数据，并将数据集中存储到指定的系统数据库中，系统可以根据各地的实际情况和特殊需求，采用 DDN、FTP、局域网的方式完成数据采集和汇总(图 7.29)。

7.5.6.4 气象和监测控制系统

监控系统用多线程运行(图 7.30)，针对各个监控都有相对应的启动和关闭开关，附带有声音警报以及短信发送提醒(包含短信发送的配置)。当检测到监控雨量和雷达回波色斑个数超过指定的监控指标时(达到监控要素设置阀值时)，服务器就启动声音报警或给设定对象发送报警短信(图 7.31)。

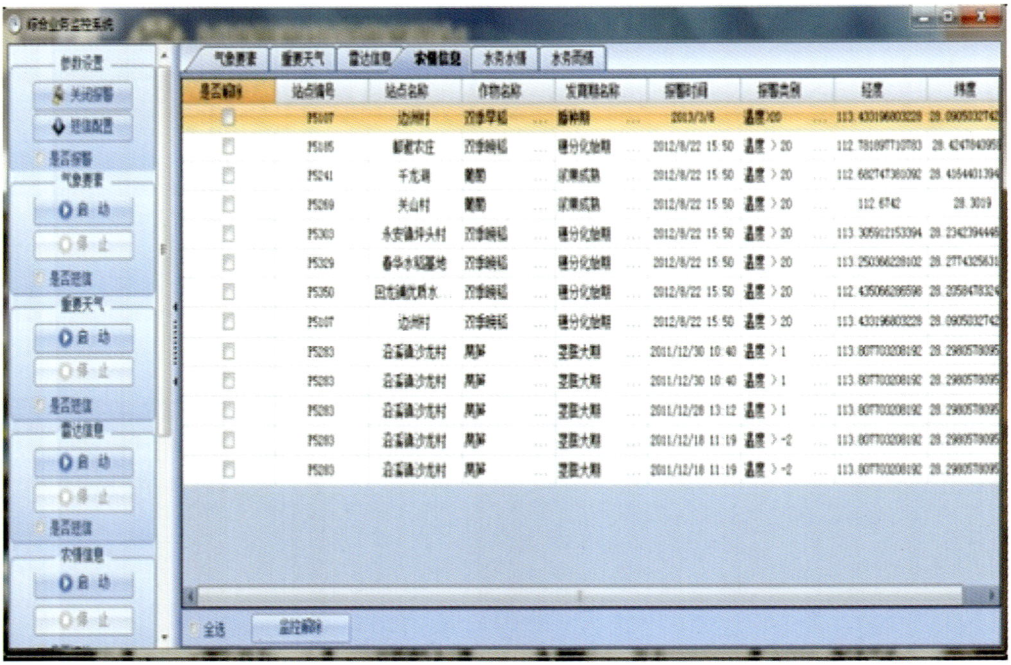

图 7.30 监控系统

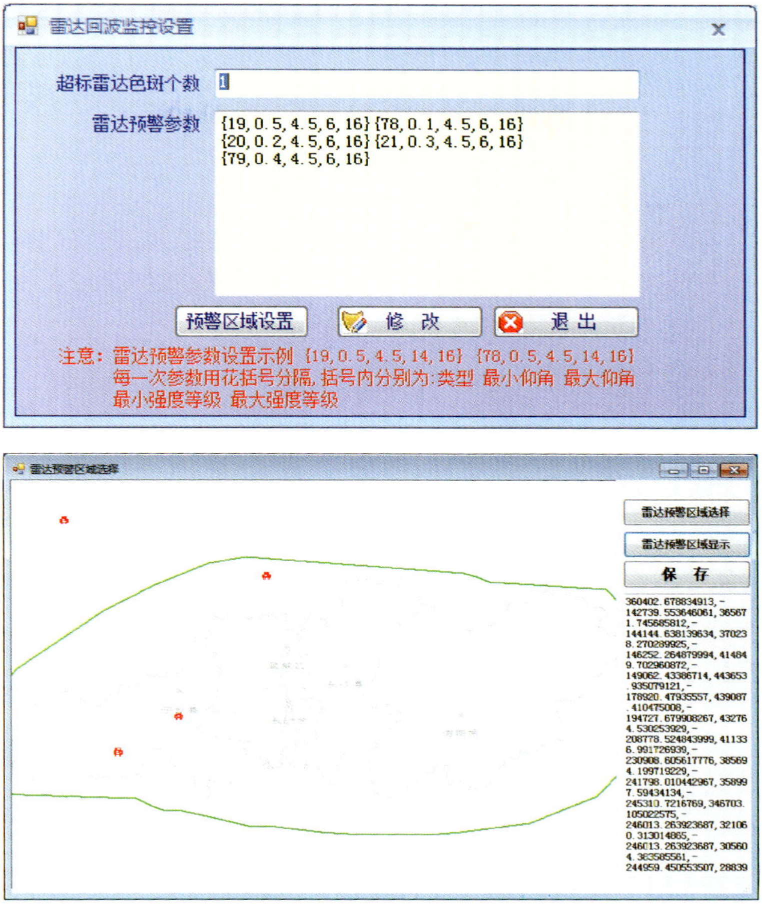

图 7.31 雷达监控设置

7.5.6.5 地质灾害数据中心建设

通过查询可以同时对空间和属性数据进行方便、灵活、准确的查询与定位，查看各个灾害点（包含发生过灾害）的灾害点简图、灾害点详细地形图、撤离路线、防灾信息（防治方案、应急预案、防治规划、转移预案）等信息，对发生过灾害的灾害点有灾后总结，使用户能很好地深入研究地质灾害防治管理。另外系统增强了对各级行政区的定位功能。还可以执行三维查询功能，对地图的放大，点击地图放大、缩小、移动、旋转实现对地图的漫游（图 7.32、图 7.33）。

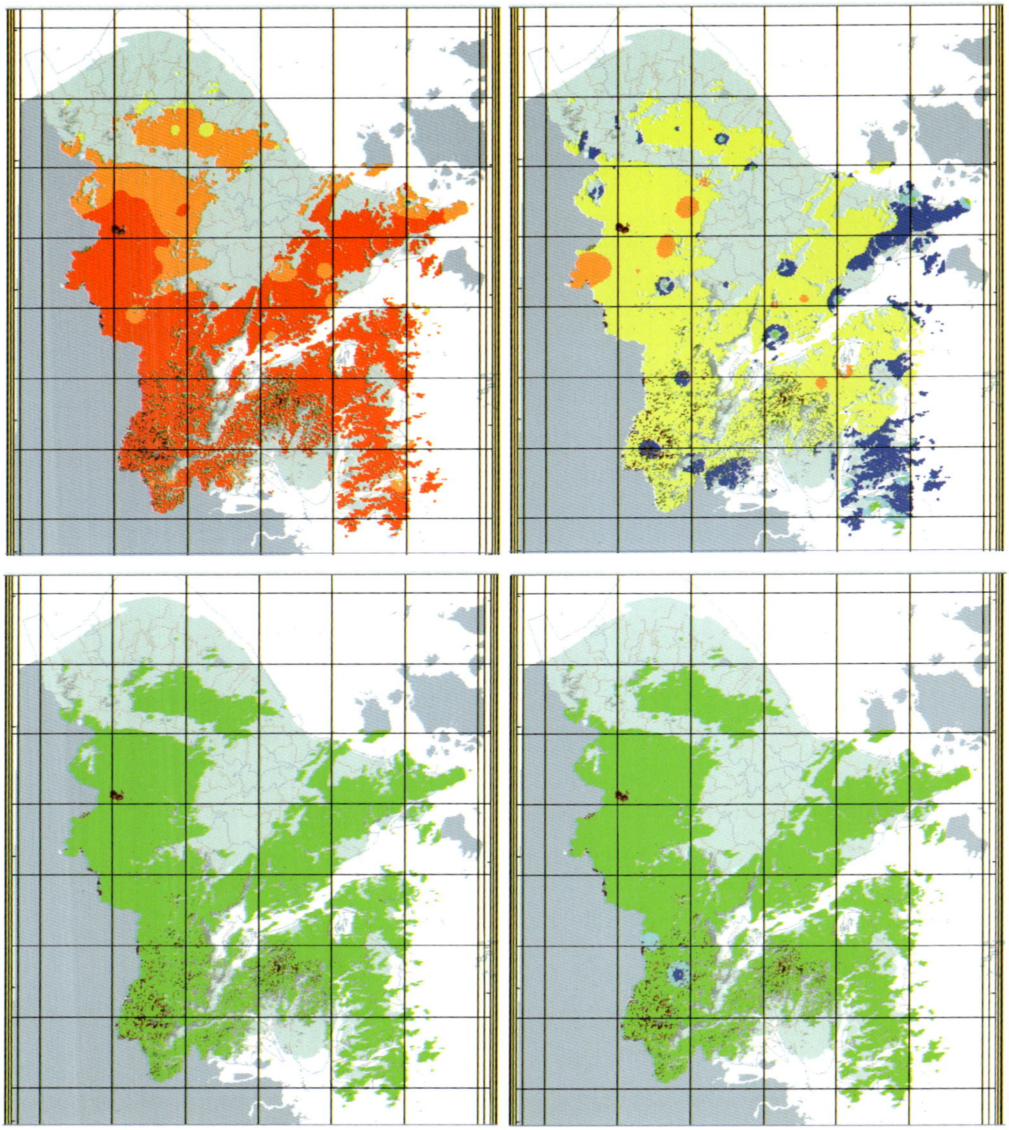

图 7.32　2012 年 8 月 5—10 日“海葵”登陆前后日雨量变化图

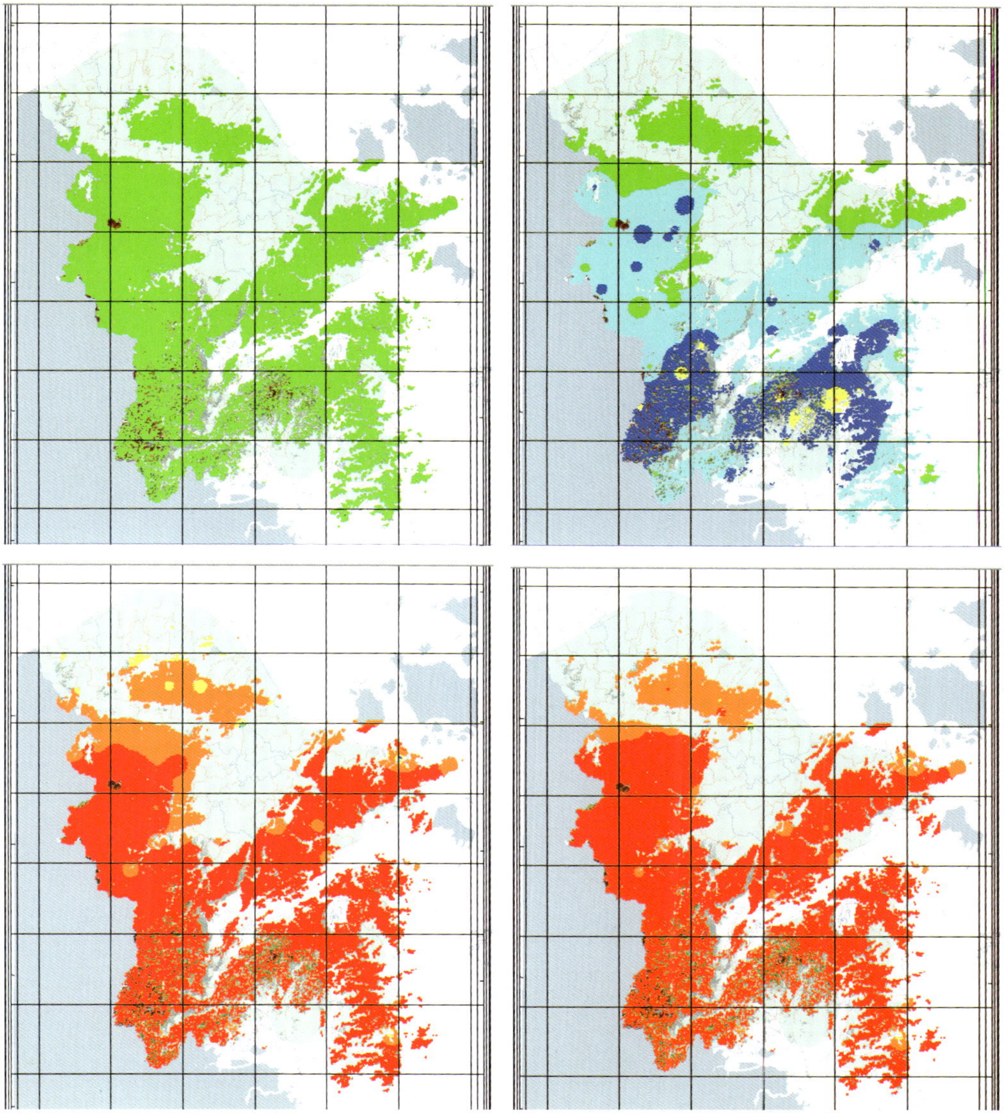

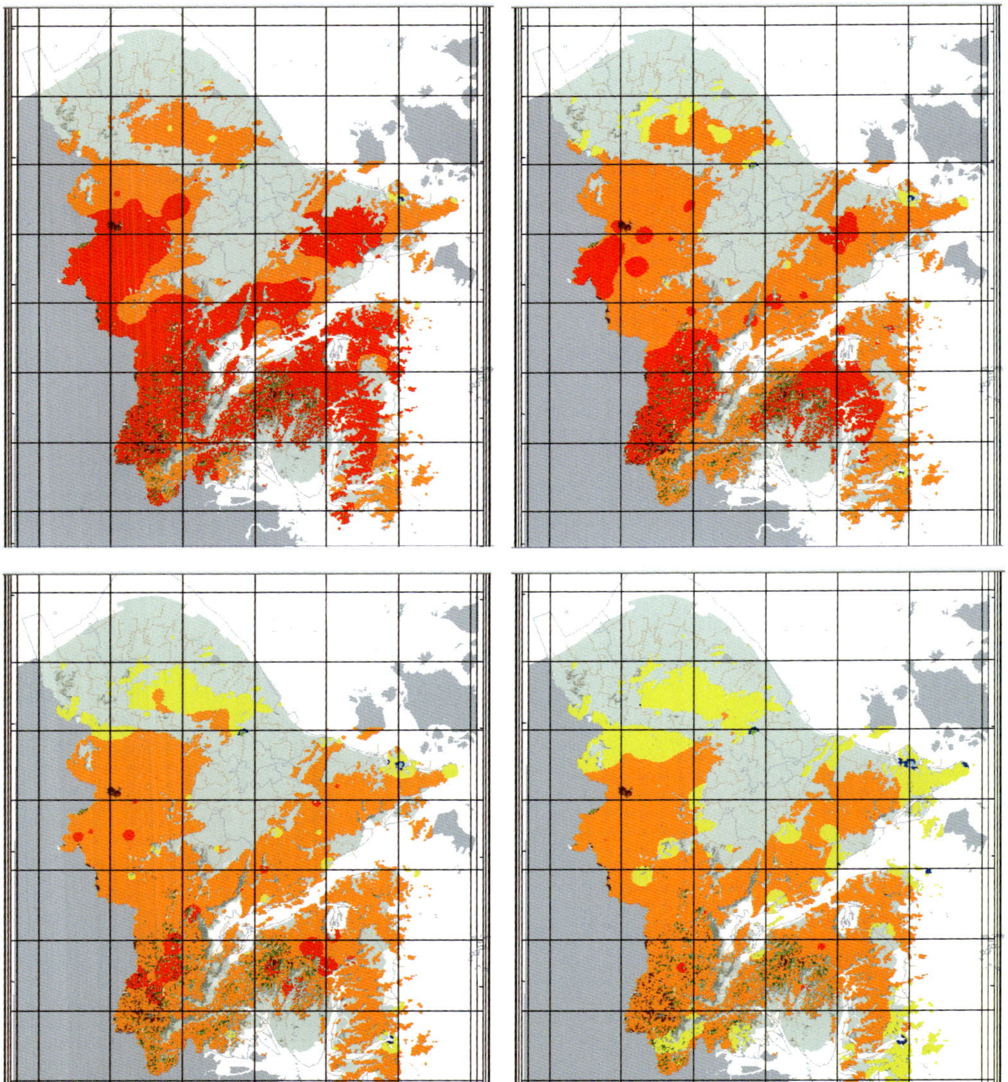

图 7.33　2012 年 8 月 5—12 日“海葵”登陆前后有效累计雨量变化图

7.6 斜坡单元法预警系统案例分析

7.6.1 2013年“菲特”台风期间预警实例

受“菲特”影响，全市平均面雨量达363.7 mm，降雨强度之大、影响范围之广、损失之大列宁波市新中国成立以来第二。面对如此严重的地质灾害气象风险，市地质环境监测站与市气象台两单位积极沟通联系，及时开展地质灾害应急预警和应急会商。2013年10月6日至10日，累计开展会商9次，发布正式会商报告6份，为全市防灾提供了积极有效的技术支撑(图7.34)。根据会商报告及预警短信提示，余姚市陆埠镇兰山村梅岭下、阳明街道戴家湾两处新发生地质灾害点在当地防灾管理部门组织下实现了人员转移，被浙江省国土资源厅认定为成功避让案例。

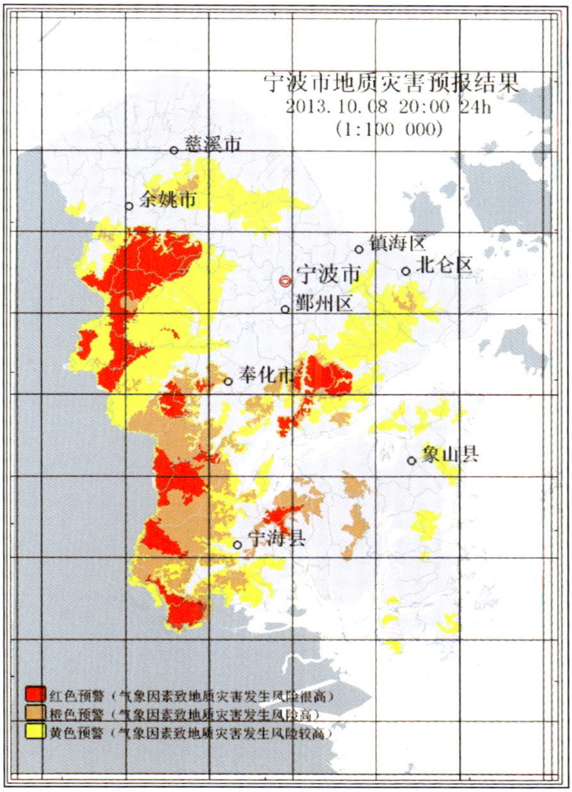

图7.34 “菲特”台风期间全市地质灾害气象风险预警图

(宁波市地质环境监测站，宁波市气象台，2013)

根据灾后统计，“菲特”期间全市发生规模以上地质灾害300多起，主要集中在余姚、鄞州、奉化、宁海西侧一线，与全市地质灾害预警区域基本吻合。以余姚市作为县域地质灾害预警统计典型案例分析，该市列入地质灾害统计口径的 48 起(不包括数量众多的应急排险处置情况)，主要发生乡镇为梨洲街道、陆埠镇、阳明街道、四明山镇等，与此期间余姚市域内的地质灾害预警区域结果吻合。按预警区域统计，48 起地质灾害均发生在预警等级黄色以上区域内，本次地质灾害预警预报成功率为 100%(表 7.7)。

表 7.7 “菲特”影响期间余姚市地质灾害发生情况统计表

序号	乡镇街道	行政村	自然村	点号	类型	发生时间
1	梨洲街道	雁湖村	外庵根	YY084	泥石流	2007 年 10 月 8 日
2		雁湖村	外庵根	YY179	坡面泥石流	2013 年 10 月 7 日
3		雁湖村	后张岙	YY180	泥石流	2013 年 10 月 7 日
4		雁湖村	后山	YY181	坡面泥石流	2013 年 10 月 7 日
6		雁湖村	外庵根	YY179	坡面泥石流	2013 年 10 月 7 日
7		雁湖村	后张岙	YY180	坡面泥石流	2013 年 10 月 7 日
8		雁湖村	后山	YY181	坡面泥石流	2013 年 10 月 7 日
10		陈洪村	游场	YY156	滑坡	2013 年 10 月 7 日
11		陈洪村	游场	YY157	滑坡	2013 年 10 月 7 日
12		陈洪村	游场	YY174	滑坡	2013 年 10 月 8 日
13		陈洪村	游场	YY175	滑坡	2013 年 10 月 7 日
14		陈洪村	川水	YY173	滑坡	2013 年 10 月 8 日
16	梨洲街道	燕窝村	大岭岗	YY158	滑坡	2013 年 10 月 7 日
17		燕窝村	高爿	YY159	滑坡	2013 年 10 月 7 日
18		燕窝村	紫龙庙	YY160	滑坡	2013 年 10 月 7 日
19		燕窝村	紫龙庙	YY161	滑坡	2013 年 10 月 7 日
20		燕窝村	紫龙庙	YY162	滑坡	2013 年 10 月 7 日
21		燕窝村	洪家祥	YY163	滑坡	2013 年 10 月 7 日
22		燕窝村	毛山	YY164	滑坡	2013 年 10 月 7 日
24		金冠村	金岙	YY170	坡面泥石流	2013 年 10 月 7 日
25		金冠村		YY089	泥石流	2013 年 10 月
26		金冠村	金岙	YY168	泥石流	2013 年 10 月 7 日
28	梨洲街道	金冠村	里冠佩	YY169	泥石流	2013 年 10 月 7 日
29		新墨村		YY182	坡面泥石流	2013 年 10 月 7 日
30		章雅山村	楼家基	YY165	滑坡	2013 年 10 月 7 日
31		章雅山村	中村	YY166	滑坡	2013 年 10 月 7 日
36		章雅山村	上务岗村	YY167	滑坡	2013 年 10 月 7 日
38		长田村	下章	YY171	滑坡	2013 年 10 月 7 日
39		长田村	高头岗	YY172	崩塌	2013 年 10 月
40		茭湖村	岗后	YY177	崩塌	2013 年 10 月 7 日
42		茭湖村	岭头	YY176	崩塌	2013 年 10 月 7 日
46		上王岗村	下南黄	YY178	滑坡	2013 年 10 月 7 日
2	陆埠镇陆埠镇	兰山村	黄泥直	YY92	泥石流	2013 年 10 月 7 日
7		杜徐岙村	沙田	YY192	泥石流	2013 年 10 月 7 日
8		杜徐岙村		新增 7	崩塌	2013 年 10 月 7 日
12		蒋岙村		YY154	滑坡	2013 年 10 月 7 日
14		石门村		YY126	崩塌	2013 年 10 月 7 日
16		石门村	靛厂	YY189	滑坡	2013 年 10 月 7 日
17		石门村		YY190	坡面泥石流	2013 年 10 月 7 日
18		石门村	夹山深岙	YY191	泥石流	2013 年 10 月 7 日
22		余鲍陈村	汪家	YY193	泥石流	2013 年 10 月 7 日

续表

序号	乡镇街道	行政村	自然村	点号	类型	发生时间
1	四明山镇	溪山村	滴水岩	YY096	泥石流	2013年10月7日
17	大岚镇	新岚村	夹山	YY151	滑坡	2013年10月8日
8	大隐镇	芝林村		YY155	滑坡	2013年10月7日
19	阳明街道	畈周村	何高岙	YY185	坡面泥石流	2013年10月7日
20		畈周村	何高岙	YY186	坡面泥石流	2013年10月7日
21		畈周村	何高岙	YY187	坡面泥石流	2013年10月7日
22		畈周村	丰山	YY188	坡面泥石流	2013年10月7日

（宁波市地质环境监测站，2015）

7.6.2 2015年“灿鸿”台风期间预警实例

“灿鸿”主要强降水集中在2015年7月10日08时到12日08时。过程雨量分布如图7.35所示，全市面雨量188 mm，余姚、象山、宁海、奉化等地超过了200 mm，

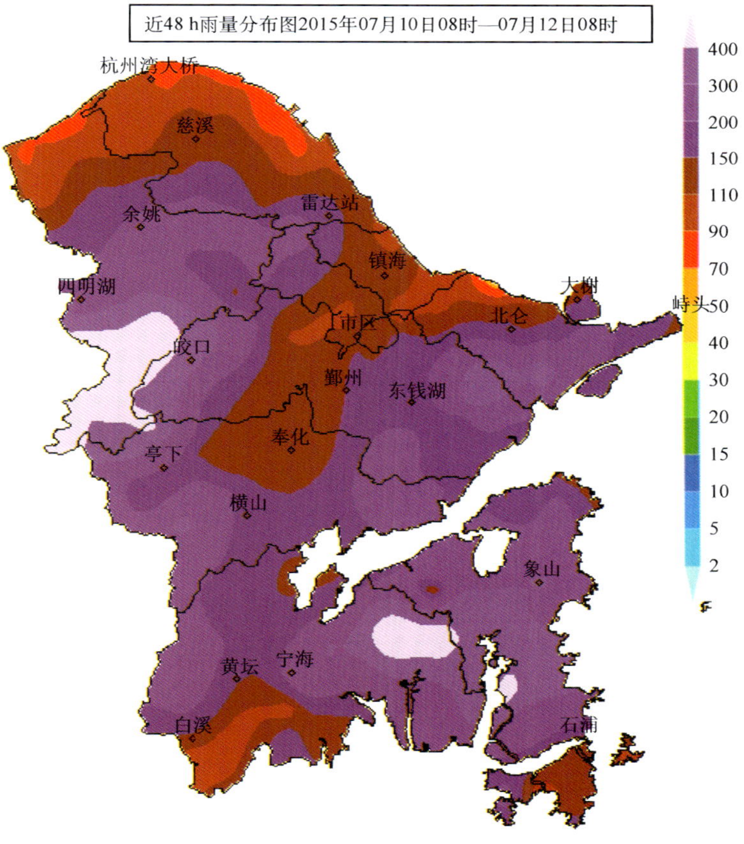

图7.35 “灿鸿”台风雨量图(mm)

（宁波市气象台，2015）

其中余姚最大是221 mm,其余各县区在 130～200 mm。有 200 个测站雨量超过 200 mm,34 个测站超 300 mm,10 个测站的雨量超 400 mm,3 个测站超500 mm,最大余姚丁家畈、棠溪分别是 534 mm 和 528 mm,宁海茶山 531 mm。图 7.36 为“灿鸿”台风过程总雨量站点图。

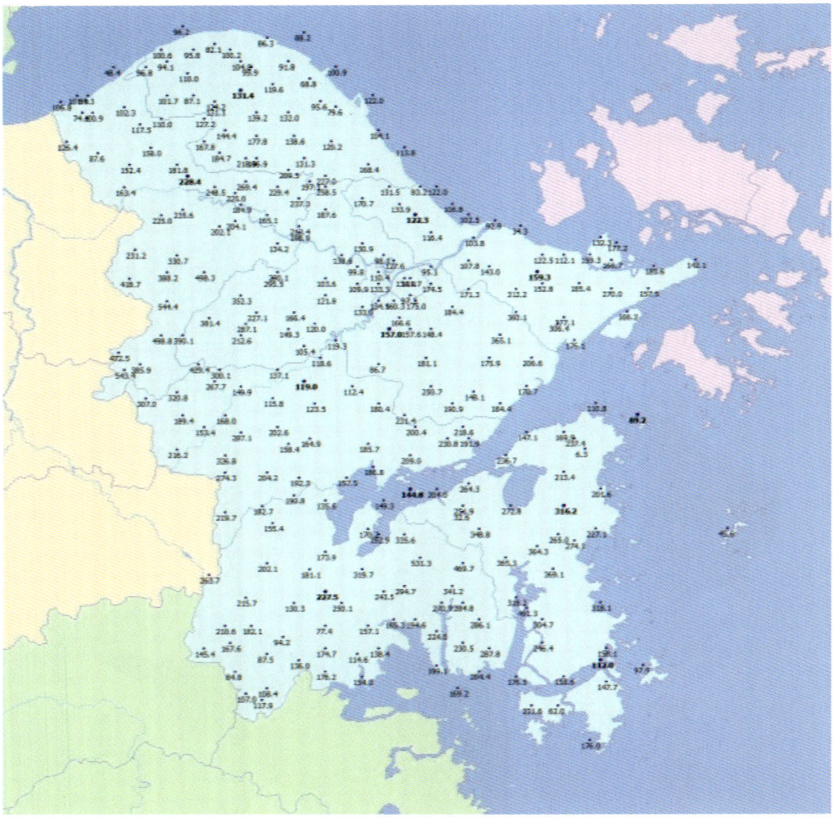

图 7.36 “灿鸿”台风过程总雨量站点图

(宁波市气象台,2015)

根据“灿鸿”台风全市降水分布特征,市地质环境监测站联合市气象台,开展汛后地质灾害现场核查工作,全部野外核查工作为期两天,总里程约 2000 km,核查余姚、奉化、宁海、象山、鄞州等多个县市区,共计核查点数 34 处,按规定记录好现场相关图文,并进行整理统计,由“宁波市地质环境监测与管理信息平台”统一入库。

经核查确认的地质灾害发生点与预警结果对比可知:“灿鸿”台风影响期间,地质灾害红色预警区域主要分布于余姚西部—奉化西北部—鄞州西部四明山区、奉化大堰、鄞州塘溪、宁海深甽、黄坛、桑洲、茶院等地,橙色预警区域主要分布于红色预警分布区域周围及北仑大矸等山区;黄色预警区域分布基本覆盖全市山区。核查确认的地质灾害发生地主要为余姚南部—鄞州西部的四明山区乡镇、宁海黄坛镇等地。红色、橙色预警区域与核查结果较为吻合。如图 7.37 所示。

表 7.8 为“灿鸿”台风期间地质灾害发生情况及灾后核查统计表。

表 7.9 为“灿鸿”台风期间预警响应统计。

图 7.38 为“灿鸿”台风灾后核查点。

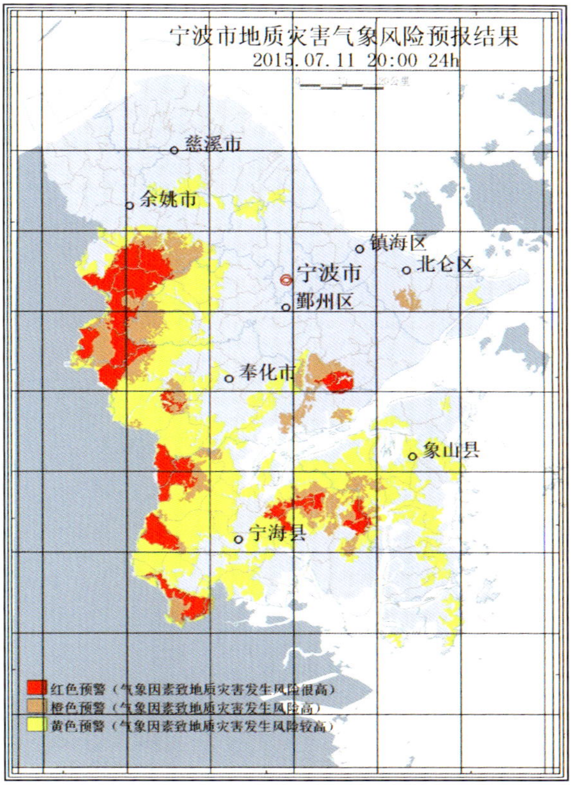

图 7.37 “灿鸿”台风期间全市地质灾害预警图

（宁波市地质环境监测站 宁波市气象台，2015）

表 7.8 “灿鸿”台风期间地质灾害发生情况及灾后核查统计表

序号	地区	地理位置		发生时间	方量 (m^3)	发生情况
		东经	北纬			
1	鄞州区龙观乡龙峰村	121°17′36″	29°46′21″	7月10日15时30分	3000	滑坡，冲倒民房一间
2	鄞州区章水镇	皎口水库旁侧				道路路基受山洪影响崩落
3	鄞州区章水镇	121°15′41″	29°49′59″		5	小型崩塌，掩盖半幅路面
4	鄞州区章水镇	121°13′15″	29°49′12″			小型山洪，冲毁路侧小型干砌挡墙

续表

序号	地区	地理位置		发生时间	方量(m³)	发生情况
		东经	北纬			
5	鄞州区章水镇	121°13′9″	29°49′21″		10	山洪形成小型冲沟
6	鄞州区章水镇	121°12′19″	29°48′36″		10	岩质小崩塌，路面堆坡
7	鄞州区章水镇杖锡村	121°10′38″	29°46′20″		200	公路边坡崩塌
8	鄞州区章水镇	121°9′46″	29°44′41″		10	小型崩塌，路边塌方
9	鄞州区章水镇	121°9′46″	29°44′41″		20	公路下侧塌方
10	余姚市四明山镇板坑村	板坑村村口		7月9—10日夜里	80	小型泥石流，路面堆积约50 cm
11	余姚市四明山镇板坑村	板坑村路口		7月9—10日夜里	50	
12	余姚市四明山镇	121°9′10″	29°43′58″		9	公路下侧塌方
13	余姚市四明山镇	121°7′45″	29°44′30″		200	公路上方人工削坡处崩塌
14	余姚市四明山镇	四明山镇南，镇口位置			1000	冲毁挡墙
15	余姚市四明山镇	121°8′11″	29°43′36″		100	道路上方，坡面泥石流
16	余姚市四明山镇	同上，附近30 m处			20	道路上方崩塌
17	余姚市四明山镇	121°8′53″	29°43′6″		5	道路上方边坡塌方
18	余姚市四明山镇	121°9′3″	29°42′49″		3	土质小崩塌
19	余姚市四明山镇	121°9′3″	29°42′49″		30	公路上方岩质崩塌
20	奉化市溪口镇岭脚村	121°9′20″	29°42′25″		1000	公路上方边坡崩塌，沿路小崩小塌3处以上，岩质崩塌为主
21	奉化市溪口镇岭脚村	同上，附近20 m处			100	临空面表面碎块土石崩落
22	余姚市梁弄镇	121°5′52″	29°50′50″			公路下方，局部小崩，附近小崩小塌多处。
23	余姚市梁弄镇	121°5′14″	29°50′50″	7月11日夜—12日早		群发土质滑坡，集中5处以上
24	余姚市梁弄镇让贤村	121°4′58″	29°50′56″	7月11日夜—12日早	3000	山塘边坡公路下方滑坡，整体路面滑入下方水库，威胁后方民房3间
25	余姚市梁弄镇让贤村	121°5′2″	29°50′54″			公路上方下方边坡崩塌、滑坡、坡面泥石流，方量从几立方米到几百立方米，群发10处以上。土质为主，多碎土石。

续表

序号	地区	地理位置		发生时间	方量(m^3)	发生情况
		东经	北纬			
26	余姚市梁弄镇	121°5′22″	29°52′27″	7月11日14—15时	100	山洪泥石流，群发5处。
27	余姚市梨洲街道雁湖村	121°6′19″	29°56′17″		5	公路上方边坡崩塌。附近小崩小塌3处。
28	余姚市梨洲街道	121°9′9″	29°59′41″	7月12日8时	3000	梁辉水库公路上方边坡土质滑坡
29	余姚市陆埠镇裘岙村	121°13′3″	29°53′53″		20	公路下方路基崩塌，威胁下方2间民房
30	余姚市鹿亭乡中村	121°13′10″	29°51′58″		300	公路上方边坡塌方，群发5处。最大毛竹林土质塌方约300 m^3。
31	鄞州区章水镇童家	121°16′41″	29°51′31″		3～5	公路上方边坡小型滑坡
32	鄞州区章水镇童家	121°16′41″	29°51′31″			公路上方土质滑坡，冲毁浆砌挡墙，方量约20 m^3；下方坡面表土花落，方量约3 m^3
33	鄞州区横街镇	121°17′21″	29°51′53″		10	公路上方边坡崩塌，碎土石为主
34	宁海县黄坛镇	121°16′47″	29°18′18″			

（据宁波市地质环境监测站2015年调查汇总）

表7.9 “灿鸿”台风期间预警响应统计

预警8次，信息8条				响应	
时间	预警等级	预警短信	会商报告	时间	响应等级
7月9日	/	/	/	7月9日16时30分	启动Ⅲ级
7月10日11时	最高级别：Ⅰ级	1条	2份	7月10日14时30分	升至Ⅰ级
7月11日11时	最高级别：Ⅰ级	1条	3份	7月12日10时	调整为Ⅱ级
7月12日11时	最高级别：Ⅲ级	1条	1份	7月12日16时	调整为Ⅲ级
7月13日	最高级别：Ⅲ级	1条	1份	7月13日10时	调整为Ⅳ级
7月14日	最高级别：Ⅲ级	1条		7月15日14时30分	解除响应

（据宁波市地质环境监测站2015年统计）

图 7.38 “灿鸿”台风灾后核查点(图中绿色标示)

(宁波市地质环境监测站,2015)

7.6.3 2015年“杜鹃”台风期间地质灾害预警实例

根据“杜鹃”台风全市降水分布特征，市地质环境监测站组织开展了汛后地质灾害现场核查工作。主要针对雨量明显的余姚、奉化等多地区，共计核查点数约20处，按规定记录好现场相关图文，并进行整理统计，由“宁波市地质环境监测与管理信息平台”统一入库。

经核查确认的地质灾害发生点与预警结果对比可知：“杜鹃”台风影响期间，地质灾害橙色及黄色预警区域主要分布于余姚西部—奉化西北部—鄞州西部四明山区、奉化大堰、松岙、鄞州塘溪、北仑大矸等山区。其中地质灾害橙色预警主要分布于余姚西南部、鄞州东部，黄色预警主要分布于余姚南部、奉化西部、宁海西部和鄞州西部等地。核查确认的地质灾害发生地主要为宁海西店、深甽、梅林、余姚南部、鄞州东部、镇海九龙湖、奉化大堰、西坞、慈溪龙山等地。预警区域与核查结果较为吻合。如图7.39、7.40所示。

表7.10为“杜鹃”台风期间地质灾害发生情况及灾后核查统计表。

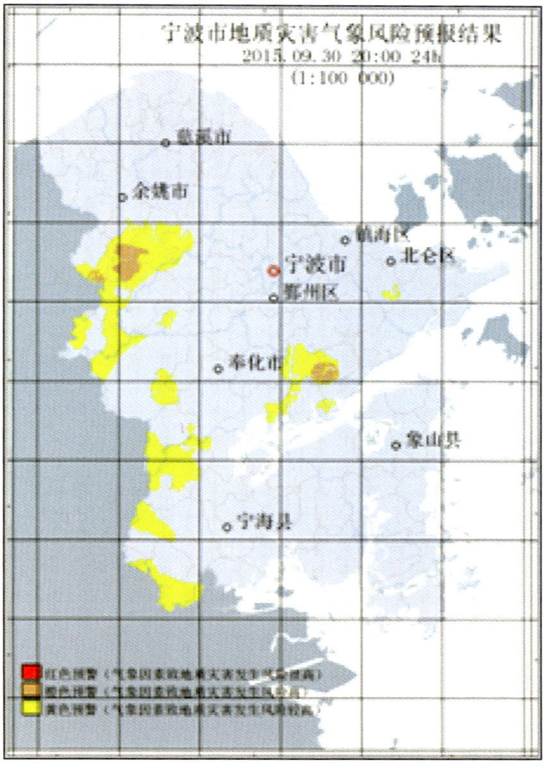

图7.39 “杜鹃”台风期间全市地质灾害气象风险预警图

（宁波市地质环境监测站 宁波市气象台，2015）

图 7.40 “杜鹃”台风灾后核查点(图中绿色标示)

(宁波市地质环境监测站,2015)

表 7.10 “杜鹃”台风期间地质灾害发生情况及灾后核查统计表

序号	地区	名称	经纬度	规模(m^3)	发生时间
1	高新区	鄞州职业高中食堂厨房后方边坡滑坡	121°39′47″E 29°52′19″N	700	2015年9月30日5时
2	鄞州区	鄞州区东吴镇小白村泥石流	121°44′54″E 29°48′50″N	约1100	2015年9月29日23时
3	余姚市	陆埠镇兰溪村余姚市维多利斯洁具厂房后边坡崩塌	121°14′34″E 29°55′28″N	约6	2015年9月29日16时
4	镇海市	九龙湖镇旅游度假区艳阳度假酒店后方山坡坡面泥石流	121°30′56″E 30°03′02″N	100	2015年9月29日5时
5	镇海市	九龙湖镇旅游度假区环湖北路滑坡	121°31′26″E 30°02′30″N	200	2015年9月30日凌晨
6	奉化市	西坞街道杨四岙村小型泥石流	121°31′40″E 29°40′19″N		2015年9月29日6时
7	奉化市	大堰镇社家畈村后门山渠道下方、机耕路上方小型滑坡	121°19′18″E 29°32′22″N		2015年9月29日3时
8	慈溪市	龙山镇康博电器厂厂房后方滑坡	121°33′44″E 30°03′43″N	50	2015年9月30日凌晨
9	慈溪市	龙山镇金岙村金惜康屋后崩塌	121°35′31″E 30°02′58″N	30	2015年9月30日4时
10	慈溪市	龙山镇金岙村金夹岙慈溪市杰普金属制品有限公司厂房后方滑坡	121°34′52″E 30°03′27″N	1000	2015年9月30日5时
11	宁海县	西店镇岭口村兴海制品西侧泥石流	121°22′25″E 29°29′19″N	150	2015年9月30日3时
12	宁海县	西店镇长尚公路1号滑坡	121°21′58″E 29°29′19″N	150	2015年9月30日4时
13	宁海县	西店镇长尚公路2号滑坡	121°21′59″E 29°29′12″N	150	2015年9月30日4时
14	宁海县	西店镇长尚公路3号滑坡	121°22′04″E 29°28′57″N	40	2015年9月30日4时
15	宁海县	西店镇长尚公路4号滑坡	121°22′04″E 29°28′55″N	35	2015年9月30日4时
16	宁海县	西店镇长尚公路1号路基滑坡	121°21′58″E 29°29′21″N	100	2015年9月30日4时
17	宁海县	西店镇长尚公路2号路基滑坡	121°21′58″E 29°29′18″N	80	2015年9月30日4时
18	宁海县	西店镇岭口村旁西山线泥石流	121°22′06″E 29°28′45″N	150	2015年9月30日5时

续表

序号	地区	名称	经纬度	规模(m^3)	发生时间
19	宁海县	深甽镇独山村河道挡墙滑塌	121°20′34″E 29°25′56″N	10	2015 年 9 月 30 日 8 时
20	宁海县	梅林街道丁家岙村果林地滑坡	121°21′16″E 29°23′08″N	2000	2015 年 9 月 30 日 7 时

（据宁波市地质环境监测站 2015 年调查统计）

第 8 章

宁波地质灾害气象风险预警在应急管理中的应用

8.1 建立制度 规范管理

2011 年，制定了《宁波市国土资源局地质灾害预防与应急工作若干规定(试行)》(甬土资发〔2011〕93 号)，规定宁波市地质灾害的防范重点时段为梅雨期、台汛期和暴雨、暴雪影响期间，应急响应从高到低分为一、二、三、四共四个等级，地质灾害防治专家根据地质灾害气象风险预警结果等因素的会商结果，是地质灾害防灾救灾应急指挥部确定应急响应等级的重要依据之一。

2014 年，宁波市国土资源局、宁波市气象局联合发布《宁波市市级突发性地质灾害气象风险预报(警)工作方案》(甬土资发〔2014〕79 号)，规定每年汛期(4 月 15 日至 10 月 15 日)为开展地质灾害气象风险预警的主要时段，同时规定全年出现 6 h 降雨量 50 mm 以上、三天累计雨量大于 100 mm、台汛期发生强降雨至雨后 48 h 等特殊灾害性天气时段也应启动预警工作。方案明确预警工作模式分为非台风期预警和台风期预警两种。非台风期预警主要指汛期未来 24 h 内可能发生地质灾害气象风险等级时的专业信息警示；台风期预警主要指在台风可能影响我市并发生地质灾害气象风险等级时的专业信息警示(图 8.1、图 8.2)。

2015 年，制定了《宁波市国土资源局地质灾害技术会商规则(试行)》(甬土资发〔2015〕126 号)，明确地质灾害技术会商是指根据全市地质环境条件及地质灾害防治现状，结合前期雨量和趋势预测，分析地质灾害气象风险，提出地质灾害防范措施，为防灾决策部署提供技术支撑。会商分为年度会商、汛期一周会商、临灾会商三类。年度会商在汛期前进行，根据本年度地质灾害防治现状，结合市气象台汛期气象趋势预测，对全市地质灾害气象风险进行分析研判并提交《年度全市地质灾害气象风险趋势预测报告》，由市国土资源局下发各县(市)区国土资源局(分局)；汛期一周会商是每年汛期，根据市气象台发布的一周气象信息内参，对全市一周内的地质灾害气象风险进行技术会商并形成《一周地质灾害技术会商报告》，由市地质环境监测站签发，送市、县两级地质灾害防治管理责任人，并在市国土资源局门户网站向社会公众发布；临灾会商是指遇台风、暴雨等重大气象事件，根据地质灾害气象风险预警结

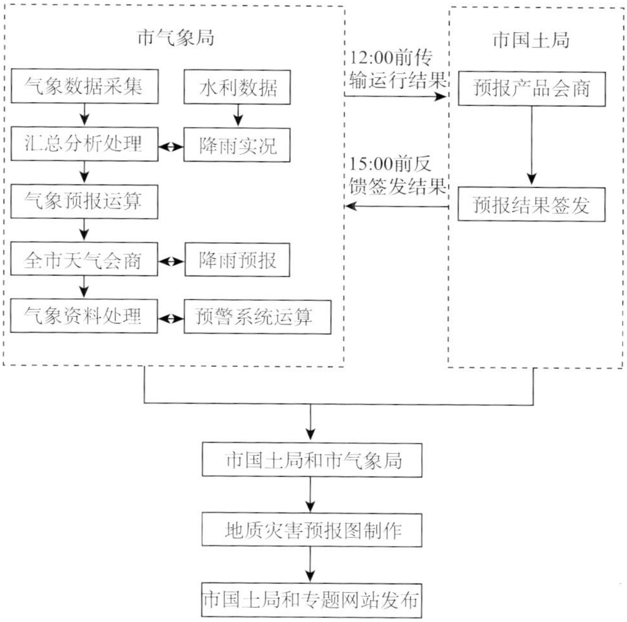

图 8.1 非台风期宁波市市级地质灾害气象风险预警工作流程图

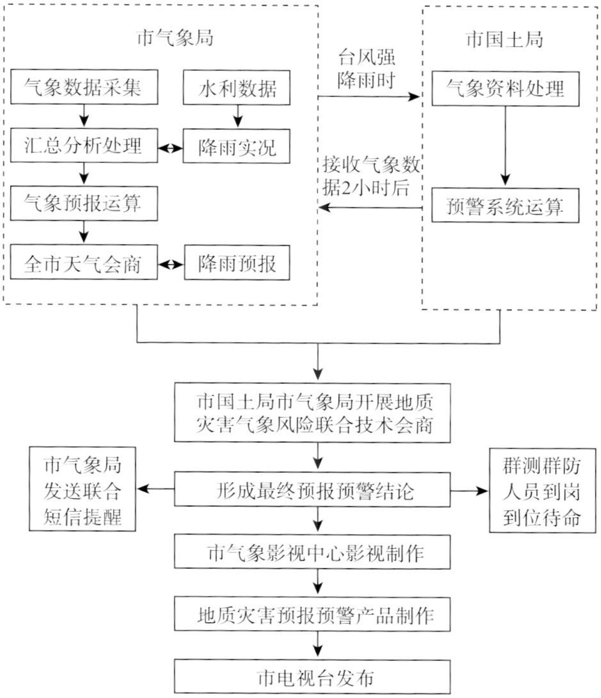

图 8.2 台风期宁波市市级地质灾害气象风险预警工作流程图

果，开展地质灾害防范动态短临会商，明确地质灾害预警等级并提出相应的防范措施。临灾会商又分为一般临灾会商和重要临灾会商两种，前者是未启动地质灾害应急响应时的临灾会商并形成《临灾地质灾害技术会商报告》，由市地质环境监测站签发，送市、县两级地质灾害防治管理决策人，并以短信、微信、门户网站等方式向群测群防体系成员及社会公众发布；后者是启动地质灾害应急响应时的临灾会商并形成《重要临灾地质灾害技术会商报告》，送省、市、县有关地质灾害防治及防汛、应急管理决策人，并以短信、微信、门户网站等方式向群测群防体系成员及社会公众发布。

8.2 按级负责　落实责任

《宁波市市级突发性地质灾害气象风险预报(警)工作方案》，明确了应急会商和预警产品签发规定。当地质灾害气象风险预警等级达到三级黄色(含)以上时，宁波市突发性地质灾害气象风险预警工作组负责人应组织有关人员进行会商，必要时邀请地质灾害防治专家参加会商。对于预警产品，最高等级为三级黄色时，由市地质环境监测站负责人签发，同时报市国土资源局地矿处负责人；最高等级为二级橙色时，由市国土资源局地矿处负责人签发，同时报市国土资源局分管领导；最高等级为一级红色时，由市国土资源局分管领导签发，同时报市国土资源局主要负责人。

宁波市地质灾害气象风险预警工作分工如下：

1. 市国土资源局地矿处和市气象局观测与预报处：负责突发性地质灾害气象风险预报(警)工作的指导、协调和管理等工作。

2. 市地质环境监测站：负责市级突发性地质灾害隐患点群测群防网络数据维护和日常预报(警)信息管理工作，开展台风期地质灾害气象风险预警系统运行，与市气象台进行地质灾害预报(警)会商，按时向市气象台提供经签批的预警产品，做好日常值班工作并记录；做好台风预警期平台短信发布；做好重要地段预警对象的告知工作；负责对实际发生的地质灾害点的信息采集和重点地质灾害的现场调查。

3. 市气象台：负责为预报(警)提供气象数据，做好非台风期地质灾害气象风险预警系统运行，开展地质灾害预报产品制作、修改、发布等工作；参加地质灾害气象风险预报(警)会商；参与重点地质灾害的现场调查。

4. 市国土资源信息中心：负责地质灾害远程视频会商系统的维护及保障工作；负责预报(警)产品在市国土局网站发布；负责市级突发性地质灾害预警系统维护，保障预警系统运行正常。

5. 市气象服务中心：负责预报(警)结果制作成专题节目，在宁波电视台“天气预报”节目和相关网络中播出。

8.3 应急操作　有序可循

2016 年初，为了进一步加强市级地质灾害防灾应急响应工作，提高防灾应急响应工作效率，宁波市国土资源局制定了《突发性地质灾害防灾应急响应应对手册》。手册以"响应前、响应中、响应后"为节点，梳理编制了防灾应急响应的工作流程、任务和模块，为防灾时快速组织开展应急处置提供了规范的操作依据。手册规定响应前地质灾害气象风险预警是启动应急响应的重要依据之一，响应中地质灾害气象风险重要临灾技术会商建议是响应升级的重要参考，响应后地质灾害气象风险预警评估及灾后核查是总结防灾应急响应成效的重要内容。如图 8.3 所示。

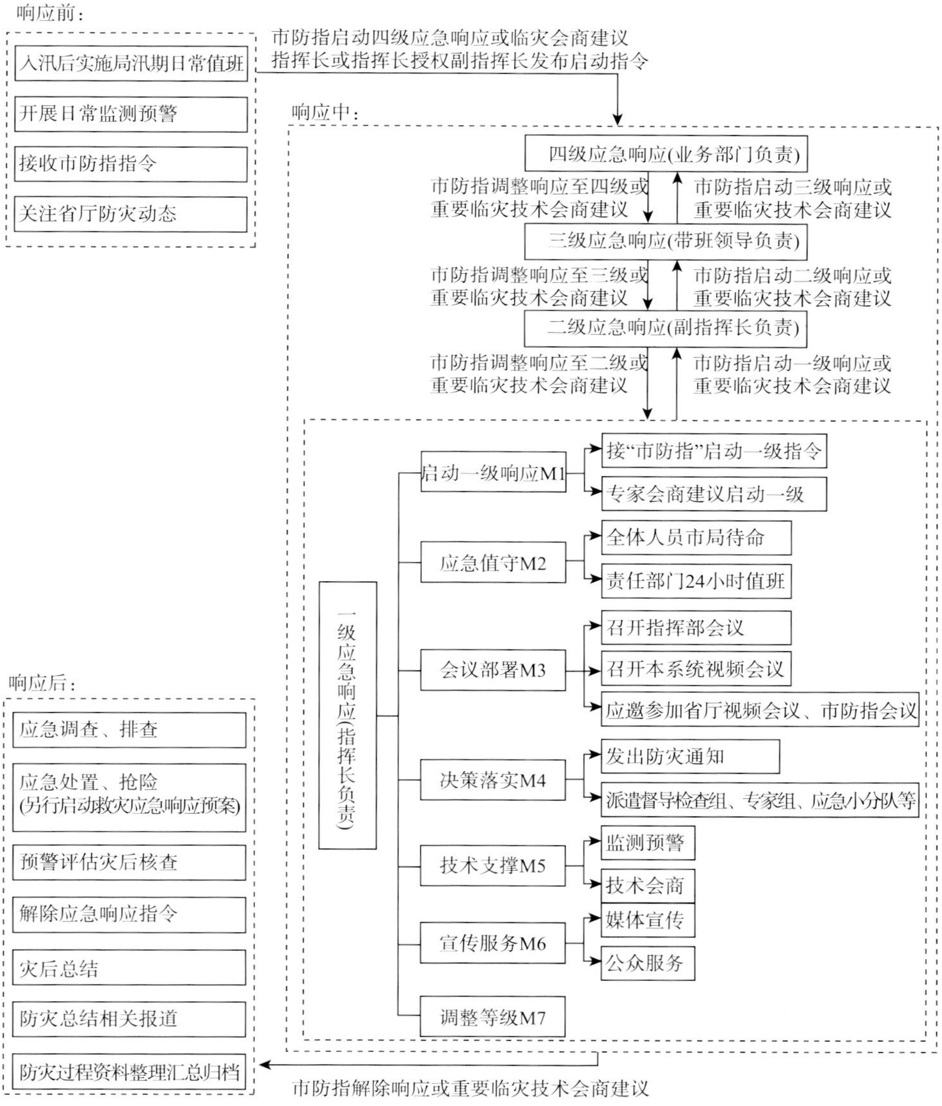

图 8.3　防灾应急响应流程图

第 9 章

宁波地质灾害气象风险预警总结与展望

9.1 宁波 LAPS 系统和斜坡单元系统预警实践评述

地质灾害的发生具有突发性、偶发性、隐蔽性、分散性等特点，影响因素多，地质环境条件复杂，主要引发因素降雨预报存在一定的不确定性，因此，目前国内外对地质灾害的气象风险预警还处于不断探索之中，没有一个较为成熟规范的预警方法，预警结果难以满足政府和民众对地质灾害防治工作的要求。由于地质灾害危害群众生命和财产，后果十分严重，政府有关部门对地质灾害的监测预警工作十分重视，我们专业技术人员有责任加强对突发性地质灾害气象风险预警方法的探索研究，在实践中逐步提高预警精度，为地质灾害防治工作做出贡献。为此，有必要对宁波已经实践十多年的两个突发性地质灾害气象风险预警方法进行简略的评述。

9.1.1 LAPS 系统预警实践评述

LAPS 系统是将地层岩性、断裂构造、高程、坡度、坡向、坡形、土壤土质类型、土地利用等作为不变因素考虑（系统应用时已作预处理），将引发地质灾害的降雨作为可变因素考虑。系统通过输入降雨预报变量（24 h 或 6 h）及有效前期雨量，计算后输出不同区域单元的地质灾害发生概率（0～1），最后处理成各区域的预警等级对外发布。LAPS 系统的特点是基于“人工神经网络（ANN）可以通过对有限样本的学习充分逼近任意复杂的非线性关系，从不完善的信息中找到模式”，从而系统自动形成降雨与地质灾害发生概率的关系。其不太明确的问题是降雨与地质灾害发生概率的关系模式难以给出容易分析理解的相关关系。

9.1.2 斜坡单元系统预警实践评述

斜坡单元系统是通过划分详细的斜坡单元（宁波预警系统达 16 万多个），考虑高程、坡度、高差、岩性、断层、土层厚度、公路 7 个因子并赋予不同的权重，经发生地质灾害的条件概率模式计算，得到各斜坡单元的潜势度。在此基础上，运用预警指数公式计算给定预报雨量（24 h）及前期实测累计雨量（6 d、24 h、6 h、3 h、1 h）条件下，得出各斜坡单元预警指数值。最后按各斜坡单元预警指数分布状况划分出不同区域的预警等级。其特点是斜坡单元物理要素及失稳机理明确，潜势度计算及各影响因素原理清楚，可以按地质环境条件调查精度、新发生地质灾害情况、易发区划分等进行定期校核。降雨条件下引发地质灾害的概率按预警指数公式计算，参与计算的潜势度、有效累计雨量、预报雨量含义明确，各自的作用比例按系数给定且可调整，有利于对预警结果的评估分析，为进一步提高预警精度提供工作方向。不足的是该系统对地质环境调查精度要求较高，所需要的地质环境资料要求详细、可靠。

9.2 气象风险预警可以为地质灾害防治工作提供技术支撑

9.2.1 地质灾害气象风险预警是重要的预防手段

宁波市地质灾害点多面广，搬迁费用高，治理难度大。多年来，政府部门一直持续开展地质灾害移民搬迁和工程治理，但每年因为梅汛期、台汛期以及不合理工程活动，引发了大量新的地质灾害，如2013年"菲特"台风期间新发生灾险情数百起，治理涉及区域和经费庞大，任务十分艰巨。气象风险预警是一项主动的、行之有效的地质灾害预防手段，具体预警面广、预警对象明确、有基层群测群防及专业监测工作的配合支持，可以在很大程度上为及时告知广大地质灾害易发区民众关注、避让、防范地质灾害提供科学依据。

9.2.2 地质灾害气象风险预警作用与区域尺度有关

刘传正等地质灾害预警专家认为，地质灾害气象风险预警的性质与作用按区域尺度大小不同是变化的，国家及省级范围（空间尺度在5000 km^2 以上）的预警只是警示性预警，市、县区域（空间尺度1000～5000 km^2）的预警为响应性预警，局地区域（空间尺度1000 km^2 以下）的预警为应急性或决策性预警。刘传正等对地质灾害气象风险预警预报方法进行长期的探索，并长期在改正预警预报模型方法上做出深入研究，在建立线性回归分析模型、潜势度-临界雨量模型、神经网络模型等预警预报方法进行过较深研究，在神经网络模型等也做出广泛探索。所以宁波LAPS系统预警和斜坡单元系统预警都是属于响应性预警，但斜坡单元系统预警可以考虑乡镇（街道）一级的局部区域，可以说基本满足应急性或决策性预警要求。

9.2.3 地质灾害气象风险预警需要地质环境因子调查精度的提高

构成地质灾害的影响因素众多，除人为工程活动、农业生产等因素外，地形地貌、地层岩性、地质构造等地质环境因素，以及地震、降雨、水利水文，乃至土体含水率等附加因素都会对地质灾害产生不同的影响。提高地形地貌、地层岩性、地质构造、土体厚度、岩体破碎程度等地质环境条件调查精度及重视人为工程活动、地表植被、地质灾害发生状况等因子的调查统计，是提高地质灾害气象风险预警精度的重要基础。另一方面，由于地质灾害预警是以气象因素为主要相关性考虑的，其服务时间、空间和强度的工作精度就不可能超过气象预报的服务精度。为了提高地质灾害预警精度，可以通过基层具有实践经验的技术人员，对某些区域根据实际降雨监测、人类活动状况、地质环境条件等因素进行分析评估，及时调整预警等级，可以有效提高地质灾害气象风险的预警精度。

9.3 提升宁波地质灾害气象风险预警水平建议

据李长江等地质灾害预警专家介绍，Casadei 等(2003)曾提出一个定性的判别原则，其对最佳滑坡预测模型的定义是：被预测的不稳定区的面积占工作区总面积的百分比最小，而被预测出来的实际发生的滑坡数最多。按此原则，通过进一步深入的调查、分析、研究工作，逐步提高地质灾害气象预警精度是可能的。

9.3.1 地质环境因子与地质灾害发生的关系需要进一步研究

宁波地区地质灾害的发生主要与降雨因素有关，但同样的降雨量，有的地段发生地质灾害，有的地段没有发生地质灾害，这就与当地地质环境条件有关。引发地质灾害的地质环境因子首先是地形坡度，坡度越大岩土体下滑力越大，越容易发生地质灾害。人工开挖地段容易发生地质灾害的原因就是因为人为加大了地形坡度，打破了自然状态下的岩土体平衡，从而引发地质灾害，山区交通道路地段易发生地质灾害就是由于人工开挖了边坡又没有进行有效加固。其他如断裂节理发生、岩体破碎、结构面有利于岩体下滑、土体厚度较大等因子也是引发地质灾害的重要因子。对这些地质环境因子，一方面要加大调查评价力度，提高区域地质环境调查精度，另一方面需要重视对典型地质灾害点的分析研究，寻找地质环境引发地质灾害的主控因子，对不同区域按主控因子进行分类区划，这样可以细化地质环境预警对象，提高斜坡单元系统地质灾害潜势度精度，并进一步提高地质灾害发生的预警精度。经初步统计分析，宁波余姚南部四明山区存在同一自然村在历年台风暴雨时，多次发生地质灾害的现象，说明这些村庄地质环境条件很差，是地质灾害高易发区，可以称谓“地质灾害易发村”，这个现象，尚需大量调查统计资料进行深入论证。

9.3.2 短临降雨预报及其与地质灾害发生的关系需要进一步研究

据宁波多年地质灾害发生状况统计分析，当地的地质灾害发生大多与强降水有关。一般当降水量历时 1 h 大于 50 mm、历时 3 h 大于 70 mm、历时 6 h 大于 100 mm、历时 12 h 大于 200 mm、历时 24 h 大于 300 mm 时，山区往往会多地发生地质灾害。但这些临界雨量值是根据经验推测的，尚缺乏详细的统计分析研究或机理分析研究成果作为依据，为此迫切需要加强短临降雨预报及其与地质灾害发生的关系研究。另一方面,提高局地短临强降雨预报的精确性、时效性对提高地质灾害气象预警精度也很有必要。

9.3.3 地质灾害预警对象需要进一步调查分析

地质灾害气象风险预警的目的是为了减少因地质灾害造成的人员伤亡和财产损失,分析评价地质环境因子及降雨对地质灾害的影响是工作的一个方面,另一方面需特别重视对受地质灾害威胁对象的统计分析研究,这样才能真正达到以人为本的预警目的。首先,应对地质灾害威胁对象进行分类,如居住房屋、重要设施、学校、生产工厂、交通道路、旅游景点等;其次,对威胁对象进行调查统计、登记造册或输入数据库;进一步对威胁对象的重要性进行分类;最后,对重要、较重要威胁对象开展详细的地质环境稳定性调查评价和受地质灾害危害程度分级评价。受地质灾害威胁对象即预警对象的统计分析,将大大提高地质灾害气象风险预警的精度,为地质灾害应急响应决策提供强有力的基础。

9.3.4 国土、气象、水利等部门需要进一步加强协作

地质灾害气象风险预警是一项涉及多要素、多学科、多部门且科学机理十分复杂的工作,需要国土部门在地质环境及地质灾害调查评价、气象部门在降水监测预报、水利部门在雨量实测及山洪监测防治、科研部门在地质灾害与降雨等因素关系深入研究等方面投入大量的工作,做到机构平台互通、成果信息共享,只有共同努力才能更好地提高地质灾害气象风险精度。另外,交通、住建等涉及地质灾害防治管理的部门也需要大力支持地质灾害气象风险预警工作,及时通报地质灾害调查统计信息,国土、气象、水利等部门也要将地质灾害气象风险预警信息及时通报给交通、住建等部门。这样多部门的通力协作,可以大大提高地质灾害气象风险预警精度,为宁波地质灾害防治工作共同做出更大的贡献。

参考文献

蔡美峰.2002.岩石力学与工程[M].北京:科学出版社.
仇娟娟,何立富.2013.苏浙沪地区短时水与水冰雹天气分布及物理量特征对比[J].气象,**39**(5):577-584.
戴福初,陈守义,李焯芬.2002.从土的应力应变特性讨论滑坡发生机理[J].岩土工程学报,**22**(1):127-130.
丁继新,尚彦军,杨志法,等.2004.降雨型滑坡预报新方法[J].岩土力学与工程学报,**23**(21):3738-3743.
丁继新,杨志法,尚彦军,等.2006.降雨型滑坡时空预报新方法[J].中国科学(D),地球科学,**36**(6):579-586.
丁燕,史培军.2002.台风灾害的模糊风险评估模型[J].自然灾害学报,**11**(1):34-43.
段永候,罗元华,柳源.1993.中国地质灾害[M].北京:中国建筑工业出版社.
樊琦,梁必骐.2000.热带气旋灾情的预测及评估[J].地理学报,**55**(增刊):52-55.
费祥俊,舒安平.2004.泥石流运动机理与灾害预防[M].北京:清华大学出版社.
冯利华.1993.灾害损失的定量计算[J].灾害学,**8**(2):17-19.
冯自立,崔鹏,何思明.2005.滑坡转化为泥石流机理研究综述[J].自然灾害学报,**14**(3):8-14.
胡明监,汪韺,张平仓.2001.斜坡稳定性及降雨条件下激发滑坡的试验研究[J].岩土工程学报.**23**(4):454-457.
黄醒春.2005.岩土力学[M].北京:高等教育出版社.
蒋宗礼.2001.人工神经网络[M].北京:高等教育出版社.
康志成,李焯芬,马蔼乃,等.2004.中国泥石流研究[M].北京:科学出版社.
兰恒星,周成虎,王苓娟,等.2003.地理信息系统支持下的滑坡—水文耦合模型研究[J].岩土力学与工程学报,**22**(8):1309-1314.
李长江,麻土华,朱兴盛,等.1999.矿产勘查中的分型、温纯与ANN[M].北京:地质出版社.
李长江,麻土华,朱兴盛,等.2005.区域群发性滑坡概率预报系统[J].国土资源信息化,**4**:32-38.
李长江,麻土华,朱兴盛.2008.降雨型滑坡预报的理论、方法及应用[M].北京:地质出版社.
李长江.2004.浙江省国土资源遥感调查与综合研究,第3章:群发性滑坡灾害的概率预报与地面沉降灾害易发性程度和危险程度评价[M].北京:地质出版社.
李登峰,程春田,陈守煜.1998.部分信息不完全的多目标决策方法[J].控制与决策,**13**(1):83-86.
李绍才,孙海龙,杨志荣,等.2005.坡面岩体—基质—根系互作用的力学特征[J].页岩岩石力学与工程学报,**24**(12):2074-2081.
李玉兰,王倩榕,郑新江,等.1989.中国西南—华南地区中尺度对流复合体(MCC)的研究[J].大气科学,**13**:417-422.
栗苏文,夏建新,曹斌.2005.颗粒流动特殊现象探析[J].泥沙研究,**6**:339-342.
梁必骐,樊琦,杨洁,等.1999.热带气旋灾害的模糊数学评价[J].热带气象报,**15**(4):305-311.
廖克武,丁晓光,潘池泓.2014.台风“菲特”引发的浙江余姚地质灾害类型与特征分析[J].中国地质灾害与防治学报,**25**(2):130-134.

刘爱民，涂小萍，胡春蕾等. 2009. 宁波气候和气候变化[M]. 北京：气象出版社.

刘传正，刘艳辉，温铭生，等. 2009. 中国地质灾害区域预警方法与应用[M]. 北京：地质出版社.

刘传正. 2000. 地质灾害预警工程体系探讨[J]. 水文地质工程地质，**27**(4)：1-4.

刘昊，朱杰勇，钟延江. 2005. 基于 Web-GIS 构建昆明市地质灾害信息系统[J]. 云南地质，**24**(4)：450-454.

陆坤权，厚美英. 2004. 颗粒物质的流动行为. //唐孝威，等. 交通流与质子流[M]. 杭州：浙江大学出版社：192-200.

陆坤权，刘建星. 2004. 颗粒物质. //唐晓威，等. 交通流与颗粒流[M]. 杭州：浙江大学出出版社：174-191.

麻土华. 2004. 突发性地质灾害概率预报系统研究[M]. 北京：气象出版社.

马宗晋. 1993. 中国减灾重大问题研究[M]. 北京：地震出版社.

聂忠权，盛丽君，范文. 2005. 基于 GIS 技术的地质灾害易发程度分区评价系统[J]. 公路交通科技，**22**(6)：156-159.

宁波市地质环境监测站. 2013. 典型城市地质环境利用与保护规划研究成果报告. 内部印刷.

宁波市国土资源局. 2013. 宁波市地质环境气象风险预警系统建设成果报告. 内部印刷.

宁波市国土资源局. 2014. 2014 年度宁波市地质环境公报. 内部印刷.

宁波市气象台，宁波市地质环境监测站. 2007. 宁波市引发突发性地质灾害的主要气象条件研究及预报预警报告. 内部印刷.

宁波市气象台. 2015. 宁波市气象业务平台. 内部印刷.

宁波市人民政府. 2009. 宁波市地质灾害防治规划(2008—2015). 内部印刷.

彭祖赠，孙韫玉. 2002. 模糊数学及其应用[M]. 武汉：武汉大学出版社.

谭卓英，蔡美峰. 2005. 变坡角浅层黏土斜坡稳定敏感性分析[J]. 北京科技大学学报，**27**(3)：272-277.

潭万沛. 1991. 降雨泥石流的临界雨量研究[C]. 第二届全国泥石流学术会议文集：136-142.

唐小明，孙乐玲，游省易，等. 2008. 大比例尺地质灾害易发区图编制的方法与实践[J]. 水文地质工程地质，**1**：117-120.

王家祁. 2002. 中国暴雨[M]. 北京：中国水利水电出版社.

王建国，张少林，周雪松，等. 2012. 临近天气预报(GB/T 28593—2012)[M]. 中国标准出版社：1-5.

王礼先，于志明. 2001. 山洪及泥石流预报[M]. 北京：中国林业出版社.

王士天，刘汉超，张倬元，等. 1997. 大型水域水-岩相互作用及其环境效应研究[J]. 地质灾害与环境保护，**8**(1)：69-89.

王思敏，马凤山，杜永康. 1996. 水库地区的水-岩作用及其环境效应研究[J]. 工程地质学报，**4**(3)：1-9.

王彦，吕江津，王庆元，等. 2006. 一次雷暴大风的中尺度结构特征分析[J]. 气象，**32**(2)：75-80.

吴北平，李征航，徐绍铨. 2001. GPS 定位技术在三峡库区崩滑地质灾害监测中的试验分析[J]. 地球科学，**26**(6)：648-652.

吴玮江，王念秦. 2006. 甘肃滑坡灾害[M]. 兰州：兰州大学出版社.

项续康，江吉喜. 1995. 中国南方地区的中尺度对流复合体[J]. 应用气象学报，**6**：1-17.

徐绍铨，李征航，柳太康，等. 1998. 隔河岩大坝外观变形 GPS 自动化监测系统的建立[J]. 武汉测绘科技大学学报,(增刊):1-3.

杨佳,罗显刚,黄菊,等. 2005. 基于 WEBGIS 的湖北省地质灾害预警预报图的实现[J]. 工程地球物理学报,**2**(5):380-386.

杨建军,谢振乾,郑宁平. 2004. 模糊聚类分析在西安市区域地壳稳定性评价中的应用[J]. 地质力学学报,**10**(1):57-64.

殷坤龙,张桂荣,龚日祥,等. 2003. 基于 Web-GIS 的浙江省地质灾害实时预警预报系统设计[J]. 水文地质工程地质,**30**(3):19-23.

俞小鼎,姚秀萍,熊廷南. 2006. 多普勒天气雷达原理与业务应用[M]. 北京:气象出版社.

张斌,赵前胜,姜瑜君. 2010. 区域承灾体脆弱性指标体系与精细量化模型研究[J]. 灾害学,**25**(2):36-40.

张桂荣,殷坤龙,刘礼领,等. 2005. 基于 WEB 的浙江省降雨型滑坡预警预报系统[J]. 中国地质大学学报,**30**(2):250-254.

张继权,李宁. 2007. 主要气象灾害风险评价与管理的数量化方法及其应用[M]. 北京:北京师范大学出版社.

张永恒,范广洲,马清云,等. 2009. 浙江省台风灾害影响评估模型[J]. 应用气象学报,**20**(6):772-776.

浙江省工程勘察院. 2009. 宁波市地质灾害防治规划综合研究报告. 内部印刷.

浙江省老科技工作者协会. 2009. 浙江省台风特征及其对策. 内部材料.

朱良峰,吴信才,刘修国. 2004. 基于 G1S 的铁路地质灾害信息管理与预警预报系统[J]. 山地学报,**22**(2):230-235.

朱龙彪,陈有利,乐益龙,等. 2013. 临近天气预报检验(QX/T 204—2013)[M]. 中国标准出版社:1-5.

朱乾根,林锦瑞,寿绍文,等. 2009. 天气学原理和方法[M]. 气象出版社:422-456.

作彦卿. 1995. 地下水与地质灾害[J]. 地下空间,**19**(4):303-310.

Blaikie P,Cannon T,Davis I,*et al*. 1994. At risk:natural hazards,people's vulnerability,and disasters[M]. London:Routledge.

Davidson R A,Lamber K B. 2001. Comparing the hurricane disaster risk of U. S. coastal counties [J]. *Natural Hazards Review*,**8**:132-142.

Gary S. 1997. An assessment of disaster risk and its management in Thailand[J]. *Disaster*,**2**(11):77-88.

Howard K,Richard J R. 1998. Paying the Price,the Status and Role of Insurance Against Natural Disaster in the United States [M]. Washington:Joseph Henry Press.

Wang H B,Sassa K. 2006. Rainfall-induced landslide hazard assessment using artificial neural networks[J]. *Earth Surface Processes and Landforms*,(31):235-247.

Watson C Jr,Johnson M E. 2004. Hurricane loss estimation models:opportunities for improving the state of the art[J]. *Bulletin of the American Meteorological Society*,**84**:1713-1726.